全国中等职业技术学校电子类专业教材

制冷设备原理与维修

冯　涛　主编

中国劳动社会保障出版社

简　介

本书是全国中等职业技术学校电子类专业教材，主要内容包括制冷与空调技术基础、电冰箱的结构与原理、电冰箱的故障与维修、空调器的结构与原理、空调器的故障与检修、空调器的安装与维护。

本书由冯涛任主编，张宏、王宏奇、徐建任副主编，周旭楠、吴亚丽、蔡峰、李祥宾、张健、郑远、栾成宝参加编写；周敏任主审。

图书在版编目（CIP）数据

制冷设备原理与维修 / 冯涛主编．-- 北京：中国劳动社会保障出版社，2023
全国中等职业技术学校电子类专业教材
ISBN 978-7-5167-6168-7

Ⅰ. ①制…　Ⅱ. ①冯…　Ⅲ. ①制冷装置 - 维修 - 中等专业学校 - 教材　Ⅳ. ①TB657

中国国家版本馆 CIP 数据核字（2023）第 224611 号

中国劳动社会保障出版社出版发行

（北京市惠新东街 1 号　邮政编码：100029）

*

北京谊兴印刷有限公司印刷装订　新华书店经销

787 毫米 ×1092 毫米　16 开本　13 印张　257 千字

2023 年 12 月第 1 版　　2023 年 12 月第 1 次印刷

定价：26.00 元

营销中心电话：400-606-6496

出版社网址：http://www.class.com.cn
http://jg.class.com.cn

前　言

为了更好地适应全国中等职业技术学校电子类专业的教学要求，全面提升教学质量，人力资源社会保障部教材办公室组织有关学校的骨干教师和行业、企业专家，对全国中等职业技术学校电子类专业教材进行了修订和补充开发。此项工作以人力资源社会保障部颁布的《技工院校电子类通用专业课教学大纲（2016）》《技工院校电子技术应用专业教学计划和教学大纲（2016）》《技工院校音像电子设备应用与维修专业教学计划和教学大纲（2016）》《技工院校通信终端设备制造与维修专业教学计划和教学大纲（2016）》为依据，充分调研了企业生产和学校教学情况，广泛听取了教师对现行教材使用情况的反馈意见，吸收和借鉴了各地职业技术院校教学改革的成功经验。

教材体系

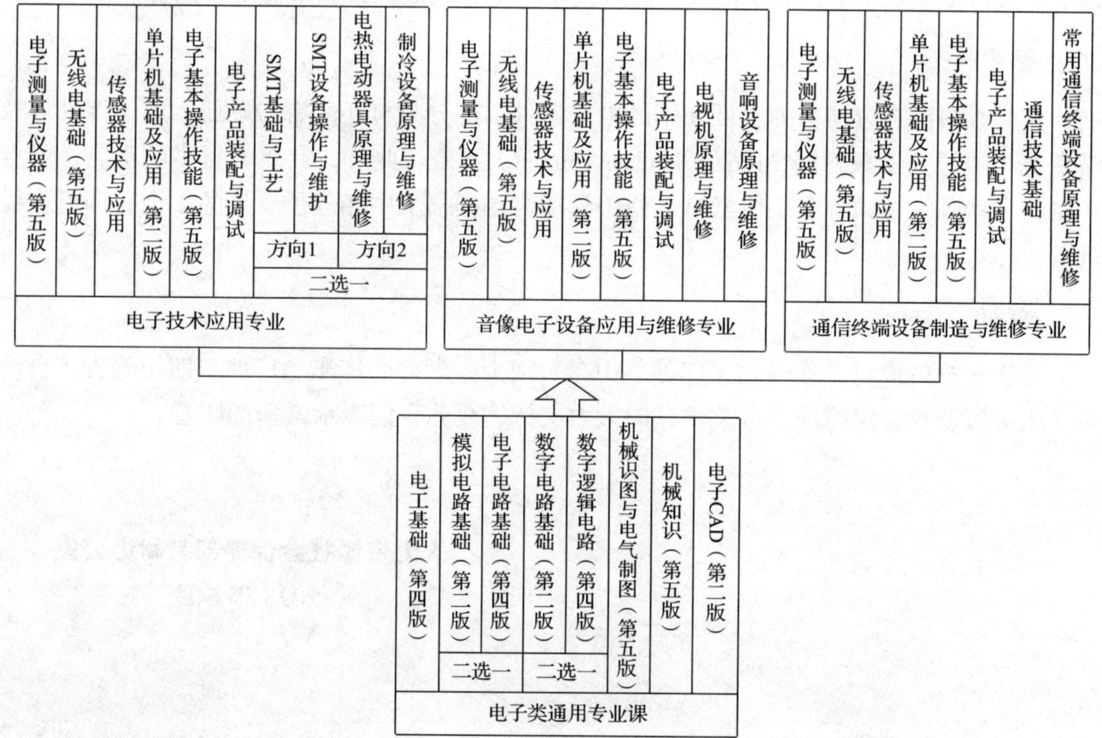

使用对象

电子技术应用专业、音像电子设备应用与维修专业、通信终端设备制造与维修专业中级、高级两个层次和以下 3 种学制：

- 初中毕业生 3 年学制培养中级工
- 高中毕业生 3 年学制培养高级工（中级阶段）
- 初中毕业生 5 年学制培养高级工（中级阶段）

编写特色

◆ **紧贴国家职业标准** 紧密贴合《中华人民共和国职业分类大典（2022 年版）》中对广电和通信设备电子装接工、广电和通信设备调试工、家用电器产品维修工、家用电子产品维修工等职业的职业能力要求，同时参照相关国家职业标准。

◆ **体现行业技术发展** 根据电子行业的最新发展，在教材中充实了电子产品表面贴装、数字电视维修、智能手机维修等方面的新技术，体现教材的先进性。

◆ **注重职业能力培养** 根据就业岗位对技能型人才所需能力的要求，进一步加强实践性教学内容。同时，在教材中突出对学生获取信息、与人交流、分析解决问题以及自学等职业能力的培养。

◆ **符合学生阅读习惯** 在教材内容的呈现形式上，尽可能使用图片、实物照片和表格等形式将知识点生动地展示出来，力求让学生更直观地理解和掌握所学内容。

教学服务

本套教材配有方便教师上课使用的电子课件，部分教材还配有习题册，电子课件等教学资源可通过技工教育网（http://jg.class.com.cn）下载。此外，针对教材中的重点、难点还制作了动画、视频等多媒体素材，使用移动终端扫描书中相应位置处的二维码即可在线观看。

致谢

本次教材的修订工作得到了江苏、山东、河南、湖北、广东、广西、四川等省（自治区）人力资源社会保障厅及有关学校的大力支持，在此我们表示诚挚的谢意。

人力资源社会保障部教材办公室

2023 年 6 月

目 录

第一章　制冷与空调技术基础

§1-1　热力学基础知识

学习目标

1. 熟悉物质的基本状态参数及理想气体各参数间的相互关系。

2. 了解热量、比热容的相关知识，熟悉热量的传递形式。

3. 了解物质的三种状态，理解显热与潜热、汽化与液化、饱和温度与饱和压力、过热与过冷、临界温度与临界压力等基本概念。

4. 熟悉热力学定律及其应用。

一、温度与温标

1. 温度

严冬很冷，酷暑很热，这种通过人们的感觉来确定冷热程度的误差很大，并不是很准确。实际上，冷热程度可以用物理量来进行客观表达。

当两个冷热程度不同的物体相互接触时，热量会自动从热物体传向冷物体，使热物体变冷，冷物体变热，最终两物体的冷热程度达到相同不再变化，此时两物体达到热平衡状态。这种驱动热量传递的宏观性质称为温度。冷热程度不同，温度就不同。温度是衡量冷热程度的标尺，温度的高低决定了热量传递的方向。

从宏观上讲，温度是表示物体冷热程度的物理量；从微观上讲，温度反映了分子热运动的剧烈程度。温度与人类的生活息息相关，是确定物质状态的基本参数之一。图 1–1–1 所示为某城市一周温度曲线变化过程，根据曲线的特点，可以确定温度变化的不同程度和规律，为人们安排日常生活和生产活动提供方便。

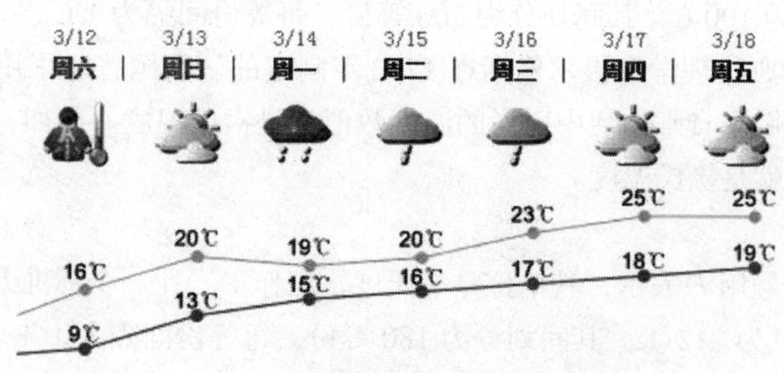

图 1–1–1　某城市一周温度曲线变化过程

2. 温标

为了便于度量温度数值的高低，人们对测温标尺的零点和分度法做了规定，制定了温度的标定方法和测量数值单位。

用来定量描述温度的方法称为温标。常用的温标有摄氏温标、华氏温标和开氏温标三种，如图 1–1–2 所示。

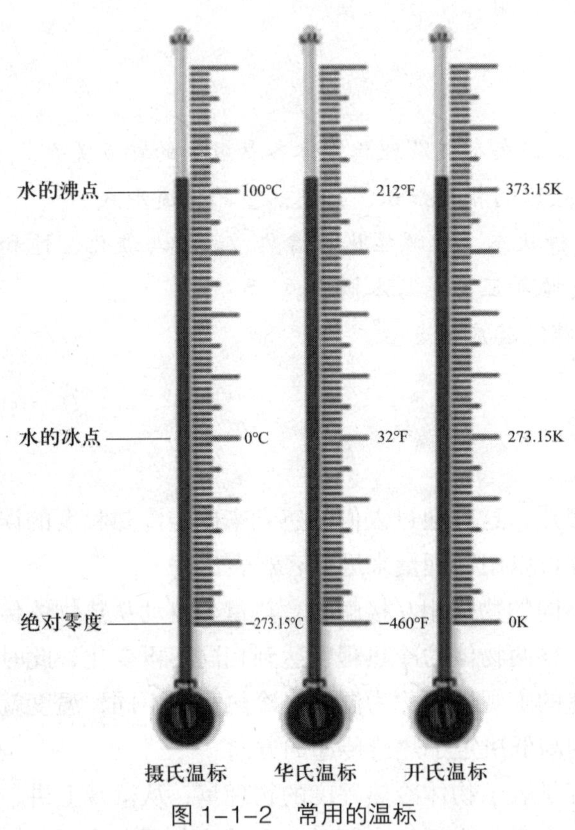

图 1–1–2 常用的温标

（1）摄氏温标

摄氏温度的符号用 t 表示，其单位是摄氏度，记作 ℃。在一个标准大气压下，以水的冰点为 0℃，沸点为 100℃，其间划分为 100 等份，每等份间隔为 1℃。

摄氏温标是瑞典物理学家摄尔修斯在 1742 年制定的。我国普遍采用摄氏温标，如果没有特别说明，人们在日常生活中所说的温度数值就是摄氏温度。例如，天气预报播报的城市温度数值指的就是摄氏温度。

（2）华氏温标

华氏温度的符号用 F 表示，其单位是华氏度，记作℉。在一个标准大气压下，以水的冰点为 32 ℉，沸点为 212 ℉，其间划分为 180 等份，每等份间隔为 1 ℉。

华氏温标是德国物理学家华伦海特在 1710 年制定的，在欧美国家被广泛采用。

（3）开氏温标

开氏温度的符号用 T 表示，其单位是开尔文，简称为开，记作 K。在一个标准大气压下，以水的冰点为 273.15 K，沸点为 373.15 K，其间划分为 100 等份，每等份间隔为 1 K。

开氏温标是英国科学家开尔文在 1848 年建立的。开氏温标把物质分子热运动完全停止时作为 0 K，与测温物质的属性无关。开氏温标对于热力学的研究意义重大，又称为热力学温标。

3. 三种温标的相互关系

表 1-1-1 所列为三种温标的相互关系。

表 1-1-1　　三种温标的相互关系

℃	℉	K
t	$\frac{9}{5}t+32$	$t+273.15$
$\frac{5}{9}(F-32)$	F	$\frac{5}{9}(F-32)+273.15$
$T-273.15$	$\frac{9}{5}(T-273.15)+32$	T

【例 1-1-1】三星级冰箱冷冻室内的温度是 −18 ℃，则其华氏温度是多少？开氏温度又是多少？

解：华氏温度 $F=\frac{9}{5}t+32$

$$=\frac{9}{5}\times(-18)+32$$

$$=(-32.4)+32$$

$$=-0.4\ (℉)$$

开氏温度 $T=t+273.15$

$$=(-18)+273.15$$

$$=273.15-18$$

$$=255.15\ (\mathrm{K})$$

答：华氏温度为 −0.4 ℉，开氏温度为 255.15 K。

4. 温度计

仅凭人的感觉来判断物质的冷热程度是不准确的，要准确判断物质的冷热程度，必须使用专门用来计量物质温度高低的装置——温度计来实现。

常用的温度计有液柱式、指针式、数显式等几种。

（1）液柱式温度计

液柱式温度计根据测温物质不同，分为煤油温度计、酒精温度计、水银温度计等，它们是根据液体热胀冷缩的性质制成的。温度升高时，液体膨胀，液柱上升；温度降低时，液体收缩，液柱下降。

液柱式温度计由内径较细的玻璃壳体、玻璃泡、测温物质和刻度等组成。日常生活中常用的寒暑表、体温计都属于液柱式温度计。寒暑表如图 1–1–3 所示，体温计如图 1–1–4 所示。

液柱式温度计的测量方法如下。

1）测温前要估计被测物质的大致温度范围，选择合适的温度计。

2）测温时要保证玻璃泡与被测物质紧密接触，不可触碰其他物体。

3）观察玻璃壳体上的液柱，当液柱位置稳定且不再变化时，读出所对应的刻度数值。

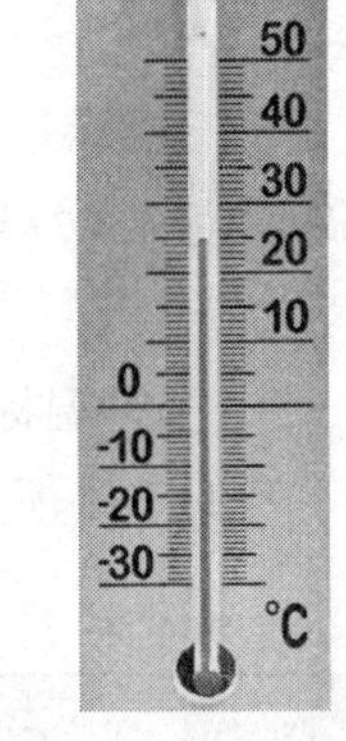

图 1–1–3　寒暑表

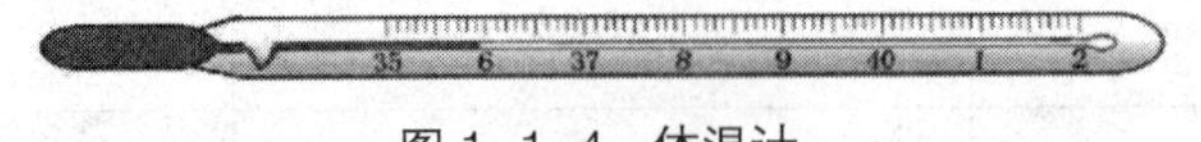

图 1–1–4　体温计

（2）指针式温度计

指针式温度计利用双金属片的热胀冷缩原理制成，如图 1–1–5 所示。

在壳体内采用两种热膨胀系数不同的金属盘制成螺旋状，铆合在一起作为感温元件。当温度发生变化时，两种金属膨胀或收缩量不同，使螺旋状装置产生不同弯曲程度的变化，与之相连的指针就在刻度盘上指示出温度的变化。

（3）数显式温度计

数显式温度计装有液晶显示屏，可将测量的温度数值在屏幕上直接显示出来，与其他种类的温度计相比，具体直观、方便的特点，如图 1–1–6 所示。数显式温度计的感温元件是高精度的热敏电阻，测量精度较高。

图 1–1–5　指针式温度计

图 1–1–6　数显式温度计

二、压力、压强与真空度

1. 压力

当一个作用力作用于物体时，受力物体会产生形变，这个力称为压力。现实生活中的例子有很多，桌子上的物体给桌面的压力、水桶内的水给水桶的压力等，如图 1–1–7 所示。

在一个密闭的容器内盛装某种气体、液体物质，由于大量分子不停地做无规则运动，不断与容器器壁发生撞击，这种撞击就表现为气体、液体对容器器壁产生压力。这个压力的方向总是垂直于容器表面。

图 1–1–7　压力

2. 压强

单位面积上受到的压力大小称为压强。

$$压强 = 压力 / 受力面积，即 p = F / S$$

我国法定的压强单位为帕斯卡，简称帕，用 Pa 表示。

$$1 帕 = 1 牛 / 米^2，即 1\ Pa = 1\ N/m^2$$

由于 Pa 单位太小，制冷工程计量上常用其倍数单位 MPa（兆帕）来表示。

$$1\ MPa = 10^6\ Pa$$

实际中，人们习惯把液体、气体的压强称为压力，在制冷技术领域也是如此，所说的压力数值实际上是指压强的大小。

3. 大气压与标准大气压

空气中的气体分子运动过程中与物体表面不断发生碰撞产生的压力，称为大气压。

地球上空气密度是不同的，靠近地球表面的地方，空气密度相对大，其大气压高。远离地球表面近的地方，空气密度相对小，其大气压低。大气压的高低不但随高度位置的变化而变化，与气候、温度等条件也有密切的关系。

在纬度 45° 的海平面上，当温度为 0 ℃时，760 mm 高水银柱产生的压强叫做标准大气压，用符号“atm”表示。

$$1 标准大气压（1\ atm）= 1.013\ 25 \times 10^5\ Pa$$

压强有时也采用液柱高度来表示，例如毫米水柱（mmH_2O）、毫米汞柱（mmHg）等。若 ρ 为液体密度，h 为液柱高度，容器底面积为 S，则

$$F = \rho gSh$$

压强为

$$p = F / S = \rho gh$$

影响液体压强的因素是液柱高度和液体的密度，与容器底面积无关。

4. 压强单位的换算

制冷工程中常用的压强单位有帕（Pa）、标准大气压（atm）、巴（bar）、磅 / 平方英寸（psi）等。压强单位换算关系见表 1–1–2。

表 1–1–2　压强单位换算关系

Pa	atm	bar	psi
1	$9.869\ 2\times10^{-6}$	10^{-5}	1.45×10^{-4}
$1.013\ 25\times10^{5}$	1	1.013 25	14.695 9
10^{5}	0.986 9	1	14.503 8
6 894.757	0.068 046	0.068 947 6	1

5. 绝对压力与相对压力

由于测量与计算的需要，常常需要用到绝对压力与相对压力等几种方式来表示压力的大小。

绝对压力是以绝对真空作为基准，容器中的气体对容器内壁产生的实际压力。

相对压力是以大气压力作为基准，容器中的气体对容器内壁产生的压力。

绝对压力与相对压力的换算关系为

绝对压力 = 相对压力 + 大气压力

由于大多数测压仪表所测得的压力都是相对压力，故相对压力也称表压力。

表压力 = 绝对压力 – 大气压力

6. 真空度

气体的绝对压力小于大气压力时的状态称为真空，它们之间的差值称为真空度。制冷系统中的压力数值如果低于外界大气压力，安装在制冷系统上的压力真空表所测量的表压力就会是负值，即真空度，如图 1–1–8 所示。气体实际压力越小，真空度越高。

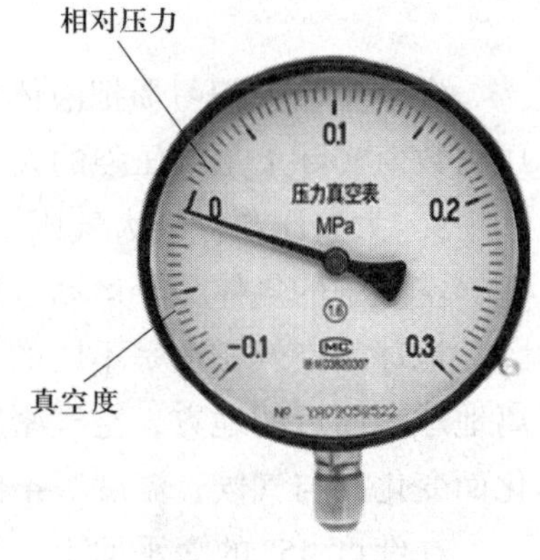

图 1–1–8　真空度

三、热能与热量

1. 热能

热能是物质内部分子无规则运动的动能，它是随物质运动由一种形式转变为另一种形式的能量，是实现内能运动的基本条件。制冷技术就是研究和利用热能的转移过程及数量的科学。

2. 热量

热量是物体吸热或放热多少的物理量，它是物质在状态变化过程中能量转换和变化的一个度量，用符号 Q 表示。

3. 热量单位的换算

（1）在工程单位制中，热量的单位为大卡（kcal）。

1 kcal 为 1 kg 纯水在 1 atm 下温度升高 1 ℃所需要的热量。在上述条件下把 1 g 纯水升高 1 ℃所需的热量称为 1 cal（1 卡）。

（2）在国际单位制中，热量的单位为焦耳（J）。

$$1\ \mathrm{J} = 0.24\ \mathrm{cal} \qquad 1\ \mathrm{kJ} = 1\ 000\ \mathrm{J}$$

（3）在英制单位中，热量的单位为“英热单位”。

1 磅纯水升高或降低 1 ℉所吸收或放出的热量，称为 1 个英热单位（British thermal unit），简写为 Btu。

$$1\ \mathrm{Btu} = 0.25\ \mathrm{kcal} = 1.05\ \mathrm{kJ}$$

（4）在大型制冷工程中，热量的单位为“冷吨”。

在 24 h 内将 1 吨纯水从 0 ℃的水冻结为 0 ℃的冰所需要的热量称为 1 冷吨。

$$1\ 冷吨 = 13\ 878\ \mathrm{kJ/h}$$

常用的热量单位换算关系见表 1–1–3。

表 1–1–3　热量单位换算关系

kJ	kcal	Btu
1	0.24	0.95
4.18	1	3.97
1.05	0.252	1

4. 热量的传递

热量传递是自然界普遍存在的一种自然现象。热量从高温物体传递给低温物体，或从物体中温度较高的部位传递给温度较低的部位。温度高的物体失去热能而温度下降，温度低的物体得到热能而温度升高。这种热能在温差作用下的转移过程称为热量的传递。

热量传递的基本形式有热传导、对流和热辐射三种。热量的传递过程或由三种形式的其中之一呈现，或综合呈现。

如图 1–1–9 所示，底部的热源以热辐射形式加热水壶底部，水壶底部受热后通过热传导形式把热量传递给壶里的水，受热的水由于密度变小而上升，温度较低的水由于密度较大而向下流动，形成对流换热。

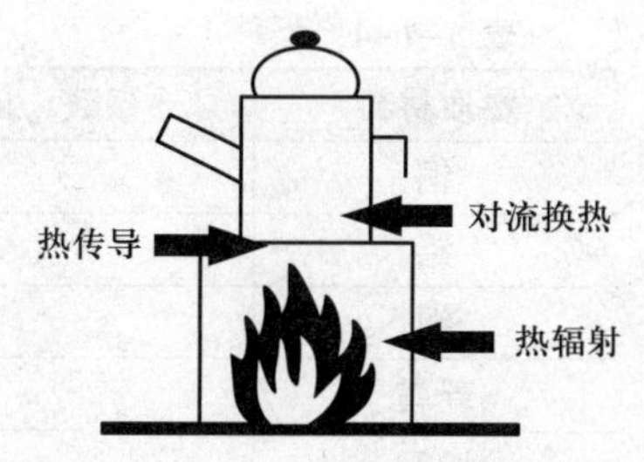

图 1–1–9　加热水壶的热量传递

（1）热传导

1）热传导的方式

物体间直接接触，不产生相对运动，将热量由一个物体传递给另一个物体或从物体的一部分传递到另一部分的传热过程，称为热传导。

固体的热传导是由分子之间发生的碰撞和迁移所引起的热能传递。液体中的热传导是通过平衡位置的分子振动形成的热能传递。气体中的热传导是通过分子无规则运动时互相碰撞而发生的热能传递。

热量传递的过程中，高温的物体温度下降，低温的物体温度上升，如图 1–1–10 所示。

根据不同物体热传导能力的不同，可分为热的良导体与热的不良导体。易于热传导的物体称为热的良导体，例如金属中的银、铜、铝、铁等；不易于热传导的物体称为热的不良导体，例如石棉、木头、空气等。一般情况下，热传导能力的强弱表现为固体 > 液体 > 气体，金属 > 非金属。

在制冷工程中，为加快换热器的热量交换，提高换热效率，宜采用热传导能力较强的铜材和铝材，如图 1–1–11 所示。

为了减少金属管道的热量损失，会在管道上包扎保温管，这种保温管就是热传导能力很弱的绝热材料，如图 1–1–12 所示。

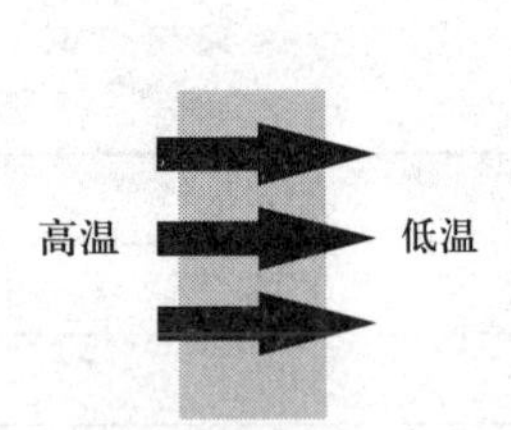

图 1–1–10　热量由高温物体向低温物体传递

图 1–1–11　铜材换热器

图 1–1–12　金属管道上的保温管

2）导热系数

在稳定传热条件下，面积为 1 m^2、厚度为 1 m、两侧表面温差为 1 ℃的某种物质，在 1 h 内由一侧面传递到另一侧面的热量称为该物质的导热系数，单位为 kJ/（m· h · ℃）。

导热系数与物质的组成结构、密度、含水率、温度等因素有关，不同物质具有不同的导热系数。表 1–1–4 所列为不同物质材料的导热系数。

表 1–1–4　不同物质材料的导热系数

物质材料	导热系数 /[kJ·(m·h·℃)$^{-1}$]	物质材料	导热系数 /[kJ·(m·h·℃)$^{-1}$]
铜	1 386	玻璃	2.86
铝	735	水	2.14
钢	201.6	玻璃丝绵	0.13
新霜	0.38	发泡塑料	0.08
旧霜	1.76	空气	0.08

在制冷工程中，热传导一般是通过单层或多层平壁的壁面之间来进行。单层壁面导热量的代数表达式为

$$Q = \lambda SZ\Delta t / \delta$$

式中，λ——物质材料的导热系数，kJ/（m· h· ℃）；

S——平壁面积，m^2；

δ——平壁厚度，m；

Z——传热时间，h；

Δt——平壁两表面温差，℃。

一定时间内，单层壁面传导的热量与物质材料的导热系数、平壁面积、平壁两表面温差成正比，与平壁厚度成反比。

【例 1–1–2】有一台冷冻箱，箱体厚度平均为 0.05 m，表面总面积为 6.6 m^2，箱内温度为 –20 ℃，请问在室温 26 ℃时 24 h 内有多少热量由箱外传导到箱内？

解：查得箱体材料的导热系数 $\lambda = 0.08$ kJ/（m· h·℃）

箱内与箱外室温的温差为 26 ℃ + 20 ℃ = 46 ℃

代入公式可得　$Q = \lambda SZ\Delta t / \delta$

$= 0.08 \times 6.6 \times 24 \times 46 / 0.05$

$= 11\,658.24$（kJ）

答：24 h 内有 11 658.24 kJ 的热量由箱外传导到箱内。

（2）对流

平时生活中用杯子喝热水时，会习惯性用口吹气，用吹气的方式把热水的热量带走，这是一种对流换热现象。

物体因存在温度差、密度差和压力差而流动进行的热量传递称为对流。对流分自然对流和强制对流。

1）自然对流是指当流体内部出现温差时，流体冷热各部分的密度不同而引起流体自发性流动。温度较高的部分因膨胀而密度减小，向上流动；温度较低的部分因收缩而密度增大，受重力影响下沉。

如图 1–1–13 所示，暖气片表面附近的空气受热向上流动。

直冷式电冰箱冷藏室蒸发器与箱内空气的热量交换、电冰箱冷凝器与外部环境空气的热量交换都属于自然对流方式。

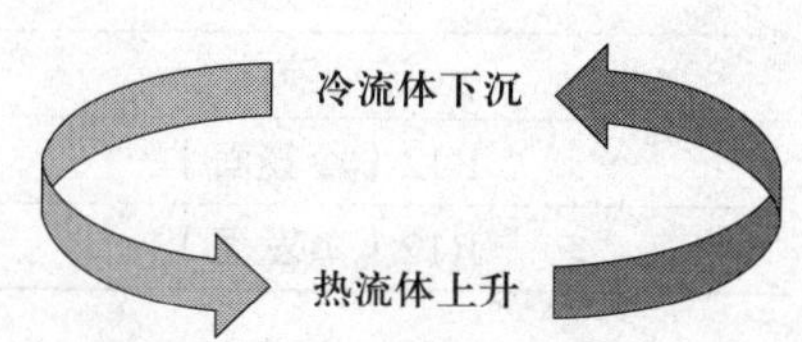

图 1–1–13　暖气片表面附近的空气受热向上流动

2）强制对流是依靠外力强制进行的对流现象。例如，电风扇强制搅动空气循环流动的方式就属于强制对流换热过程。

间冷式电冰箱在箱内安装有微型电风扇，它的换热方式属于强制对流，如图 1–1–14 所示。

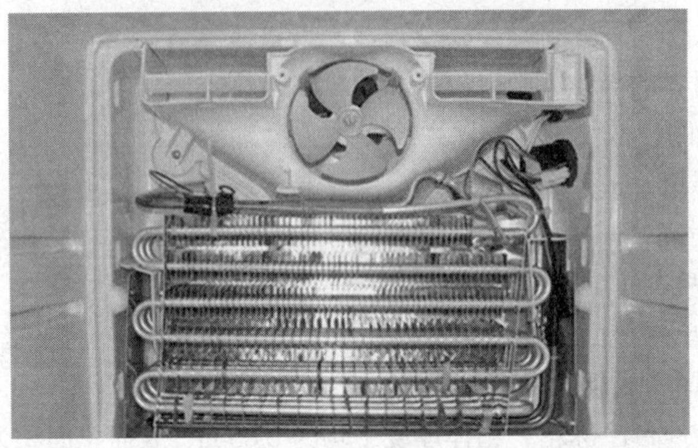

图 1–1–14　间冷式电冰箱箱内采用电风扇强制对流

流体流过固体壁面情况下所发生的热量交换过程，热传导与对流往往同时存在，称为对流换热。对流换热过程中，换热强度大小通常用换热系数来表达。

对流换热换热量 Q 的基本表达式为

$$Q = aSZ\Delta t$$

式中，Q——换热量，kJ；

a——换热系数，kJ/（m^2· h·℃）；

S——流体与固体接触面积，m^2；

Z——换热时间，h；

Δt——流体与固体壁面之间的温度差，℃。

影响对流换热时换热能力的主要因素有流体的对流速度与流动状态、流体的物理性质（比热、黏度、密度、导热系数等）、固体的几何形态等。表 1–1–5 所列为不同物质的换热系数。

表 1–1–5　　不同物质的换热系数

流体的种类和状态	换热系数 /［kJ ·（m^2 · h · ℃）$^{-1}$］
静止气体	4 ~ 20
流动气体	10 ~ 50
静止液体	70 ~ 300
流动液体	200 ~ 1 000
R12（冷凝面）	1 600
R12（蒸发面）	1 700

（3）热辐射

物体在互不接触的情况下，通过电磁辐射把热能向外散发的传热形式称为热辐射。它不依赖任何外界条件，采用电磁波来传递能量，是一种在真空中也能有效传热的方式。

例如，冬季取暖用的反射式电暖气就是利用热辐射形式来加热的，如图 1–1–15 所示。

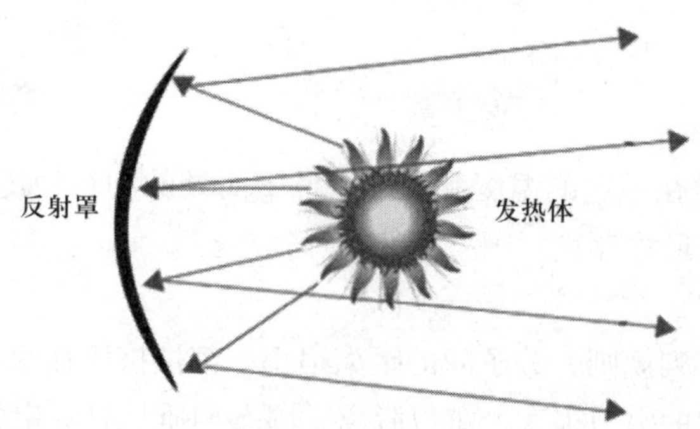

图 1–1–15 电暖气利用热辐射形式供暖

热辐射的强度与物体的温度和表面情况有关，物体间的温差越大，高温物体向外发射的辐射热量越多，低温物体从外界接收的辐射热量越多。

物体的表面越粗糙、颜色越深，发射和接收辐射的能力越强；物体的表面越平滑、颜色越浅白，发射和接收辐射的能力越弱。

由于热辐射的两面性，一方面，电冰箱为增强传热效果，冷凝器的外表面加工成黑色；另一方面，为减弱对外界热辐射的吸收，电冰箱的外壁表面要做的白亮而光滑。

实际上，热传递过程往往是三种形式同时进行的。例如，电冰箱冷凝器管道中高压蒸气的热量先以对流换热的形式传递给管壁内表面，然后以热传导的形式传至管壁外侧，最后以对流换热的形式传导到空气中。

5. 比热容

单位质量的某种物质温度升高或降低 1 ℃所吸收或放出的热量，称为该物质的比热容，简称比热。

不同物质有不相同的比热容。即使同一种物质，温度条件改变，比热容也不相同。

计算物质的温度变化和热量转移关系式为

$$Q = cm\Delta t$$

式中，Q——热量，kJ；

c——物质的比热，kJ/（kg·℃）；

Δt——温差，℃。

【例 1–1–3】用燃气灶将质量为 2.8 kg，温度为 25 ℃的水烧开，水需要吸收多少大卡的热量？

解：水的比热容 c = 4.18 kJ/（kg·℃）

水的质量 m = 2.8 kg

水的温差 Δt = 100 – 25= 75（℃）

热量 $Q = cm\Delta t = 4.18 \times 2.8 \times 75 = 877.8$（kJ）= 210.672（kcal）

答：把 25 ℃的水烧开，水需要吸收 210.672 kcal 的热量。

四、物质的聚集态

1. 物质的聚集态表现

聚集态是一般物质在一定的温度和压强条件下所处的相对稳定的状态。在自然界中，物质通常以三种聚集态形式存在：固态、液态、气态。

（1）固态

固态物质的分子排列规则，分子间的距离很小，都被挤压在很小的范围内，只能做微弱的振动。分子相互间的引力很大，难以脱离。固态物质具有一定的形状、体积和强度。

（2）液态

液态物质的分子密集，分子间距离较大，相互间的引力较小，可做振幅较大的振动而移动位置。液态物质没有固定的形状，具有一定的体积，基本上不可压缩。

（3）气态

气态物质的分子间距大而无定值，相互间的引力小而不能相互约束，处于不规则的运动当中，既可以压缩，也可以无限膨胀充满任何形状的空间。

物质处于哪种状态，取决于分子热运动的强弱和分子间作用力的大小。物质的分子运动微弱振幅很小时，物质呈现固态形式；物质的分子剧烈运动，摆脱相互间引力束缚，物质呈现气态形式。通常情况下，物质在一定压力下经过吸热、放热过程都会改变其状态。例如自然界中的水，常温下为液态，遇热升温变成气态，给它冷却又变成固态，这种变化就是水的状态变化。

按照分子结构特点，在一定条件下，同一物质的三种状态可以互相转化，这些状态之间的转化伴随着热量的传递与转移。

蒸气压缩式制冷就是利用制冷剂在不同条件下的状态转化，实现从低温处吸热、向高温处放热的过程。

物质的聚集态转化共有六种：熔解、凝固、汽化、液化、升华、凝华。图 1-1-16 所示为物质的聚集态转化与热量转移。

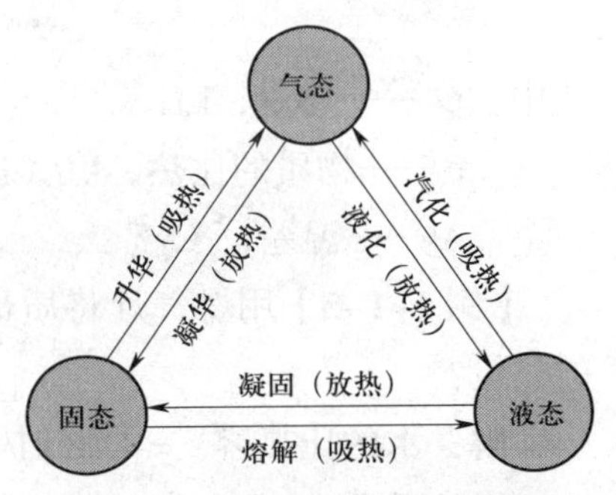

图 1-1-16　物质的聚集态转化与热量转移

物质从固态变成液态的过程称为熔解，熔解过程要吸收热量；物质从液态变成固态的过程称为凝固，凝固过程要放出热量。

物质从液态变成气态的过程称为汽化，汽化过程要吸收热量；物质从气态变成液态的过程称为液化，液化过程要放出热量。

物质从固态变成气态的过程称为升华，升华过程要吸收热量；物质从气态变成固态的过程称为凝华，凝华过程要放出热量。

2. 显热与潜热

（1）显热

物质的状态不变而温度发生变化，变化过程中所吸收的热量称为显热。显热发生时有明显的温度变化，可用温度计测量出来。例如，20 ℃的水加热后上升至 80 ℃，水所吸收的热量即为显热。

显热热量得失的计算公式为

$$Q = cm\Delta t$$

（2）潜热

物质的温度不变而状态发生变化，变化过程中所吸收的热量称为潜热。例如，100 ℃的水继续加热后变为 100 ℃的水蒸气，水所吸收的热量即为潜热。

潜热可分为汽化潜热、液化潜热、熔解潜热、凝固潜热、升华潜热、凝华潜热。

3. 物质的聚集态变化

（1）汽化与汽化热

物质由液态变为气态的过程称为汽化，汽化有两种方式：蒸发和沸腾。

只在液体表面发生的汽化现象称为蒸发。蒸发时要从液体中吸收热量，使液体温度降低，在一定压力下，蒸发可以在液体任何温度下发生。

日常生活中洗完衣物晾晒的过程就是利用蒸发这种方式进行的，蒸发过程的快慢与压力、温度、气流、表面积等因素都有紧密联系。

当液体被加热到沸点时，它的表面和内部同时产生剧烈的汽化现象，称为沸腾。液体的沸点是可以改变的，压力下降，液体的沸点也会随之下降，可在更低的温度下汽化吸热。制冷技术中所说的蒸发，指的是蒸发和沸腾两种汽化现象的统称，利用制冷剂定压蒸发的方式进行制冷，其沸点称为蒸发温度，对应的压力称为蒸发压力。

物质由液态变为气态，必需吸收热量才能实现。某物质在汽化温度下，单位质量的液态物质蒸发变为同温度的气态物质所需的热量称为该物质的汽化热。同一种物质，在不同的压力下汽化，汽化热不同；同一种物质，在不同的温度下汽化，汽化热也不同。表 1–1–6 所列为标准大气压下不同物质的汽化热。

表 1–1–6　　标准大气压下不同物质的汽化热

物质	汽化热 /（kcal · kg^{-1}）	物质	汽化热 /（kcal · kg^{-1}）
水	539	氨	327
酒精	204	制冷剂 R12	39.9
液态空气	47	制冷剂 R22	55.2
氯甲烷	102.2	制冷剂 R13	35.2

（2）液化与液化热

物质由气态变为液态的过程称为液化，液化是汽化的反过程。液化现象在日常生活中随处可见，例如冬天对着窗户的玻璃哈气时，玻璃上就会出现许多颗粒状的小水珠，这种现象就是液化。

液化又称为冷凝，可通过降低温度和压缩体积的方法进行。物质从气态转变为液态需要放出热量，在温度降到足够低时，所有气态都可以液化，此时的温度称为液化温度。

在液化温度下，单位质量的某种气态物质液化为同温度的液态物质所放出的热量称为该物质的液化热。图 1–1–17 所示为 1 kg 水在 0.1 MPa 的压力下各类变化过程。

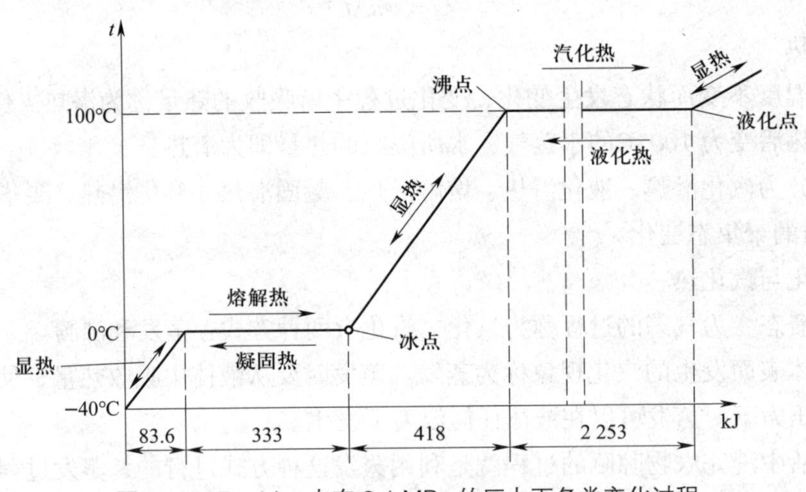

图 1–1–17　1 kg 水在 0.1 MPa 的压力下各类变化过程

五、热力的基本状态

1. 饱和压力与饱和温度

密闭空间内，飞离和返回液体表面的分子数相等时，达到气、液平衡状态，这种状态称为饱和状态。在此状态下的蒸气称为饱和蒸气，饱和蒸气所对应的压力称为饱和压力，所对应的温度称为饱和温度。

同一种物质，饱和温度和饱和压力是一一对应的关系。一个饱和温度一定对应一个饱和压力，一个饱和压力也一定对应一个饱和温度。其饱和状态是针对同步变化而言的。

2. 饱和蒸气与饱和液体

一定温度下，气体与产生它的液体处于平衡状态时，此时的气体称为饱和蒸气，此时的液体称为饱和液体。

3. 过热与过冷

压力稳定时，蒸气的实际温度高于该压力下所对应的饱和温度时的状态称为过热，过热蒸气的温度与饱和温度的温度差值称为过热度。

压力稳定时，液体的实际温度低于该压力下所对应的饱和温度时的状态称为过冷，过冷液体的温度与饱和温度的温度差值称为过冷度。

4. 临界温度与临界压力

临界温度是指物质处于临界状态时的温度。临界压力是指物质处于临界状态时的压力。

六、热力学定律

热力学定律是热力学的基本定律，阐明了热能与机械能和其他能量之间相互转换的规律及效率，它是制冷技术和热力学理论基础。

1. 热力学第一定律

热力学第一定律即能量守恒与转换定律。能量守恒与转换定律是自然界的基本规律之一，不同形式的能量之间可以相互转换，热可以转换为功，功也可以转换成热。一定量的热消失时，必然伴随产生相应量的功；消耗一定的功时，必然产生与之对应量的热。

转换关系表达式为

$$Q = W$$

式中，Q——热能；

W——机械能。

在转化成其他形式能量的过程中，总的能量是守恒的。

2. 热力学第二定律

热力学第二定律主要说明了热和功之间相互转换的条件。

（1）热量不可能自发地、不花任何代价地从低温物体传向高温物体。只有通过消耗一定的机械能才能将低温物体的热量转移到外界高温环境中，从而实现连续制冷的目的，如图 1-1-18 所示。

（2）各种形式的能量很容易转换为热能，但热能却不能无条件地全部转换为功，因为热能转换为功时必定伴随着热量的损失，即热功转换必定存在能量损失。

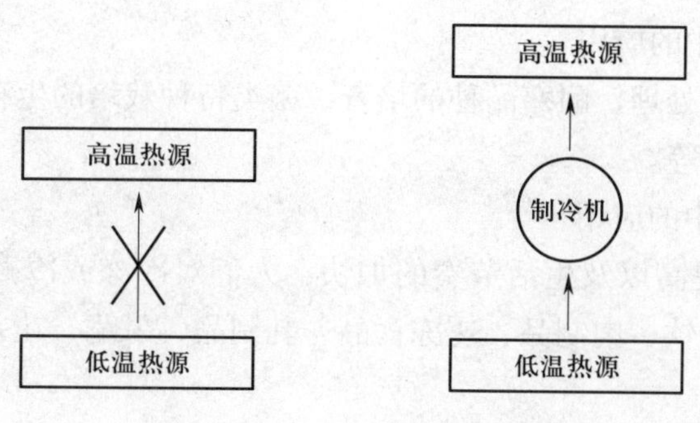

图 1-1-18　热力学第二定律

§1–2　制冷与空调基本原理

学习目标

1. 了解常用的制冷方法。
2. 了解相变制冷的必备条件。
3. 熟悉蒸气压缩式制冷的工作原理及蒸气压缩式制冷系统的组成。
4. 熟悉吸收式制冷的工作原理及吸收式制冷系统的组成。
5. 熟悉半导体式制冷的工作原理及半导体式制冷系统的组成。

一、制冷的应用领域

随着制冷工业的快速发展，制冷技术的应用已经广泛融入到国民经济生产、人民日常生活中的多个方面。

1. 食品工业及食品流通领域中的应用

制冷技术在食品生产、加工中的应用相当广泛。例如：肉制品屠宰、分割生产加工车间中要求温度不超过 12 ℃，包装车间中要求温度不超过 10 ℃；乳制品发酵剂的培养温度一般在 2 ~ 7 ℃；啤酒麦芽汁冷却、发酵降温；饮料的低温灌装等。利用低温可抑制或减缓食品变质的特性，为易腐食品（如畜产品、水产品、果蔬等）的储藏、运输、物流周转等提供安全保障。

2. 石油化工、生物医药行业中的应用

在石油化工工业中，借助制冷方法完成蒸气液化、盐类晶体浓缩形成、提纯催化等；在生物医药行业中，药品、疫苗、血浆、生物样本等需要在低温环境下进行功能性培养保存、运输、冷冻或冷藏。许多类型的疾病手术、生物体的移植、医疗技术研究、验证实验也需要在低温环境中进行。制冷技术的运用为生物医药行业提供了更广阔的发展前景。

3. 农业、畜牧业中的应用

农作物种子的低温处理、耐寒品种的培育，菌类特种栽培的生存环境及营养液的低温调控，牲畜精卵的储存等。

4. 人们日常生活中的应用

随着生活水平的提高以及生活节奏的加快，人们对冷冻或冷藏食品的认知度越来越高，经过低温处理的冷饮、肉制品、速冻食品、乳制品、果蔬、花卉等产品进入了人们的日常生活中。

二、制冷的分类

1. 自然冷却与人工制冷

自然冷却是在自然条件下通过热传导、对流、热辐射等热传递形式由物体向环境介质排出热量，降低物体的温度，最终达到与环境温度相同的自发性过程。

人工制冷是指用人工的方法，不断从冷却对象中吸取热量并转移到周围环境介质中去，并在规定时间内维持其低温状态的过程。

2. 根据制冷温度范围分类

根据制冷温度范围高低，可分为普通制冷、深度制冷、低温制冷和超低温制冷。

普通制冷：120 K 以上；深度制冷：120 ~ 20 K；低温制冷：20 ~ 0.3 K；超低温制冷：0.3 K 以下。

三、常用的制冷方法

1. 蒸气压缩式制冷

蒸气压缩式制冷是目前电冰箱普遍采用的制冷方式，它是利用低沸点的制冷剂在汽化过程中吸收热量来实现制冷。

（1）蒸气压缩式制冷系统的组成

蒸气压缩式制冷系统是由不同直径的管道组成的一个闭合回路系统，制冷剂在其中流动，并产生液态—气态—液态的重复变化，利用制冷剂汽化时吸热、冷凝时放热达到制冷的目的，如图 1–2–1 所示。

单级蒸气压缩式制冷系统由压缩机、冷凝器、干燥过滤器、毛细管（膨胀阀）、蒸发器等部件组成，如图 1–2–2 所示。

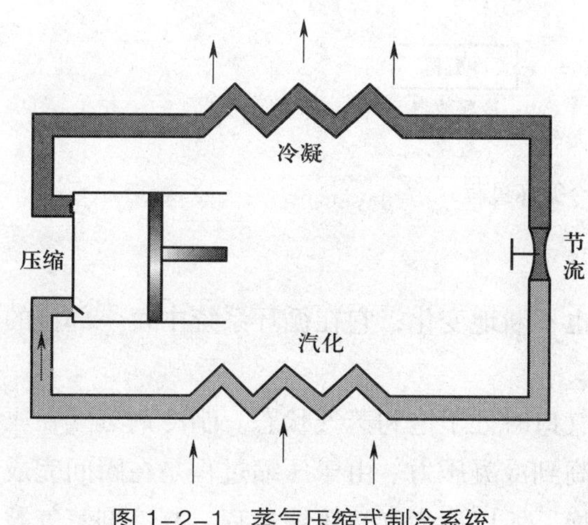

图 1–2–1 蒸气压缩式制冷系统

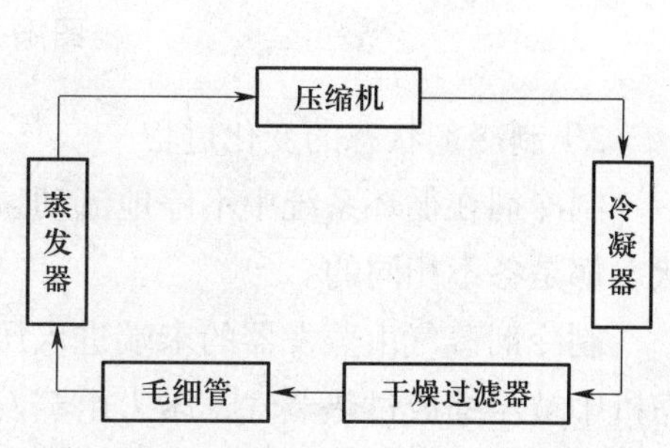

图 1–2–2 单级蒸气压缩式制冷系统

（2）蒸气压缩式制冷原理

1）制冷循环过程

压缩机不断地抽吸蒸发器中的制冷剂蒸气，并将之压缩成高压、高温蒸气送至冷凝器。制冷剂蒸气在冷凝器中放出热量，传递给周围的介质从而冷凝成液体。可见，蒸气冷凝时的温度一定要高于周围介质的温度。冷凝后的液体制冷剂通过节流元件（膨胀阀或毛细管）进入蒸发器。制冷剂在节流元件中从高压降到低压，并出现少量液体的汽化。制冷剂离开节流元件时，变为液、气两相混合状态，继而进入蒸发器。制冷剂在蒸发器中蒸发，从被冷却物体中吸取所需的汽化热，其蒸发温度一定要低于被冷却物体的温度。低温、低压制冷剂蒸气再由压缩机抽吸、压缩，进入下一次循环。

制冷剂从某一状态开始，经过各种状态变化，又回到初始状态，在此热力过程中，从低温物体中吸收热量，并将此热量转移到高温物体，这种一面改变制冷剂状态，一面完成制冷作用的全过程称为制冷循环。

在这个循环过程中，压缩机起着压缩和输送制冷剂蒸气，使制冷剂在蒸发器中产生低温低压、在冷凝器中产生高温高压的作用，是整个循环系统的心脏。节流元件起着节流降压和调节进入蒸发器的制冷剂流量的作用。制冷剂在蒸发器内蒸发，吸收被冷却物体的热量，完成制取冷量。制冷剂从蒸发器中吸收的热量连同压缩机产生的热量在冷凝器中被冷却介质带走，使制冷剂不断从低温物体吸热，向高温介质放热，从而达到制冷的目的。制冷循环过程如图 1–2–3 所示。

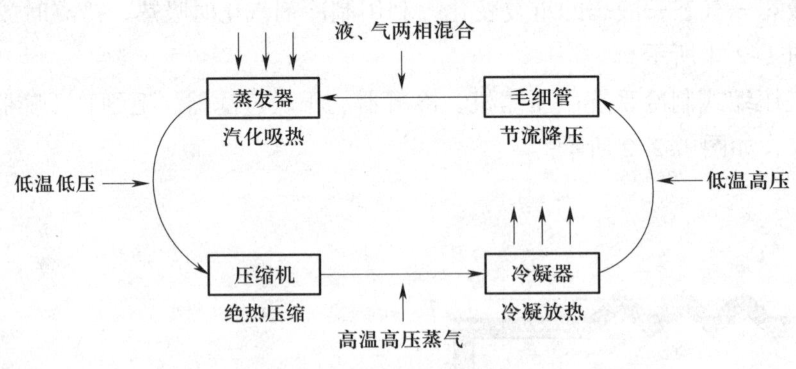

图 1–2–3　制冷循环过程

2）制冷剂状态的变化过程

制冷剂在循环系统中不停地流动，其状态也不断地变化，它在循环系统中每一部位的状态都是各不相同的。

制冷剂蒸气由蒸发器的末端进入压缩机吸气口时处于饱和蒸气状态。制冷剂蒸气在压缩机中被压缩成过热蒸气，压力由蒸发压力升高到冷凝压力。由于压缩过程是在瞬间完成的，制冷剂蒸气几乎来不及与外界发生热量交换，所以称为绝热压缩过程。制冷剂蒸气被压缩是由于外界施给能量而实现的，即外界的能量对制冷剂蒸气做功，使得制冷剂蒸气的温度进一步升高，从而产生过热蒸气。

过热蒸气进入冷凝器后，在压力不变的条件下，先散发出一部分热量，使过热蒸气冷却成饱和蒸气；然后饱和蒸气在等温条件下，继续放出热量而冷凝产生饱和液体；继续不断地冷凝，饱和液体越来越多，饱和蒸气越来越少，最终将饱和蒸气全部冷凝成饱和液体。

饱和液体制冷剂经过节流元件，由冷凝压力降至蒸发压力，温度由高温降至低温。由节流元件出口流出的制冷剂变为液、气两相混合状态，这其中少量蒸气的产生，是由于压力下降液体膨胀而出现的闪发气体，汽化时吸收的热量来源于制冷剂本身，与外界几乎不存在热量交换。因而制冷剂在节流元件前后的能量不变，所以称为绝热膨胀过程。

以液体为主的两相状态的制冷剂，流入蒸发器内吸收被冷却物体的热量而不断汽化，制冷剂在等压等温条件下的不断汽化，使得液体越来越少，蒸气越来越多，直到制冷剂液体全部蒸发变为饱和蒸气时，又重新流回到压缩机的吸气口，再次被压缩机抽吸、压缩，如此周而复始，不断循环。这就是制冷剂在制冷系统中的状态变化过程。

压缩机排出高压过热的制冷剂蒸气，第一阶段，在冷凝器最前端，逐步降温，降到饱和温度，这一阶段叫过热蒸气冷却（气体的显热），温度降低，状态不变（相不变，依然是气态）；第二阶段，饱和蒸气冷凝成饱和液体，这一阶段叫冷凝（物质释放潜热），温度不变，状态变化（由气态冷凝成液态）；第三阶段，饱和液体继续冷却，变成过冷液体，这个阶段叫过冷，释放液体显热，温度下降，状态不变。

2. 吸收式制冷

吸收式制冷是利用物质的汽化吸热获取低温，实现制冷循环。吸收式制冷系统与蒸气压缩式制冷系统的不同之处是用于完成吸气、压缩过程的压缩机被吸收器、发生器、泵所替代，如图 1–2–4 所示。

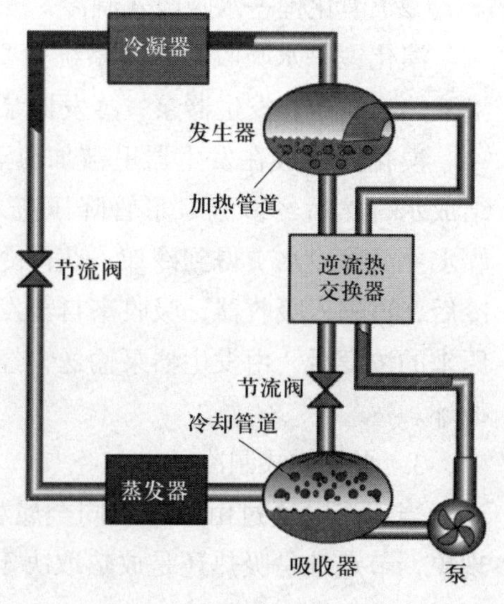

图 1–2–4　吸收式制冷系统

吸收式制冷系统有制冷剂和吸收剂两种物质，两种物质在同一压力下的沸点不同。低沸点的是制冷剂，蒸发时能吸取外界热量，以产生冷效应；高沸点的是吸收剂，有吸收制冷剂蒸气的能力。

最常见的吸收式制冷形式有氨—水和溴化锂—水两种。

（1）氨—水吸收式制冷

氨—水吸收式制冷系统主要由精馏塔（即发生器）、冷凝器、蒸发器、吸收器、节流阀、溶液泵、溶液热交换器和过冷器等组成，如图 1–2–5 所示。

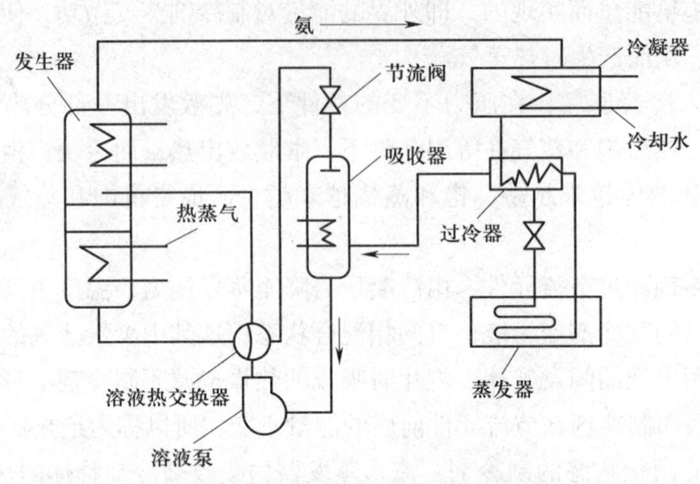

图 1–2–5 氨—水吸收式制冷系统

氨液被溶液泵加压后，经溶液热交换器加热到饱和状态送入发生器蒸发，浓度变稀，温度升高。蒸气经过发生器提馏，在发生器内浓度得到提高，温度相应降低，经回流冷凝器后进入冷凝器冷凝成氨液。氨液经过冷器过冷，再经节流阀节流降到蒸发压力，形成湿蒸气进入蒸发器。在蒸发器内吸收热量变成氨气后，经过冷器氨气被加热，进入吸收器，再送入溶液泵。发生器出来的稀溶液，经溶液热交换器加热（浓溶液被冷却），再经节流阀节流，使压力从发生器内的压力降至吸收器内的压力，进入吸收器。吸收器溶液用氨泵加压而使循环重复进行。

加热发生器的热源可以是低压蒸气或热水。氨—水吸收式制冷系统的单位制冷量大，可获得 0 ℃以下的低温。

（2）溴化锂—水吸收式制冷

溴化锂—水吸收式制冷系统主要由发生器、冷凝器、蒸发器、吸收器、节流 U 形管、溶液热交换器、发生器泵、蒸发器泵、吸收器泵等组成，如图 1–2–6 所示。

溴化锂溶液在发生器里被加热至沸腾，产生水蒸气进入冷凝器，被冷却水冷却而凝结成水，然后经节流 U 形管降压流入蒸发器，再在低压下汽化吸热，使流经蒸发器的冷媒水（简称冷水）得到冷却，获得冷量。发生器中被浓缩的溴化锂溶液经溶液热交换器预冷后，再进入吸收器，吸收来自蒸发器的水蒸气，放出的溶解热由冷却水带走。溶液恢复原来的浓度后，由发生器泵输送，经过溶液热交换器后进入发生器，重新加热，如此不断循环。

3. 半导体式制冷

当直流电通过由两种不同金属材料构成的回路时，在不同节点处，产生吸热和放热现象，节点处是吸热还是放热取决于电流的方向，这种现象称为珀尔帖效应，如图 1–2–7 所示。

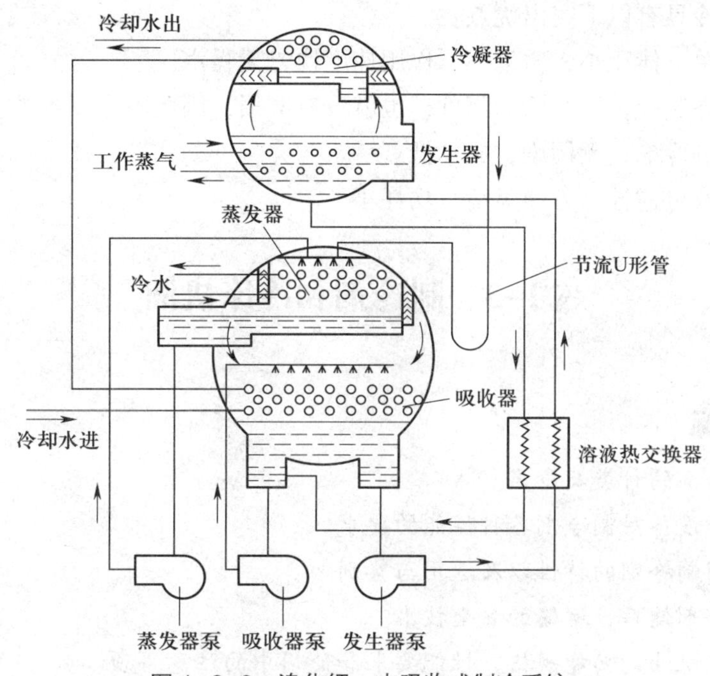

图 1-2-6　溴化锂—水吸收式制冷系统

半导体式制冷是以珀尔帖效应为基础、以电能为动力进行的能量转换过程。当直流电通过由两种不同导电材料构成的回路时，节点上将产生吸热现象（当电流方向相反时为放热）。由于半导体材料主要有导电性好的碲化铋作为基本的三元固熔体合金，珀尔帖效应特别显著。

单只半导体材料的能力是很小的，在实际应用中，为了获得较大的制冷量，一般需要多个 N 型和 P 型半导体串联起来，冷端（吸热端）置于一侧，热端（放热端）置于另一侧，称为热电堆。同时在热端连接散热器，冷端通过蓄冷片与待冷却物体直接相连。改变直流电的大小，可以改变冷、热两端吸收或放出热量的多少，从而使冷端的产冷量或热端的产热量满足实际需求；改变直流电的方向，可以改变冷、热端的方向，如图 1-2-8 所示。在实际应用中，当一级制冷不能达到所需的工作温度时，可用二级或多级制冷进行工作。

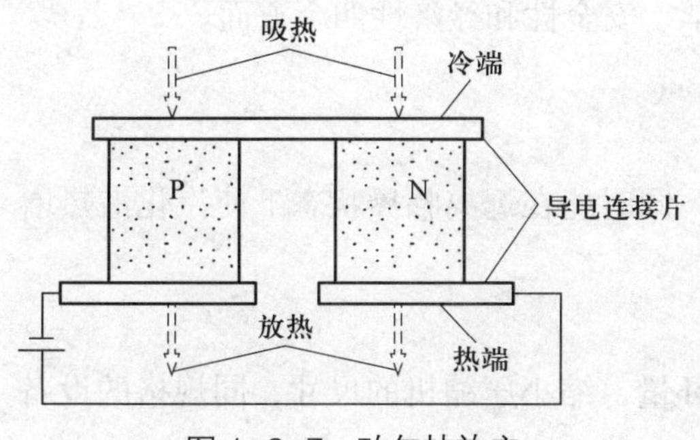

图 1-2-7　珀尔帖效应

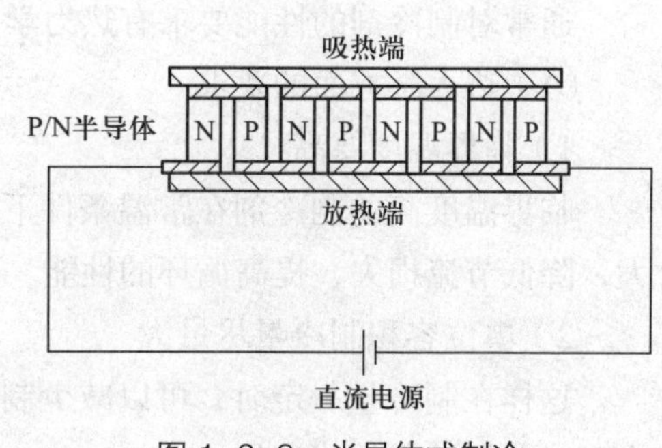

图 1-2-8　半导体式制冷

半导体式制冷具有以下突出优点。

（1）结构简单，体积小，质量小，作用速度快，无噪声。

（2）属于固态制冷，没有活动部件，也就没有磨损，因此不需要维护。

（3）不需要制冷剂，无污染，成本低。

（4）操作具有可逆性，方便灵活，功耗小。

§1–3　制冷剂和冷冻机油

学习目标

1. 了解制冷剂的种类及命名。
2. 了解制冷设备对制冷剂各种性能的要求。
3. 掌握常用制冷剂的特性以及选用与鉴别。
4. 熟悉制冷剂储存、运输的安全技术。
5. 熟悉冷冻机油的功能规格、性能要求和使用中的注意事项。
6. 了解清洗剂的分类与使用方法。

一、制冷剂

制冷剂是在制冷系统中不断循环并通过本身的热力状态变化与外界发生热能交换，从而实现制冷目的的工作介质，又称为工质。

早期广泛使用的制冷剂如乙醚、氨等，多数是可燃的挥发性溶剂或是有毒的介质，由于它们本身的缺陷，基本上已被淘汰或限制使用。取而代之的是CFC（氯氟烃类）、HCFC（氢氯氟烃类）制冷剂，这类制冷剂的特点是安全稳定、持久性能良好，后来发现这类制冷剂破坏大气臭氧层，现在也已被禁用和限制使用。目前能用作制冷剂的物质有几十种。

1．对制冷剂各种性能的要求

通常对制冷剂的性能要求有热力学、物理化学、安全性和经济性四个方面。

（1）热力学方面的要求

1）临界温度要高

临界温度高的制冷剂在常温条件下能够冷凝，同时能在远离临界状态下使汽化潜热增大，降低节流损失，提高循环的性能。

2）单位容积制冷量尽量大

这样在制冷量一定时，可以减少制冷剂的循环量，缩小压缩机的尺寸，同规格的设备中可以获取较大的制冷量。

3）工作压力要适当

要求蒸发压力接近或略高于大气压力，防止制冷系统出现负压使外界空气渗入系统，从而影响制冷设备的性能。冷凝压力不宜过高，冷凝压力与蒸发压力之比不宜过大。

4）要求制冷剂的汽化潜热大

在一定的饱和压力下，制冷剂的汽化潜热大，可得到较大的单位制冷量。

5）凝固温度要低

凝固温度降低，可使制冷系统在获取较低的蒸发温度时不会发生凝固现象，保证制冷剂良好的流动性。

6）制冷剂的绝热指数要小

制冷剂的绝热指数小，可使压缩过程功耗减少，压缩终了时的排气温度不过高，从而改善运行性能和简化机器结构。

（2）物理化学方面的要求

1）要求制冷剂的黏度和密度尽可能小，以减小流动阻力，提高换热设备的传热强度。

2）制冷剂的导热系数应当高，以提高换热设备的效率，减小传热面积使制冷系统结构紧凑，节省材料。

3）要求制冷剂的热化学稳定性好，高温下不爆炸、不燃烧，使用中不分解、不变质。制冷剂与油、水相混合时对金属材料不应有明显的腐蚀作用。对密封材料的溶胀作用应小。

（3）安全性方面的要求

1）要求有良好的电气绝缘性。

2）要求所选择的制冷剂无毒或低毒，无刺激性气味，不燃烧、不爆炸。

3）要求万一泄漏的制冷剂与食品接触时，食品不会变色、变味，不会被污染及损伤组织。

4）要求消耗臭氧潜能值（ODP）与全球增温潜能值（GWP）等环保指标尽可能小，减小对大气臭氧层的破坏。

（4）经济性方面的要求

1）要求制冷剂的生产工艺简单，以降低制冷剂的生产成本。

2）要求制冷剂来源充足，价格便宜。

2. 制冷剂的种类

（1）按照化学成分及组成分类

制冷剂的种类很多，采用化学名称命名、分子式命名或商品名称命名等多种形式的命名均有出现。我国国家标准《制冷剂编号方法和安全性分类》（GB/T 7778—2017）中采用美国供暖制冷空调工程师学会标准的相关规定，标准的命名方法是将制冷剂的编号同它的种类和化学构成联系起来，只要知道它的化学分子式，就可以写出它的编号，即用英文单词 Refrigerant（制冷剂）的首字母“R”开头，后边加上按一定规则编写组合的数字或字母，表示制冷剂的种类和化学结构。

1）无机化合物制冷剂

无机化合物制冷剂有氨（NH_3）、二氧化碳（CO_2）、水（H_2O）等，无机化合物制冷剂的编号是用英文字母 R 加三个或四个数字来表示。7 代表无机化合物制冷剂，开头数字统用 7 来代表，后两个或三个数字为该制冷剂相对分子质量的整数部分。当有两种或两种以上无机化合物制冷剂的相对分子质量整数部分相同时，可在其后加大写字母（如 A、B、C 等），以便区分它们。表 1–3–1 所列为常见的无机化合物制冷剂。

表 1–3–1　常见的无机化合物制冷剂

制冷剂编号	化学分子式	相对分子质量	名称
R702	H_2	2.015 9	氢
R704	He	4.002 6	氦
R717	NH_3	17.03	氨
R718	H_2O	18.02	水
R720	Ne	20.183	氖
R728	N_2	28.013	氮
R732	O_2	31.998	氧
R740	Ar	39.948	氩
R744	CO_2	44.01	二氧化碳
R764	SO_2	64.07	二氧化硫

2）氟利昂制冷剂

氟利昂是饱和碳氢化合物（烷族）中全部或部分氢元素等被卤族元素替代后衍生物的总称。目前，氟利昂制冷剂的饱和碳氢化合物大多属于甲烷（CH_4）和乙烷（C_2H_6）等。表 1–3–2 所列为常见的氟利昂制冷剂。

表 1–3–2　常见的氟利昂制冷剂

制冷剂编号	化学分子式	名称
R11	CCl_3F	一氟三氯甲烷
R12	CCl_2F_2	二氟二氯甲烷
R13	$CClF_3$	三氟一氯甲烷
R13B1	$CBrF_3$	三氟一溴甲烷
R22	$CHClF_2$	二氟一氯甲烷
R114	$CClF_2CClF_2$	四氟二氯乙烷

为了区分各种氟利昂制冷剂对大气臭氧层的破坏程度，根据“蒙特利尔破坏臭氧层物质管制议定书”规定新的命名方法。

①氯氟烃类（CFC）。碳氢化合物中的氢原子完全被氯和氟取代的一类化合物，用CFC表示。第一个C表示氯元素，F表示氟元素，后面的C表示碳元素。该类制冷剂无毒、不燃烧，分子结构稳定，在大气中的存在寿命长，会引起臭氧层的破坏和衰减，已被禁用，如CFC–11、CFC–12。

②氢氯氟烃类（HCFC）。碳氢化合物中的氢原子部分被氯和氟原子置换的一类化合物，用HCFC表示。由于氢原子的存在，该类制冷剂对臭氧层的破坏能力较弱，是CFC类的过渡替代品，如HCFC–22。

③氢氟烃类（HFC）。碳氢化合物中的氢原子有一部分被氟原子置换的一类化合物，不含氯原子，用HFC表示。该类制冷剂不破坏臭氧层，但是消耗臭氧潜能值（ODP）较高，如HFC–134a。

3）饱和碳氢化合物制冷剂

这类制冷剂主要用于石油化工工业，常用的有甲烷、乙烷、丙烷、丁烷等，编号规则与氟利昂制冷剂相同。例如，甲烷为R50，乙烷为R170，丙烷为R290，丁烷为R600。另外，如果属于同分异构体，需在编号后边加一个字母“a”，例如，异二氟乙烷为R152a，异丁烷为R600a。表1–3–3所列为常见的饱和碳氢化合物制冷剂。

表1–3–3 常见的饱和碳氢化合物制冷剂

制冷剂编号	化学分子式	名称
R50	CH_4	甲烷
R170	CH_3CH_3	乙烷
R290	$CH_3CH_2CH_3$	丙烷
R600	$CH_3CH_2CH_2CH_3$	丁烷
R600a	$(CH_3)_2CHCH_3$	异丁烷

4）非饱和碳氢化合物及其卤族元素衍生物

这类制冷剂的编号是在R后边先写一个“1”，然后按氟利昂制冷剂的编号规则书写。例如，乙烯为R1150，丙烯为R1270，二氟二氯乙烯为R1112a。表1–3–4所列为常见的非饱和碳氢化合物及其卤族元素衍生物。

5）共沸混合制冷剂

共沸混合制冷剂由两种或两种以上互溶的单纯制冷剂在常温下按一定比例相互混合而成，它的性质与单纯制冷剂的性质一样，在恒定的压力下平衡蒸气相和液相的组分相同，且具有恒定的蒸发温度。但它的热力性质却不同于混合前的物质，利用共沸混合物可以改善制冷剂的特性。共沸混合制冷剂的命名是字母“R”后面第一个数字为 5，后边的数字按命名的先后次序编写，由 00 开始。表 1–3–5 所列为共沸混合制冷剂。

表 1–3–4　　常见的非饱和碳氢化合物及其卤族元素衍生物

制冷剂编号	化学分子式	名称
R1112a	$C_2Cl_2F_2$	二氟二氯乙烯
R1113	C_2ClF_3	二氟一氯乙烯
R1114	C_2F_4	四氟乙烯
R1120	C_2HCl_3	三氯乙烯
R1130	$C_2H_2Cl_2$	二氯乙烯
R1150	C_2H_4	乙烯
R1170	C_3H_6	丙烯

表 1–3–5　　共沸混合制冷剂

制冷剂编号	组分	混合质量百分比 /%
R500	R12/R152a	73.8/26.2
R501	R22/R12	75/25
R502	R22/R115	48.8/51.2
R503	R23/R13	40.1/59.9
R504	R32/R115	48.2/51.8
R505	R12/R31	78/22
R506	R31/R114	55.1/44.9
R507	R125/R143a	50/50

6）非共沸混合制冷剂

非共沸混合制冷剂由两种或两种以上相互不形成共沸溶液的单纯制冷剂混合而成，被加热时，在一定的蒸发压力下，较易挥发的组分蒸发的比例大，难挥发的组分蒸发的比例小，因此气、液两相的组成不相同，且制冷剂在蒸发过程中温度不再保持恒定，在冷凝过程中也有类似的特性。非共沸混合制冷剂的命名是字母“R”后面第一个数字为 4，后边的数字按命名的先后次序编写，由 00 开始。表 1–3–6 所列为非共沸混合制冷剂。

（2）按照压力大小与温度范围分类

按照制冷剂在大气压条件下标准沸点和冷凝压力的高低，可将其分为高温（低压）、中温（中压）和低温（高压）三类。表 1–3–7 所列为制冷剂按照压力大小与温度范围分类。

表 1-3-6 非共沸混合制冷剂

制冷剂编号	组分	混合质量百分比 /%
R401A	R22/R152a/R124	53/13/34
R401B	R22/R152a/R124	61/11/28
R401C	R22/R152a/R124	33/15/52
R402A	R125/R290/R22	60/2/38
R402B	R125/R290/R22	38/2/60
R404A	R125/R143a/R134a	44/52/4
R407A	R32/R125/R134a	20/40/40
R407B	R32/R125/R134a	10/70/20

表 1-3-7 制冷剂按照压力大小与温度范围分类

类别	沸点 /℃	环境温度在 30 ℃ 时的冷凝压力 /kPa	制冷剂举例	应用举例
高温（低压）制冷剂	>0	<300	R11、R21、R114	空调系统中的离心式压缩机
中温（中压）制冷剂	−60 ~ 0	300 ~ 2 000	R717、R12、R22、R502	普通单级压缩式制冷机
低温（高压）制冷剂	<−60	>2 000	R13、R14、R503	复叠式制冷设备的低温部分

3. 常用制冷剂的特性与选用

（1）常用制冷剂的特性

目前较常用的制冷剂有氨（R717）、二氟二氯甲烷（R12）、二氟一氯甲烷（R22）、四氟乙烷（R134a）、R600a、R410A 等。表 1-3-8 所列为常用制冷剂的特性。

表 1-3-8 常用制冷剂的特性

特性	R717	R12	R22	R134a	R600a	R410A
分子量	17.03	120.92	86.50	102.03	58.12	72.60
蒸发温度（常压）/℃	−33.40	−29.80	−40.80	−26.50	−11.80	−52.70
凝固温度 /℃	−77.70	−158	−160	−101	−160	−155
临界温度 /℃	133	112	96.24	101	135	72.50
临界压力 /MPa	11.40	4.13	4.98	4.06	3.65	4.94

续表

特性	R717	R12	R22	R134a	R600a	R410A
蒸发潜热 /（kJ · kg^{-1}）	1 164	165.10	233	216	381	256.68
ODP（R11=1）	0	1	0.05	0	0	0
GWP（CO_2=1）（100 年）	0	3.1	1 700	1 600	20	1 700
安全性等级	B1	A1	A1	A1	A3	A1

1）氨（R717）制冷剂

氨是目前应用最为广泛的一种中压中温制冷剂，氨在润滑油中的溶解度很小，油进入制冷系统后，会在换热器的传热表面上形成油膜，影响传热效果，因此在氨制冷系统中往往设有油分离器。纯氨对钢铁无腐蚀作用，但当氨中含有水分时将腐蚀铜和铜合金（磷青铜除外），因此氨制冷系统中不能使用铜及铜合金材料。氨与水可以任意比例互溶，形成氨水溶液，即使在低温下水也不会从氨液中析出冻结而发生“冰塞”现象，所以氨制冷系统中不必设置干燥器。但水分的存在会加剧对金属的腐蚀，氨中的含水量被限制在≤ 0.2% 的范围内。

氨的蒸气无色，有强烈的刺激臭味，有较强的毒性和可燃性。当氨液飞溅到皮肤上时会引起冻伤。当空气中氨的含量达到 0.5% ~ 0.6% 时，人在其中停留 30 min 即可中毒，达到 11% ~ 13% 时即可点燃，达到 16% 时遇明火就会爆炸。氨在常温下不易燃烧，但加热至 350 ℃时，则分解为氮和氢气，氢气与空气中的氧气混合后会发生爆炸。因此，氨制冷机房必须注意通风排气，并需经常排出系统中的空气及其他不凝性气体，机房内空气中氨的浓度不得超过 0.02 mg/L。

2）二氟二氯甲烷（R12）

R12 通常作为 −40 ~ 10 ℃温度范围内制冷系统的制冷剂。R12 无色、透明、气味很弱、毒性小、不燃烧、不爆炸，但当温度达到 400 ℃以上遇明火时，会分解出具有剧毒性的光气。R12 单位容积制冷量小，相对分子质量大，流动阻力大，导热系数较小，属于中压中温制冷剂。

R12 能以任意比例与矿物性润滑油互溶且能溶解各种有机物，系统中不能用一般天然橡胶作密封垫片，而应采用丁腈橡胶或氯乙醇等人造橡胶。否则，会造成密封垫片膨胀而引起制冷剂的泄漏。

水在 R12 中的溶解度很小，低温状态下水易析出而形成冰塞，因此 R12 制冷系统内必须严格限制含水量，并规定 R12 产品的含水量不得超过 0.002 5%，且系统中的设备和管道在充灌 R12 前，必须经过干燥处理，在充液管路中及节流阀前的管路中加设干燥器。

R12 对一般金属没有腐蚀作用，但能腐蚀镁及含镁量超过 2% 的铝镁合金，含水后会产生镀铜现象。R12 对天然橡胶及塑料等有机物有膨润作用，故密封材料应使用耐氟利昂腐蚀的丁腈橡胶或氯乙醇橡胶，封闭型压缩机中电动机绕组导线要涂覆耐氟绝缘漆，电动机采用 B 级或 E 级绝缘。R12 极易渗透，故对铸件质量及制冷系统的密封性要求较高。

在中小型制冷设备中 R12 在综合制冷性能方面有显著的代表性，曾被广泛用在家用电冰箱、电冰柜、展示柜、小型冷库等制冷设备上。但是 R12 消耗臭氧潜能值（ODP）较高，对地球环境有严重破坏作用并产生温室效应，危及人类赖以生存的环境，因此它已受到限用与禁用，我国已于 2010 年 1 月 1 日起完全停止生产和消费。

3）二氟一氯甲烷（R22）

R22 标准蒸发温度为 -40.8 ℃，凝固温度约为 -160 ℃。R22 无色、气味很弱、不燃烧、不爆炸、毒性比 R12 略大。R22 化学稳定性不如 R12，传热性能与 R12 相近，溶水性比 R12 高，但仍属于不溶于水的物质。R22 含水量仍限制在 0.002 5% 之内，与 R12 相同。R22 对有机物的膨润作用更强，密封材料可采用氯乙醇橡胶，封闭型压缩机中的电动机绕组线圈可采用 QF 改性缩醛漆包线（F 级或 E 级）或 QZY 聚酯亚胺漆包线。R22 的单位容积制冷量比 R12 约高 60%，故目前 R22 被广泛应用于 -40 ~ -60 ℃的双级压缩或空调制冷系统中。

由于 R22 是第二批被列入限用与禁用的制冷剂之一，我国将在 2040 年 1 月 1 日起禁止生产和使用。

4）四氟乙烷（R134a）

R134a 作为目前国际公认的替代 R12 的制冷剂之一，它的许多特性与 R12 很相近，属于中温制冷剂。R134a 无色、无味、无毒、不燃烧、不爆炸，安全类别为 A1，是很安全的制冷剂。R134a 与矿物性润滑油不相溶，系统需要使用专用的压缩机及专用的聚酯类合成润滑油，密封元件须使用聚丁腈橡胶。R134a 吸水性较强，且易与水反应生成酸，腐蚀制冷机管路及压缩机，故对系统的干燥度提出了更高的要求，压缩机线圈及绝缘材料也须加强绝缘等级。R134a 的击穿电压、介电常数比 R12 低，导热系数比 R12 约高 30%，对金属、非金属材料的腐蚀性及渗漏性与 R12 相同。

R134a 的化学稳定性很好，但溶水性比 R22 高，对制冷系统不利，即使有少量水分存在，在润滑油等的作用下，也会产生酸、二氧化碳或一氧化碳，对金属产生腐蚀作用，或产生镀铜现象，所以 R134a 对系统的干燥和清洁要求更高。R134a 对钢、铁、铜、铝等金属未发现有相互化学反应的现象，仅对锌有轻微的作用。

5）R600a

R600a 属中温制冷剂，主要用于电冰箱、冷柜、展示柜等制冷设备。R600a 常温下是一种无色、无味、无毒的易燃易爆气体，在空气中爆炸的体积分数为 1.8% ~ 8.4%，汽化潜热值大，导热系数高，压缩比小，对提高压缩机的输气系数与效率以及延长压缩机的使用寿命有重要作用。R600a 的单位容积制冷量仅为 R12 的 50% 左右，与水不发生化学反应，不腐蚀金属，能和 R12 的润滑油互溶。R600a 的消耗臭氧潜能值（ODP）为 0，具有极好的环境特性，是替代 R12 的理想品。

6）R410A

R410A 是由二氟甲烷 R32（CH_2F_2）、五氟乙烷 R125（C_2HF_5）以 50%、50% 的质量百分比混合而成的非（近）共沸制冷剂，不燃烧，微毒，化学和热稳定性高，不与矿物油或烷基苯油相溶，水分溶解性与 R22 几乎相同，是目前为止国际公认的用来替代 R22 的最佳选择。

（2）常用制冷剂的选用

随着制冷技术的发展，对制冷剂的要求已经从最初的能用即可发展到不污染、不破坏生态环境。制冷剂的性质将直接影响制冷机的种类、结构、尺寸、流程、形式，因此合理选择制冷剂是一个很重要的问题。制冷剂的选用首先要符合制冷剂的热力学、物理化学、安全性和经济性等方面的性能要求，其次还要对人类生态环境无破坏作用，不破坏大气臭氧层，不产生温室效应。

此外，在实际中不同形式与用途的制冷系统、压缩机和不同的工作温度，对制冷剂还有一些特殊的选用要求。例如：活塞式压缩机要求制冷剂的单位制冷量要大，以缩小机器的尺寸和减小制冷剂的循环量；离心式压缩机要求制冷剂的相对分子质量要大，以提高压缩比，减少级数；小型制冷系统要求制冷剂与润滑油能相互溶解，以便利用回气夹带回油，简化系统；全封闭和半封闭型压缩机要求制冷剂电绝缘性能要好；家用电冰箱中的制冷剂要求无毒、不燃烧、不爆炸。

实验表明，目前没有哪种制冷剂完全符合上述要求，许多制冷剂都是某些方面较优，而在另外一些方面不足。因此制冷剂的选用都是经过综合分析、比较，在满足特定要求的前提下，权衡利弊找出最符合要求的类型。

4. 制冷剂的安全性分类

根据国家标准《制冷剂编号方法和安全性分类》（GB/T 7778—2017）中的制冷剂安全性分类方法，制冷剂可按照毒性和可燃性进行分类。

（1）制冷剂的毒性分类

根据容许的接触量，制冷剂毒性分为 A、B 两类。

A 类（低慢性毒性）：制冷剂的职业接触限定值大于等于 0.04%（可理解为制冷剂体积浓度大于等于 0.04% 时，没有毒性危害）。

B 类（高慢性毒性）：制冷剂的职业接触限定值小于 0.04%（可理解为制冷剂体积浓度小于 0.04% 时，有毒性危害）。

（2）制冷剂的可燃性分类

按制冷剂的可燃性危险程度，制冷剂的可燃性根据可燃下限、燃烧热和燃烧速度分为 1、2L（此处 L 表示低燃烧速度）、2 和 3 四类。

第 1 类（无火焰传播）：在 101 kPa 和 60 ℃大气中实验时，未表现出火焰传播。

第 2L 类（弱可燃）：在 101 kPa、60 ℃的实验条件下，有火焰传播；制冷剂可燃下限大于 3.5%（体积分数）；燃烧产生热量小于 19 000 kJ/kg；在 101 kPa、23 ℃的实验条件下测试时，制冷剂的最大燃烧速度小于等于 10 cm/s。

第 2 类（可燃）：在 101 kPa、60 ℃的实验条件下，有火焰传播；制冷剂可燃下限大于 3.5%（体积分数）；燃烧产生热量小于 19 000 kJ/kg。

第 3 类（可燃易爆）：在 101 kPa、60 ℃的实验条件下，有火焰传播；制冷剂可燃下限小于等于 3.5%（体积分数），或燃烧产生热量大于等于 19 000 kJ/kg。

按照制冷剂的毒性和可燃性，把制冷剂分为 8 个安全分类（A1、A2L、A2、A3、B1、B2L、B2、B3）。表 1–3–9 所列为制冷剂的安全分类。

表 1–3–10 所列为常见制冷剂的安全分类。

表 1–3–9　　制冷剂的安全分类

燃烧性	低慢性毒性	高慢性毒性
第 1 类	A1	B1
第 2L 类	A2L	B2L
第 2 类	A2	B2
第 3 类	A3	B3

表 1–3–10　　常见制冷剂的安全分类

制冷剂编号	安全分类	制冷剂编号	安全分类
R12	A1	R22	A1
R123	B1	R718	A1
R134a	A1	R600a	A3
R407C	A1	R32	A2L
R410A	A1	R290	A3
R717	B2		

5. 制冷剂的储存与使用

制冷剂通常被压缩成气体或液体，储存和运输要使用专用的制冷剂钢瓶。制冷剂钢瓶外包装和钢瓶外体上应标注有制冷剂的名称、商标、生产厂家、性质、规格、容积、质量等技术参数指标及安全标志、防伪标志等信息，如图 1–3–1 所示。以上内容要求字迹印刷清晰且信息无误。

由于不同制冷剂的饱和压力不同，对制冷剂钢瓶的耐压程度等要求也不同。例如，

R410A 制冷剂的饱和压力比 R22 高许多，这就要求 R410A 制冷剂钢瓶必须是专用的且要有醒目的安全警示标志；R600a 制冷剂具有易燃性，发生泄漏、超出浓度上限、高于燃点都可能出现事故，该类制冷剂钢瓶必须储存在专用库中的专用场所，配备防火器材；R134a 制冷剂与 R12 的性质相近，穿透性很强，对普通橡胶等物质有一定的腐蚀作用，R134a 制冷剂钢瓶的瓶口阀门密闭要使用特殊材料。

图 1–3–1　制冷剂钢瓶和外包装

根据国家《特种设备安全监察条例》和《危险化学品安全管理条例》等法规的有关要求，参照《气瓶安全技术规程》，对制冷剂钢瓶的标志、包装、运输、储存的相关规定，一般要求如下。

（1）制冷剂包装容器上应有牢固清晰的标志，内容包括产品名称、商标、容积、生产厂厂名、厂址、净含量、批号、产品等级、相应标准编号。

（2）制冷剂应使用专用的制冷剂钢瓶，不同种类的制冷剂要使用不同颜色色标的制冷剂钢瓶加以区别。表 1–3–11 所列为非重复使用制冷剂钢瓶的颜色色标。

表 1–3–11　非重复使用制冷剂钢瓶的颜色色标

制冷剂	钢瓶色标	制冷剂	钢瓶色标
R717	黄色	R407C	中棕色
R12	白色	R410A	粉红色（PMS507 色号）
R22	绿色	R113	紫色
R134a	天蓝色	R11	橘黄色

重复使用的钢瓶外涂铝白色，钢瓶外壁用黑色油漆标明产品名称、皮重，钢瓶外壁打有钢印号，不得混用。

（3）钢瓶充装必须符合《气瓶安全技术规程》等相关法规和技术文件的规定，定期进行耐压试验，不使用不符合规定的制冷剂钢瓶。制冷剂的充注量控制在钢瓶容积的 2/3 为宜，以免遇热膨胀后压力增大而爆裂。对于重复使用的钢瓶，在产品使用后钢瓶内应保持正压。

（4）制冷剂应储存在阴凉、通风、干燥的地方，要远离热源，避免阳光暴晒。

（5）制冷剂钢瓶装卸运输过程中必须戴好安全帽，要特别注意安全，严禁撞击、拖拉、摔落和直接暴晒。钢瓶运输应符合中华人民共和国铁路、公路运输的有关规定。

由于制冷剂种类繁多，特性不一，有多种区分，包括无毒、微毒、剧毒；有刺激性气味、无刺激性气味；可燃、不可燃；环保型、非环保型等。使用不同种类的制冷剂之前，要了解该类制冷剂的各种特性、使用方法和注意事项。例如，具有可燃性危险的 2L 类、2 类、3 类制冷剂，在空气中达到一定的浓度就有燃烧爆炸的危险，因此在使用时要注意使用场合以及周边环境是否符合使用条件和使用要求，使用中确保空气有效流通，并采取必要的防火防爆措施；具有毒性危害的制冷剂，使用前要做好安全防护措施，佩戴护目镜、防喷溅面罩、防冻手套、呼吸防护等装备。

6. 常用制冷剂的鉴别

（1）制冷剂真伪鉴别——检视法

品质优良的制冷剂在钢瓶外包装和钢瓶外体上各类技术参数指标等信息翔实无误，印刷精美，防伪标志清晰可见。表 1-3-12 所列为制冷剂钢瓶外包装和钢瓶外体标注内容，可根据图样进行甄别。

表 1-3-12　　制冷剂钢瓶外包装和钢瓶外体标注内容

钢瓶外包装和钢瓶外体标注内容	图样	钢瓶外包装和钢瓶外体标注内容	图样
产品名称	R22 二氟一氯甲烷 (CHCLF₂)	净含量	净含量 30lb 13.6kg
批号认证	公司通过： GB/T19001 质量管理体系 GB/T24001 环境管理体系 GB/T28001 职业健康安全管理体系认证	技术参数指标	压力/ kPa(G) 2500 2000 1500 1000 500 −30 −20 −10 0 10 20 30 40 50 60 70 温度/℃
安全标志	不燃气体 2 易燃易爆	防伪标志	

（2）制冷剂真伪鉴别——称重法

在电子秤上称出制冷剂钢瓶的实际质量与制冷剂钢瓶上标称质量，比对是否一致。

（3）制冷剂种类鉴别

1）压力法

使用压力真空表连接制冷剂钢瓶，开启瓶阀，压力真空表测量出瓶内压力数值。查阅制冷剂技术手册，找出符合条件的制冷剂种类。表 1–3–13 所列为常见制冷剂温度、压力对照表。

表 1–3–13　常见制冷剂温度、压力对照表

R22			R134a			R410A		
饱和温度/℃	饱和压力/MPa	表压力/kPa	饱和温度/℃	饱和压力/MPa	表压力/kPa	饱和温度/℃	饱和压力/MPa	表压力/kPa
0	0.498	398	0	0.293	192.8	0	0.801	700.7
1	0.514	414.4	1	0.304	203.6	1	0.827	726.5
2	0.531	431.2	2	0.315	214.6	2	0.853	753.0
3	0.548	448.4	3	0.326	226	3	0.880	780.1
4	0.566	466.1	4	0.338	237.7	4	0.908	807.8
5	0.584	484.1	5	0.350	249.7	5	0.936	836.2
6	0.603	502.6	6	0.362	262	6	0.965	865.3
7	0.622	521.5	7	0.375	274.6	7	0.995	895.0
8	0.641	540.9	8	0.388	287.6	8	1.025	925.4
9	0.661	560.7	9	0.401	300.9	9	1.057	956.5
10	0.681	580.9	10	0.415	314.6	10	1.088	988.4
11	0.702	601.7	11	0.429	328.6	11	1.121	1 020.9
12	0.723	622.9	12	0.443	343	12	1.154	1 054.1
13	0.745	644.5	13	0.458	357.8	13	1.188	1 088.1
14	0.767	666.7	14	0.473	372.9	14	1.223	1 122.9
15	0.789	689.3	15	0.488	388.4	15	1.258	1 158.4
25	1.044	943.9	25	0.665	565.4	25	1.657	1 557.4
26	1.072	972.4	26	0.685	585.4	26	1.702	1 602.0
27	1.101	1 001.4	27	0.706	605.9	27	1.748	1 647.5
28	1.131	1 030.9	28	0.727	626.9	28	1.794	1 693.8
29	1.161	1 061.1	29	0.748	648.3	29	1.841	1 741.1
30	1.192	1 091.9	30	0.770	670.2	30	1.889	1 789.3

例如，环境温度为 25 ℃时，压力真空表指示数值为 0.565 MPa，对照制冷剂技术手册，确定该未知制冷剂为 R134a（制冷剂技术手册标明为绝对压力的，此处需要数值换算）。表 1–3–14 所列为使用压力法鉴别制冷剂种类的操作步骤。

表 1–3–14　　使用压力法鉴别制冷剂种类的操作步骤

操作步骤	图示	操作步骤	图示
1. 将加液管一端与压力真空表连接		3. 压力真空表指示该制冷剂的压力数值	
2. 加液管另一端连接待鉴别制冷剂钢瓶瓶阀，开启瓶阀		4. 查阅制冷剂技术手册，根据压力数值鉴别制冷剂种类	—

2）温度法

不同种类的制冷剂，在不同的压力条件下，蒸发温度也不同。利用自制的简易测温装置（见表 1–3–16），对未知种类制冷剂的蒸发温度在常压下进行测量，再将测得的温度数值与制冷剂技术手册中的标准值进行比照，从而确定制冷剂的种类。例如，在当地大气压环境下测得制冷剂蒸发温度为 –25 ℃，鉴别出这种制冷剂为 R22。表 1–3–15 所列为常见制冷剂温度、压力对照表。

表 1–3–15　　常见制冷剂温度、压力对照表

绝对压力 /MPa	蒸发温度 /℃							
	R12	R22	R134a	R290	R152a	R404A	R600a	R717
0.10	–29.7	–40.8	–26.07	–42.06	–24.02	–46.48	–11.61	–33.33
0.12	–25.8	–37	–22.2	–38.2	–19.9	–42.87	–7	–29.9
0.14	–21.9	–33.5	–18.7	–34.3	–16.4	–39.47	–3	–26.5
0.16	–18.4	–30.6	–15.5	–31.2	–15.2	–36.42	1	–23.7

续表

绝对压力 /MPa	蒸发温度 /℃							
	R12	R22	R134a	R290	R152a	R404A	R600a	R717
0.18	−15.4	−27.7	−12.5	−28.2	−10.3	−33.66	4	−21.6
0.20	−12.2	−25	−10	−25.5	−7.8	−31.13	7.1	−18.8
0.24	−7	−20.5	−5.4	−20.5	−2.6	−26.61	12.6	−14.4
0.3	−0.05	−14.6	0.8	−14.4	3.3	−20.8	19.5	−9.3
0.4	8.1	−6.5	9	−5.5	12.2	−12.84	29.5	−1.9
0.6	22.1	5.8	21.6	7.9	25.2	−0.65	45	9.3
0.8	33	15.8	31.6	18.1	35.3	8.77	56	17.2
1.0	42	23.4	39.5	27	43.8	16.57	66	25

表 1–3–16 所列为自制简易测温装置的制作步骤。

表 1–3–16　　自制简易测温装置的制作步骤

操作步骤	图示	操作步骤	图示
1. 准备罐装制冷剂空瓶一个		4. 将空瓶底部开一个直径 6 mm 的孔	
2. 准备开瓶器一个		5. 把数显式温度计的感温头插入到圆孔内，并适当密封	
3. 准备数显式温度计一个		6. 组装完毕	

需要指出的是，自制的简易测温装置仅仅作为保障安全完成低温测量的实验载体，并未过多考虑环境、大气压力、海拔等因素对测量结果的影响。

（4）制冷剂纯度鉴别

使用制冷剂检测分析仪来鉴别制冷剂的纯度。表 1–3–17 所列为制冷剂检测分析仪的使用和鉴别方法。

表 1–3–17　　制冷剂检测分析仪的使用和鉴别方法

操作步骤	图示	操作步骤	图示
1. 制冷剂检测分析仪连接取样制冷剂		3. 取下采样管，按下检测按钮	
2. 接通电源，制冷剂检测分析仪预热，输入检测信息		4. 读取显示屏上的数据信息。记录完毕，最后关断电源	

二、冷冻机油

冷冻机油是一种根据压缩机的工作特点深度精制的专用润滑油。在蒸气压缩式制冷系统中，冷冻机油用来润滑压缩机的各个运动部件，减少磨损，延长使用寿命，保证压缩机安全可靠运行。

1. 冷冻机油的功能与作用

（1）润滑相互摩擦的部件表面，使摩擦面完全被油膜分隔开来，从而降低摩擦功率，减少摩擦热和磨损。

（2）冷却摩擦零件，使摩擦零件的温度保持在允许范围内。

（3）密封摩擦面间隙，保证密封性能，阻挡制冷剂的泄漏。

（4）带走金属摩擦产生的磨屑，清洗摩擦面。

2. 对冷冻机油的特性要求

（1）化学稳定性要好。不得与制冷剂产生化学反应或造成电气绝缘性能的下降；黏度、密度及其他性能不应随温度产生变化。

（2）热稳定性要好。因制冷设备的排气温度较高，要求使用的冷冻机油在高温条件下不碳化，并且闪发点越高越好，要有良好的抗氧化稳定性；同时低温状态下不固化，具有良好的低温流动性。

（3）黏度适中。黏度过小，则摩擦面之间不能建立起正常的油膜厚度，加速轴承等处的磨损；黏度过大，则会使压缩机摩擦功率和摩擦发热量增加、启动力矩增大。另外，黏度过大或过小都会引起气缸温升过高、排气温度过高，从而影响压缩机的正常运行，因此黏度必须适中。

（4）抗乳化性要强，且要具有较好的绝缘性能。

3. 冷冻机油的规格与选用

冷冻机油的规格品种很多，为了保证压缩机的正常运行，必须了解冷冻机油的性能。冷冻机油的选用取决于压缩机的机型和所使用的制冷剂。

冷冻机油可分为矿物油和合成油两大类。

（1）矿物油

矿物油从石油中提炼，只能与极性较弱或非极性制冷剂互溶。根据制冷剂类型和蒸发器操作温度的不同，国家标准《冷冻机油》（GB/T 16630—2012）把冷冻机油分为 DRA、DRB、DRD、DRE、DRG 等不同的规格标准，规定了目前矿物油、合成烃油、合成油等的产品分类、要求和试验方法、检验规则、标志、包装、运输和储存。

制冷剂为氨的，开启型或半封闭型压缩机一般选用质量指标等级较低的 DRA、DRB 级别冷冻机油；制冷剂为 HFC（氢氟烃类）的，全封闭型压缩机一般选用 DRD 级别冷冻机油；制冷剂为 HCFC（氢氯氟烃类）的，全封闭型压缩机一般选用 DRE 级别冷冻机油；制冷剂为 HC（烃类）的，一般选用 DRG 级别冷冻机油。

（2）合成油

合成油用化学方法合成，具有较强的极性，能与极性强的制冷剂互溶。常用的合成油有环烷基油（MO）、聚烯烃乙二醇油（PAG）、烷基苯油（AB）、聚酯类油（POE）、聚醚类油（PVE）等。

选用 NH_3（氨）、HCFC（氢氯氟烃类）、HFC（氢氟烃类）等制冷剂的压缩机适用矿物油；对于采用新型制冷剂的，例如 R407C、R410A，适用合成油。

三、清洗剂

1. 清洗剂的种类

煤油、汽油、乙酸苯酯等都可对制冷设备的管路进行清洗，目前工业合成类的清洗剂多为有机溶液，挥发性、溶解性很强，不得沾染到皮肤上。很多清洗剂含有刺激性气味，吸入人体后会对人体产生危害，严重的会中毒昏迷。有的清洗剂易燃易爆，使用时要做好防护。

2. 清洗剂的使用

（1）选用清洗剂以不污染、不破坏生态环境，对人体无毒无害的新型清洗剂为首选。

（2）掌握清洗剂的性质特点、使用方法和注意事项。

（3）佩戴个人防护用具（橡胶手套、护目镜、滤气式口罩、防护面罩等）。

（4）分断需要清洗的制冷设备管路，拆除制冷设备管路上不适宜清洗的部件（单向阀、止回阀、节流机构、过滤装置等），遵循高入低出的原则，加入符合分量要求的清洗剂。

（5）静置满溶解时间。

（6）高压氮气吹冲，排出内部杂质。

第二章　电冰箱的结构与原理

§2–1　电冰箱的结构

学习目标

1. 熟悉电冰箱的基本组成。
2. 掌握典型电冰箱的结构形式。
3. 掌握新型电冰箱的结构特点。

一、电冰箱的基本组成

1. 箱体与门体

电冰箱的箱体与门体如图 2–1–1 所示。

（1）箱体

电冰箱的箱体指电冰箱的外体，一般由外壳、内胆、绝热材料等组成。它是整个电冰箱的支撑躯体，电冰箱的制冷系统、电气控制系统及其他结构件安装固定在箱体上。

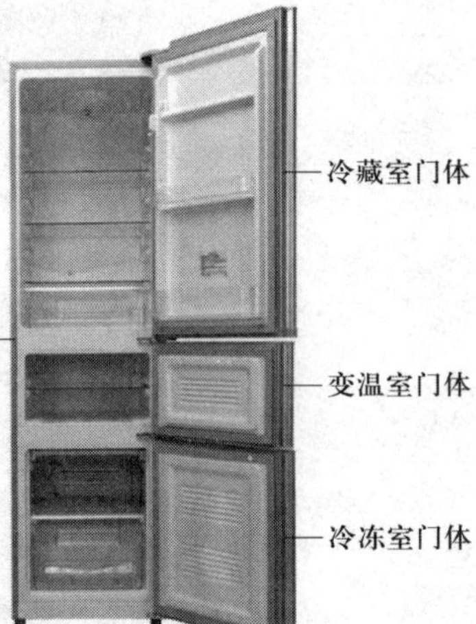

（2）门体

电冰箱的门体一般由门体边框、门体面板、门体内胆、门体门衬、磁性门封条、门铰链及结构件等组成。它们的结构形式直接影响着电冰箱的生产工艺与使用性能，标志着电冰箱的产品质量标准。

冷藏室门体
箱体
变温室门体
冷冻室门体

图 2–1–1　电冰箱的箱体与门体

2. 整体式箱体外壳与门体面板

电冰箱整体式箱体外壳由整块钢板一体折弯成 U 形，使箱体的两侧面与顶部为一个整体，外形没有搭接和焊接点。整体式箱体外壳强度高，刚性好，但生产工艺较复杂，生产成本较高。

整体式箱体外壳如图 2–1–2 所示。

电冰箱整体式箱体外壳与门体面板的制造材料目前主要有以下几种。

（1）预涂钢板（PCM）

预涂钢板是将彩色涂层涂敷在基材上的复合钢板，具有表面涂层坚固附着力强、易于清洗、与发泡材料亲和性好、价格便宜、使用寿命长等特点，长期以来一直作为箱体外壳与门体面板的材料使用。

采用预涂钢板制造的电冰箱如图 2–1–3 所示。

图 2–1–2　整体式箱体外壳

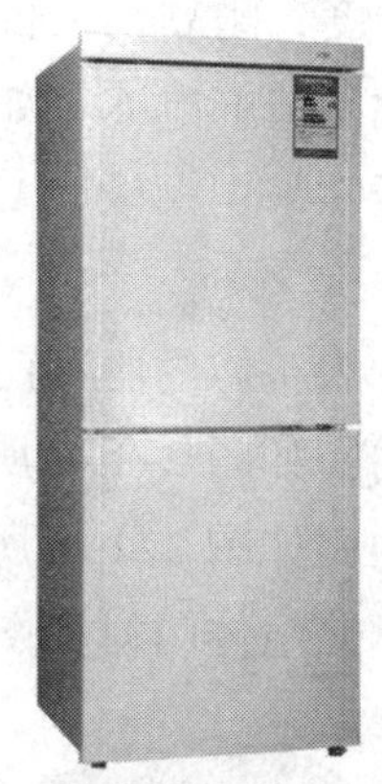

图 2–1–3　采用预涂钢板制造的电冰箱

（2）彩色层压钢板（VCM）

彩色层压钢板是指将基板进行表面处理后粘贴 PVC 等材料复合膜的彩钢板，具有色彩丰富、耐腐蚀、耐磨损等特点，多作为门体面板的材料。

采用彩色层压钢板制造的电冰箱如图 2–1–4 所示。

（3）金属拉丝板

近年来许多电冰箱生产厂家纷纷采用金属拉丝板作为箱体外壳与门体面板材料，这种材料表面光泽度很高，外观具有很强的金属质感，再配以不同的纹理图案，一出现就成为流行的新型材料。

采用金属拉丝板制造的电冰箱如图 2–1–5 所示。

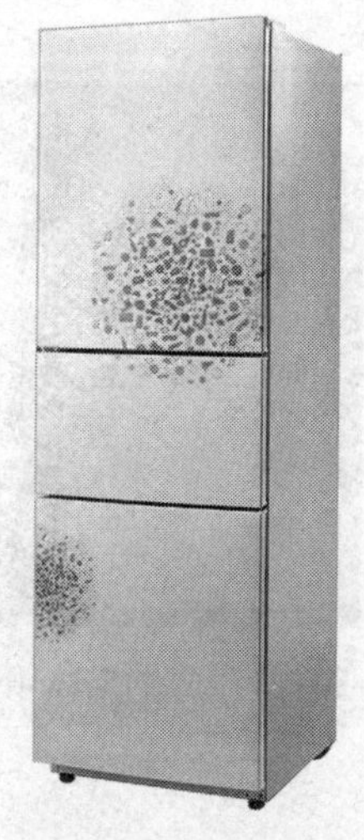

图 2–1–4　采用彩色层压钢板制造的电冰箱

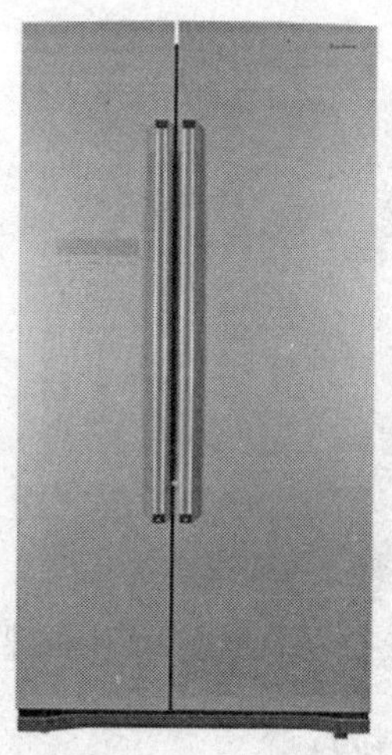

图 2–1–5　采用金属拉丝板制造的电冰箱

（4）彩晶玻璃

在玻璃表面使用彩晶技术进行覆被印刷而成的一种面板材料，色彩绚丽，手感细腻光滑，有玻璃的高硬度，耐划伤，抗腐蚀，不变色。

采用彩晶玻璃制造的电冰箱如图 2–1–6 所示。

电冰箱的背板常采用钢板、ABS 工程塑料或纸背板。

3. 内胆

电冰箱内胆分为箱体内胆和门体内胆。

电冰箱箱体内胆如图 2–1–7 所示。

电冰箱门体内胆如图 2–1–8 所示。

吹胀式的电冰箱门体门衬如图 2–1–9 所示。

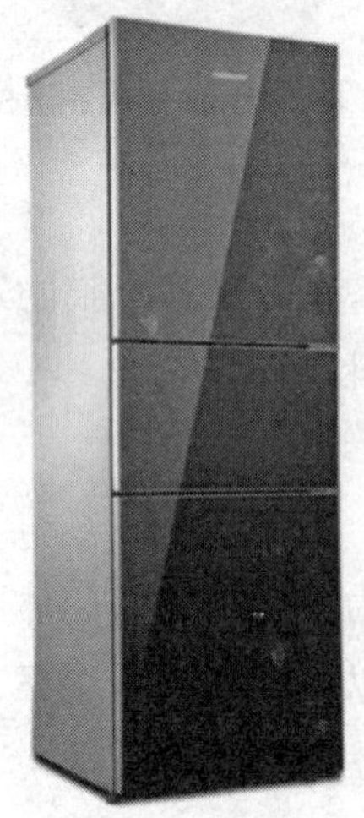

图 2–1–6　采用彩晶玻璃制造的电冰箱

图 2–1–7　电冰箱箱体内胆

图 2–1–8　电冰箱门体内胆

图 2–1–9　吹胀式的电冰箱门体门衬

4. 绝热材料

电冰箱箱体外壳与箱体内胆、门体面板与门体内胆之间填充绝热材料，提高整体结构强度，减少电冰箱内外不必要的热量交换。

电冰箱绝热材料的剖面如图 2–1–10 所示。

5. 磁性门封条

磁性门封条由塑料封条、气室和磁性胶条组成，当电冰箱门体与箱体接近到夹角为 10°～15° 时，门体自动吸合紧闭。

电冰箱磁性门封条的基本结构如图 2–1–11 所示。

图 2–1–10　电冰箱绝热材料的剖面

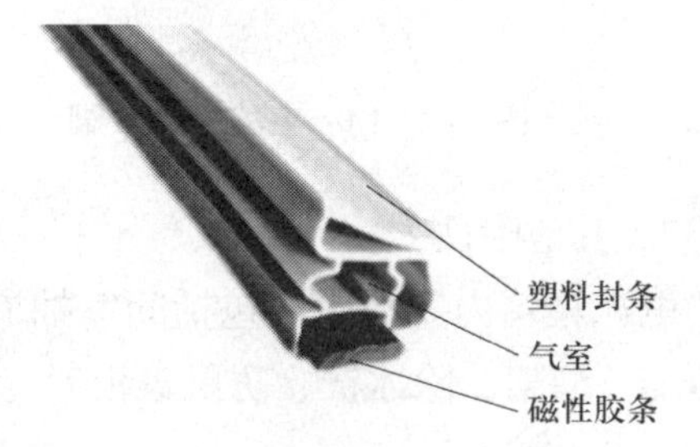

图 2–1–11　电冰箱磁性门封条的基本结构

6. 其他基本组件

（1）门铰链

门铰链由主撑杆、螺栓固定孔和上下连接转轴等结构件组成。根据电冰箱的门数及结构分上铰链、中铰链、下铰链等几种。

门铰链如图 2–1–12 所示。

（2）排水管

排水管一端连接内胆排水沟槽，另一端连接接水盒。电冰箱排水管如图 2–1–13 所示。

图 2–1–12　门铰链

图 2–1–13　电冰箱排水管

（3）调平脚

调平脚设置在电冰箱箱体底部，用于调整电冰箱的平整度。电冰箱调平脚如图 2–1–14 所示。

（4）滚轮

安装滚轮以方便整体移动电冰箱。电冰箱滚轮如图 2–1–15 所示。

图 2–1–14　电冰箱调平脚

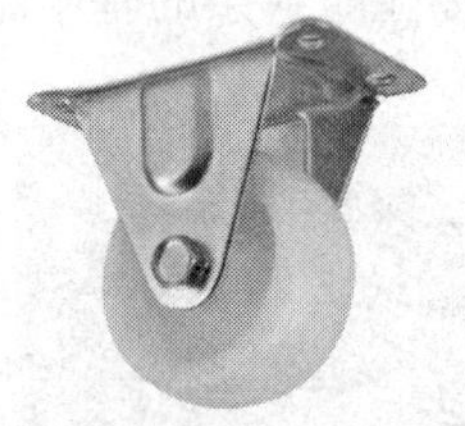

图 2–1–15　电冰箱滚轮

7. 其他附件

电冰箱箱内其他附件包括间室抽屉、搁架、层架、蛋架、果菜盒、制冰盒、接水盒、储冷器、酒架、除冰铲、防鼠盖板等，见表 2–1–1。

表 2–1–1　电冰箱其他附件

附件名称	图样	作用
间室抽屉		食品储存在抽屉内，不与制冷管道直接接触，避免串味
搁架		除底板外用于展示食品的储物架，便于分类储存食品
层架		动式层架的数量和放置位置可以根据食品的多少进行调整

续表

附件名称	图样	作用
蛋架		放置禽蛋，利于保鲜
果菜盒	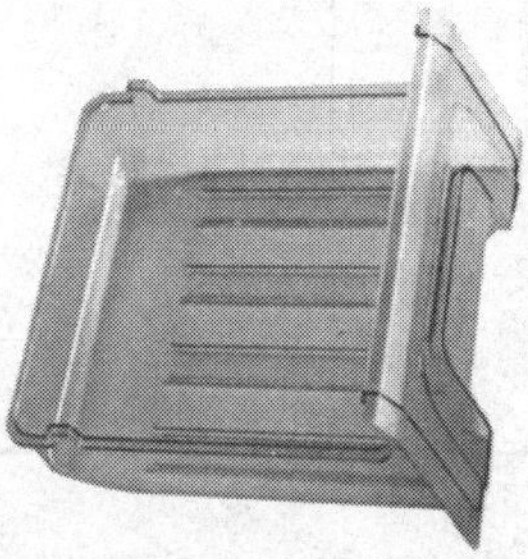	用于存放瓜果蔬菜等食品的盒体，配合玻璃盖板可减缓水果和蔬菜中水分蒸发流失，保持新鲜
制冰盒		放入冷冻室制冰，旋转取冰
接水盒	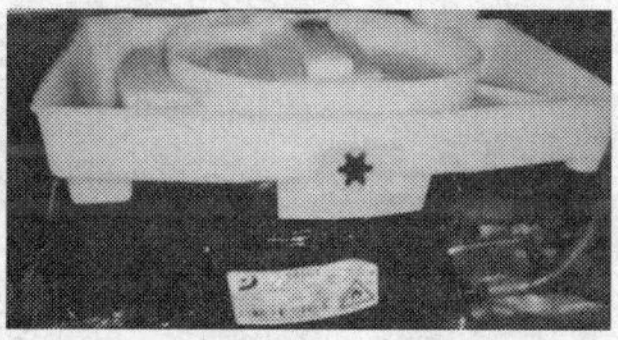	安装在压缩机上部，盛装来自排水通道的化霜水，并为压缩机降温
储冷器	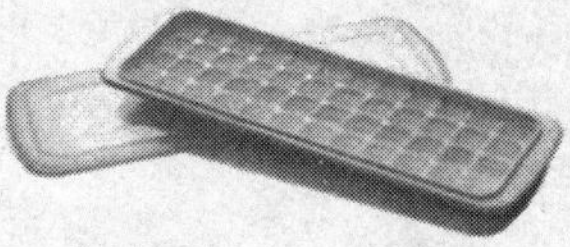	储冷器内装长效冷冻液，停电时可释放冷量，延缓箱内温度回升
酒架	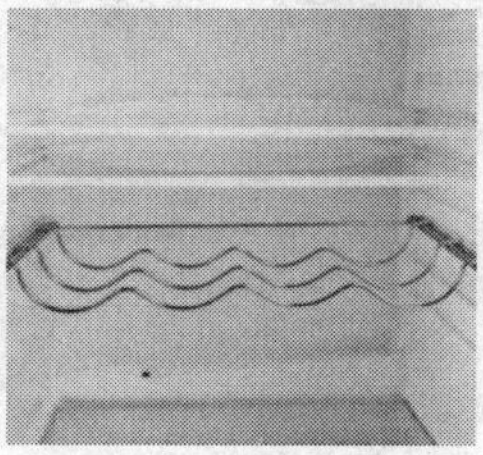	用于酒类储存

续表

附件名称	图样	作用
除冰铲		人工除霜使用的冰铲
防鼠盖板		防止鼠类、昆虫进入

二、典型电冰箱的结构形式

1. 单门电冰箱的结构形式

单门电冰箱只有一个箱门，上部有一个独立的带有外门的子间室，内装小型蒸发器，采用自然对流的热交换方式。层架、搁架和果菜盒内可存放各种水果、蔬菜、饮料等物品。蒸发器旁边安装的温度控制器用来控制箱内温度。

单门电冰箱的结构形式如图 2-1-16 所示。

图 2-1-16　单门电冰箱的结构形式

单门电冰箱内的小型蒸发器如图 2–1–17 所示。

单门电冰箱后背采用整体式结构，如图 2–1–18 所示。

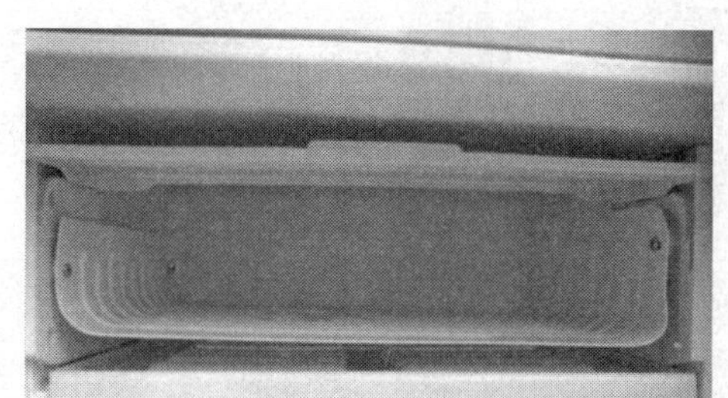
图 2–1–17 单门电冰箱内的小型蒸发器

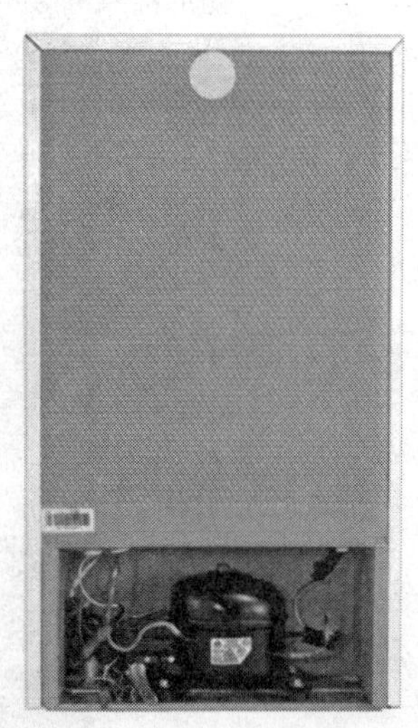
图 2–1–18 单门电冰箱后背

单门电冰箱具有占地小、使用方便、结构简单、耗电少等特点。

2. 双门电冰箱的结构形式

最常见的双门电冰箱箱门是上下双开结构，按照间室功能，一般冷藏室在上，冷冻室在下。冷藏室以冷藏保鲜为主，内部采用层架结构，物品存放在层架、搁架等处，便于冷气循环流动。冷藏室下部的果菜盒可储存新鲜的瓜果、蔬菜，果菜盒上的玻璃盖板不仅方便观察盒内的物品情况，还可以阻隔水分流失。冷冻室以冷冻及速冻物品为主，采用抽屉叠层放置的形式，物品可根据温度的设置分类储存。

典型双门电冰箱的结构形式如图 2–1–19 所示。

目前大多数双门电冰箱散热管路均采用背面内藏式结构，后背用整张镀锌钢板制成。压缩机等制冷部件安装在后背下部，并用后盖板封闭起来，整个后背干净整洁。

典型双门电冰箱的后背结构形式如图 2–1–20 所示。

3. 对开门电冰箱的结构形式

左右对开门结构电冰箱容积普遍较大，造型新颖，功能完备。直立并排的箱门完全打开后，一侧为冷冻室，另一侧为冷藏室，中间用隔热间层隔开，所有部件排列有序，物品分层储存，避免串味，利于存取。

对开门电冰箱的结构形式如图 2–1–21 所示。

左右对开门结构电冰箱大多是间冷式，温度的控制方式采用多间室不同温度的分区控制方式，在内胆夹层设计多通道出风，通过风扇把循环风送往各个间室。

左右对开门结构电冰箱后背采用平背式结构形式，如图 2–1–22 所示。

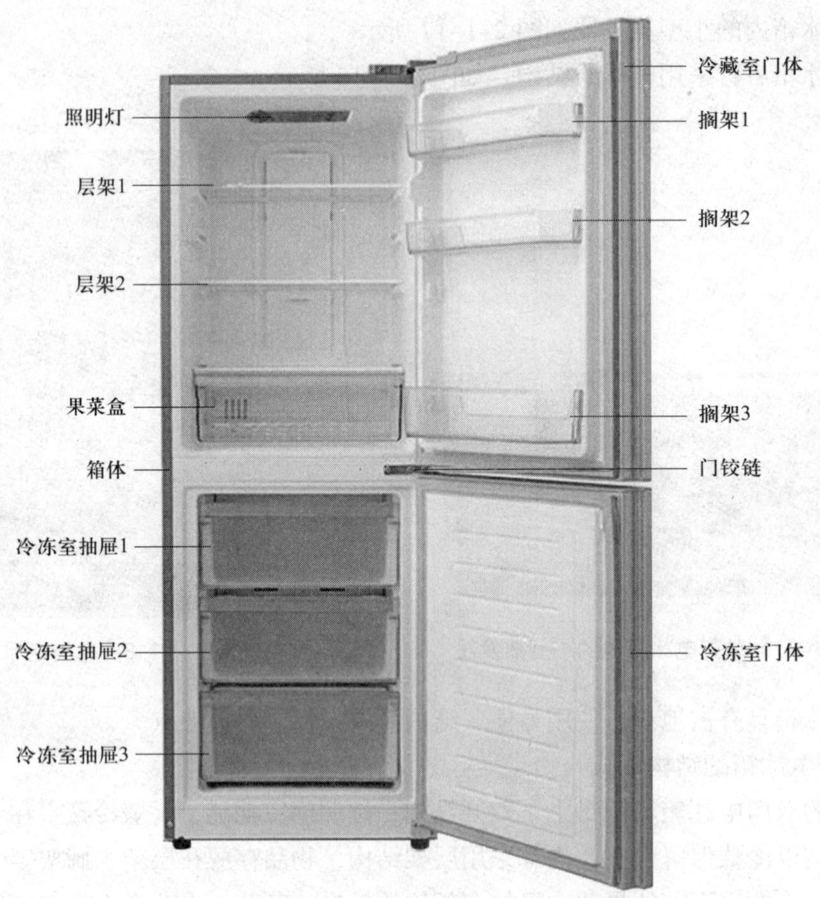

图 2-1-19　典型双门电冰箱的结构形式

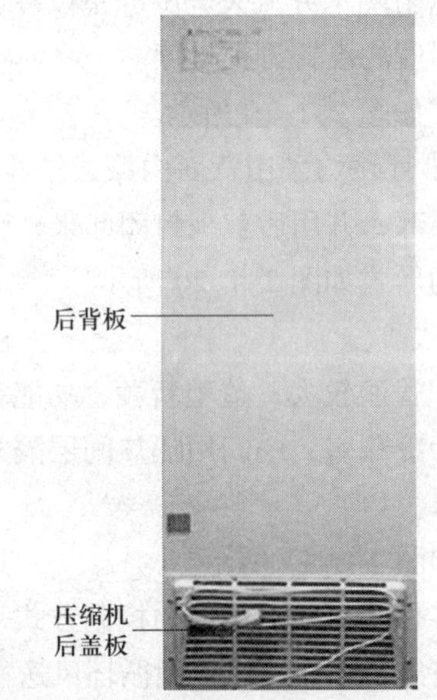

图 2-1-20　典型双门电冰箱的后背结构形式

图 2-1-21　对开门电冰箱的结构形式

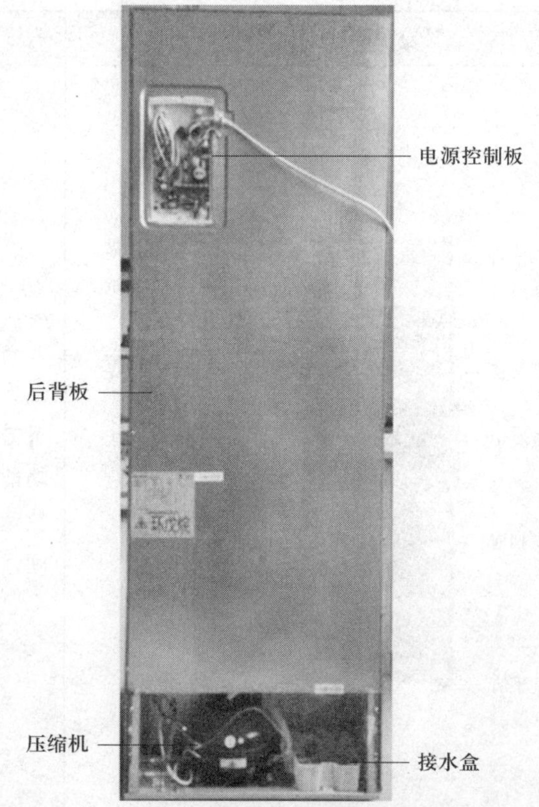

图 2-1-22　左右对开门结构电冰箱后背结构形式

三、新型电冰箱的结构特点

1. 多门、大容积、独立温区

新型电冰箱在冷藏室、冷冻室、变温室等基础上，结构上还设置有制冰室、果菜室等，有的间室还会有深冷速冻区、零度保鲜区等不同的温度区域，并且它们之间也是间隔开来相互独立的。新型电冰箱可利用多循环制冷系统，使多个间室、多个温区实现不同温度要求，满足不同物品的按需分类储存的要求。

2. 立体循环风道，多组风口

新型电冰箱在箱内各处（包括独立的子间室）设置不同的立体风道系统，多组风口循环多角度送风，使冷气均匀布满储存空间的每个角落。

3. 设计新颖时尚、个性化、功能完备

新型电冰箱充分使用新型材料，外观设计新颖时尚，色彩绚丽，彰显个性，功能完备，逐渐向家具化、特色化、组合化发展。

新型电冰箱的结构详见表 2–1–2。

表 2–1–2　　新型电冰箱的结构

功能结构	图样	说明
微波炉—电冰箱组合结构	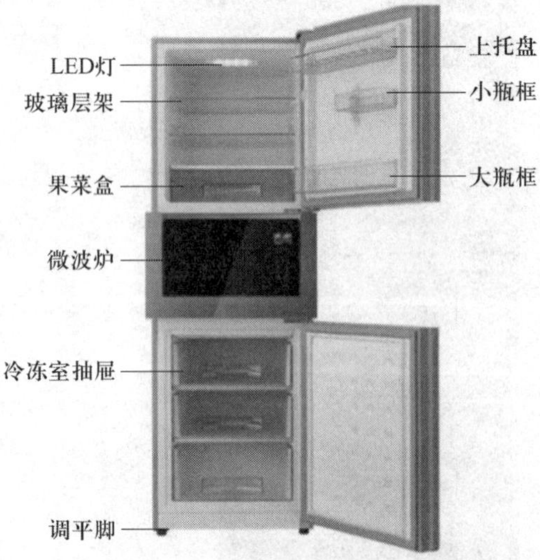	将电冰箱分为三个间室，上方冷藏室，中间微波炉，下方冷冻室。微波炉的解冻功能使食品从电冰箱冷冻室快速转移到冷藏室，节省时间，提高效率

续表

功能结构	图样	说明
设置外取接口结构	外取饮水机 小型吧台	电冰箱在门体面板上安装外取饮水机，使用者在不打开箱门的情况下也可方便饮水。小型吧台构成独立的酒类间室，专门用来储存葡萄酒
屏幕人机交互电冰箱		通过电冰箱门体上安装的屏幕，实现可视化管理。实时监测食品新鲜程度，语音过期提醒，根据食材提供食谱
底置冷凝器		将冷凝器的安装位置由箱体两侧调整到电冰箱的底部，外加风扇强制散热，这种电冰箱有效减小箱体厚度，缩小电冰箱的摆放空间

续表

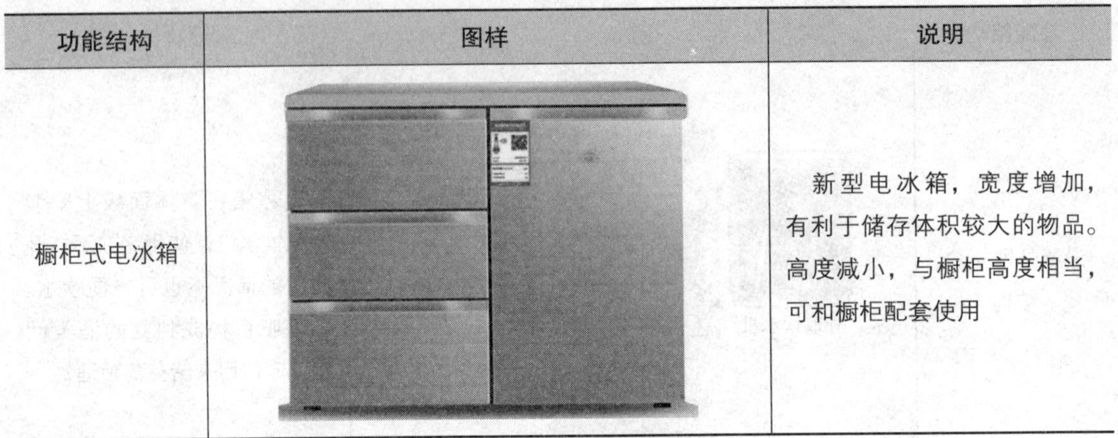

功能结构	图样	说明
橱柜式电冰箱		新型电冰箱，宽度增加，有利于储存体积较大的物品。高度减小，与橱柜高度相当，可和橱柜配套使用

§2-2　电冰箱的制冷系统

学习目标

1. 掌握电冰箱制冷系统的分类。
2. 掌握电冰箱制冷系统的结构形式。
3. 掌握电冰箱制冷系统主要部件的结构与原理。

一、电冰箱制冷系统的分类

根据电冰箱的结构形式，按照制冷剂流动循环方式的不同，电冰箱制冷系统可分为单循环制冷系统、双循环制冷系统、多循环制冷系统等。

电冰箱制冷系统的功能特点见表 2-2-1。

表 2-2-1　电冰箱制冷系统的功能特点

循环方式	功能特点
单循环制冷系统	调节其中一间室温度，另一间室温度随之变化
双循环制冷系统	各间室相对独立，温度分别可控
多循环制冷系统	各间室、各温区可单独或同时制冷

1. 单循环制冷系统

单循环制冷系统是指电冰箱各间室的降温仅用同一套制冷系统完成，其中压缩机、冷凝器、毛细管等部件为共用，与安装在各自间室的蒸发器串联起来。

单循环制冷系统如图 2-2-1 所示。

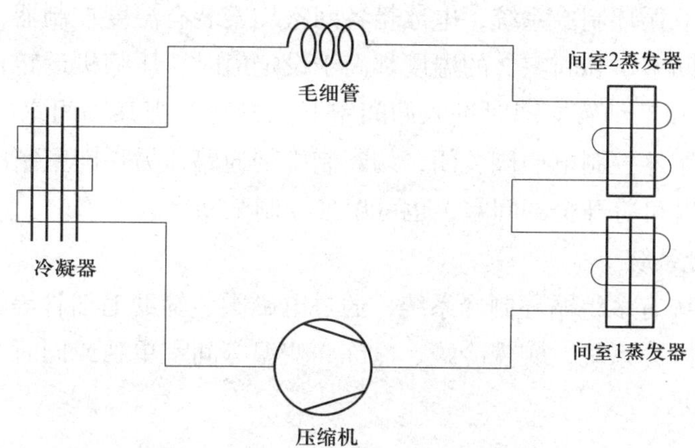

图 2-2-1　单循环制冷系统

单循环制冷系统的特点是各间室不能单独制冷，制冷剂必须先经过一个间室蒸发器再流经另一个间室蒸发器，各间室的降温也是逐渐进行的。

2. 双循环制冷系统

在单循环制冷系统基础上，通过电磁阀与各间室蒸发器并联连接的形式，实现温度在各间室分别可控。

双循环制冷系统如图 2-2-2 所示。

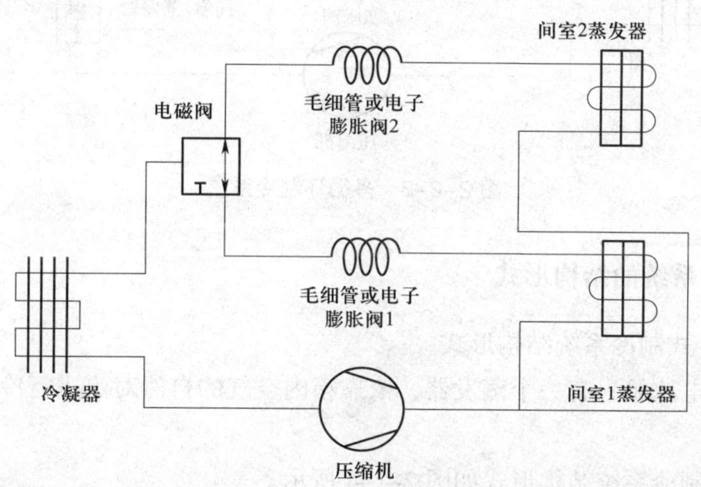

图 2-2-2　双循环制冷系统

电冰箱开始运转时，各间室温度较高，电磁阀处在通路状态，制冷剂一路流经电磁阀、毛细管或电子膨胀阀 1 到间室 1 蒸发器，另一路流经电磁阀、毛细管或电子膨胀阀 2 到间室 2 蒸发器。当间室 1 先达到温度设定值，温度控制器控制电磁阀动作，关闭间室 1 管路，制冷剂通过毛细管或电子膨胀阀 2 到间室 2 蒸发器。这种双循环制冷方式可使冷冻室和冷藏室的温度相对独立，也可关闭冷冻室，只保留一个冷藏室进行制冷。

目前还有一种双循环制冷系统，电冰箱各间室均安装有温度控制器，分别控制各间室的温度。当电冰箱间室 1 和间室 2 的温度都高于设定值时，压缩机运转，电磁阀打开，制冷剂通过毛细管 1 和毛细管 2 同时进入两间室开始制冷。当某一间室的温度达到设定值时，该间室温度控制器控制电磁阀关闭，切断制冷剂通路，另一间室制冷则不受影响。这种双循环制冷系统既可打开全部间室，也可单独控制某间室。

3. 多循环制冷系统

多循环制冷系统有多组循环制冷系统，通过电磁阀、辅助毛细管等转换系统部件，调节匹配不同间室的制冷系统，实现冷藏、冷冻、变温等间室单独或同时制冷。多循环制冷系统如图 2–2–3 所示。

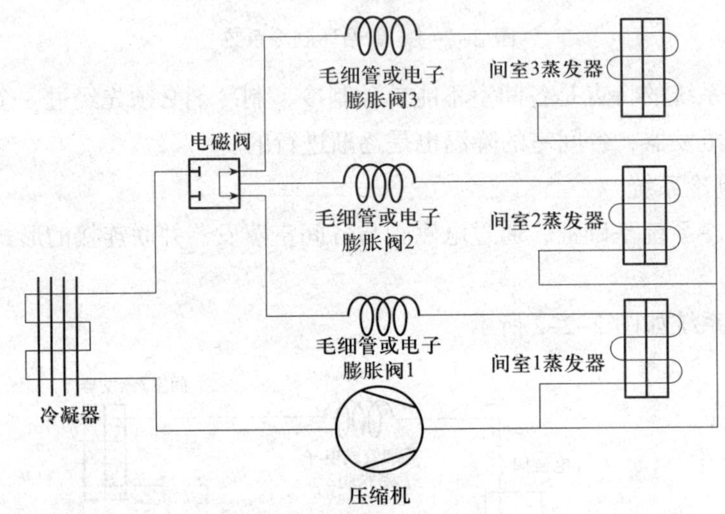

图 2–2–3　多循环制冷系统

二、电冰箱制冷系统的结构形式

1. 单门直冷式制冷系统结构形式

单门直冷式电冰箱只有一个蒸发器，依靠箱内空气的自然对流进行冷却，最终达到降温的目的。

单门直冷式制冷系统结构形式如图 2–2–4 所示。

制冷剂在制冷系统中的流向：压缩机→右冷凝器→左冷凝器→防露管→干燥过滤器→毛细管→蒸发器→压缩机。

2. 双门直冷式制冷系统结构形式

双门直冷式电冰箱的制冷系统有两个蒸发器，制冷剂的流向是先进入冷冻室蒸发器，再进入冷藏室蒸发器。

双门直冷式制冷系统结构形式如图 2–2–5 所示。

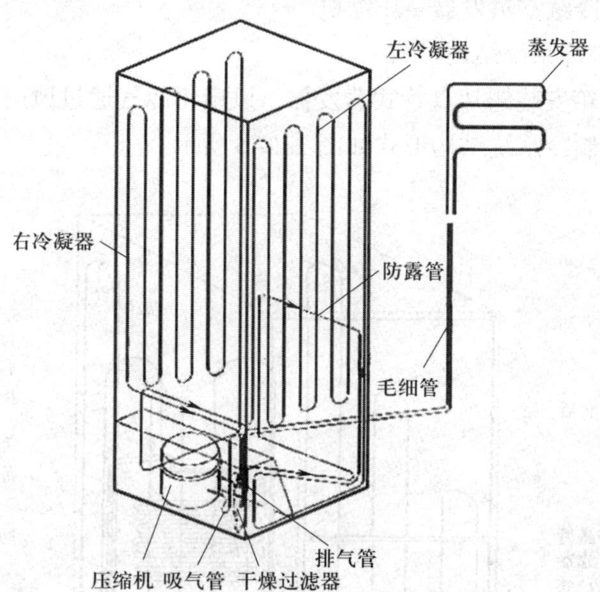

图 2-2-4　单门直冷式制冷系统结构形式

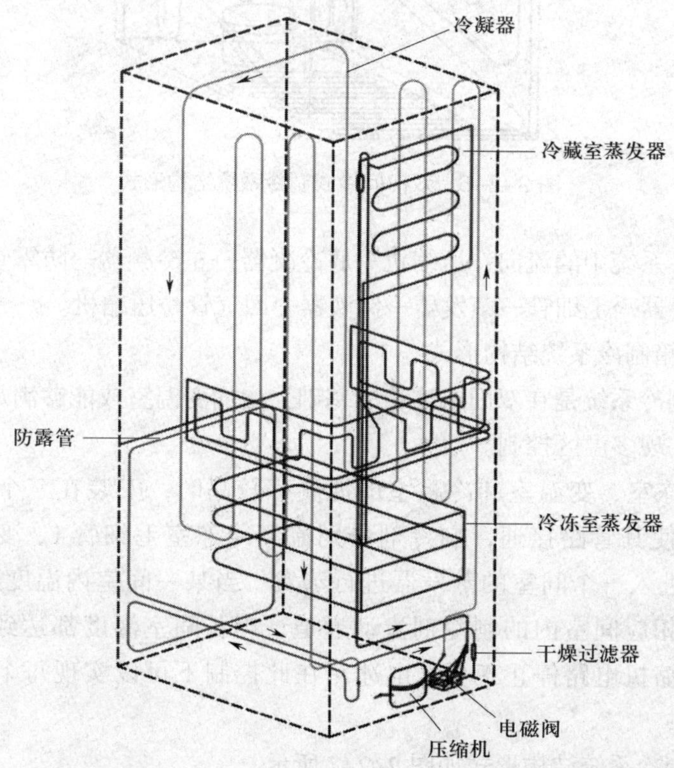

图 2-2-5　双门直冷式制冷系统结构形式

制冷剂在制冷系统中的流向：压缩机→冷凝器→防露管→干燥过滤器→毛细管→电磁阀→冷冻室蒸发器→冷藏室蒸发器→压缩机。

3. 双门间冷式制冷系统结构形式

双门间冷式电冰箱安装翅片盘管式蒸发器，风扇将冷气通过风门控制器送入各间室循环冷却。双门间冷式制冷系统结构形式如图 2-2-6 所示。

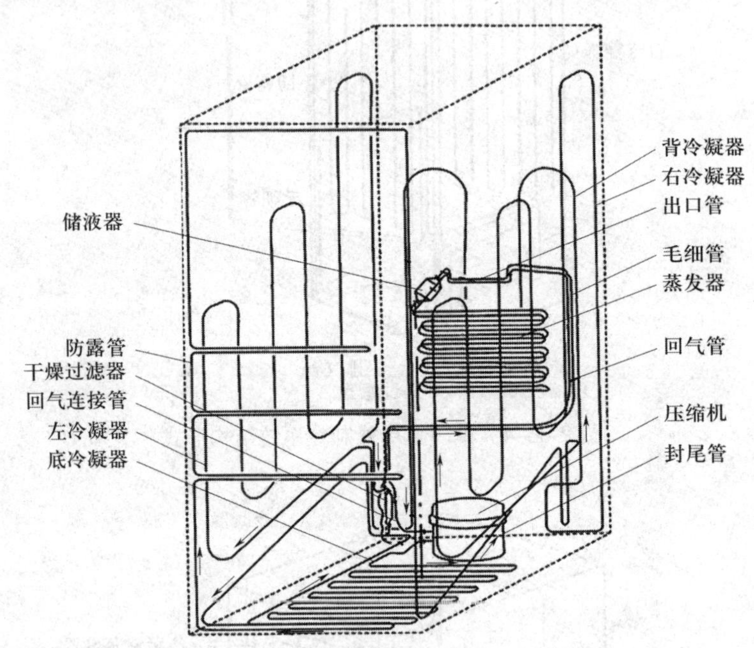

图 2-2-6 双门间冷式制冷系统结构形式

制冷剂在制冷系统中的流向：压缩机→底冷凝器→左冷凝器→防露管→右冷凝器→背冷凝器→干燥过滤器→毛细管→蒸发器→储液器→回气管→压缩机。

4. 三门电冰箱制冷系统结构形式

三门电冰箱制冷系统是在双门电冰箱的基础上增加变温室或能够满足其他特殊温度要求的间室，从而实现多温区控制。

当电冰箱冷冻室、变温室和冷藏室的温度都较高时，安装在三个间室的温度控制器会控制电磁阀使其管路接通，制冷剂分别流经冷冻室毛细管 1、变温室毛细管 2 和冷藏室毛细管 3 进入三个间室的蒸发器进行蒸发。当某一间室内温度达到设定温度后，温度控制器关闭相应间室内的制冷剂流动通道，当各间室温度都达到设定温度时，温度控制器切断压缩机电路停止工作。电冰箱在此控制下可以实现每个间室蒸发器独立制冷。

三门电冰箱制冷系统结构形式如图 2-2-7 所示。

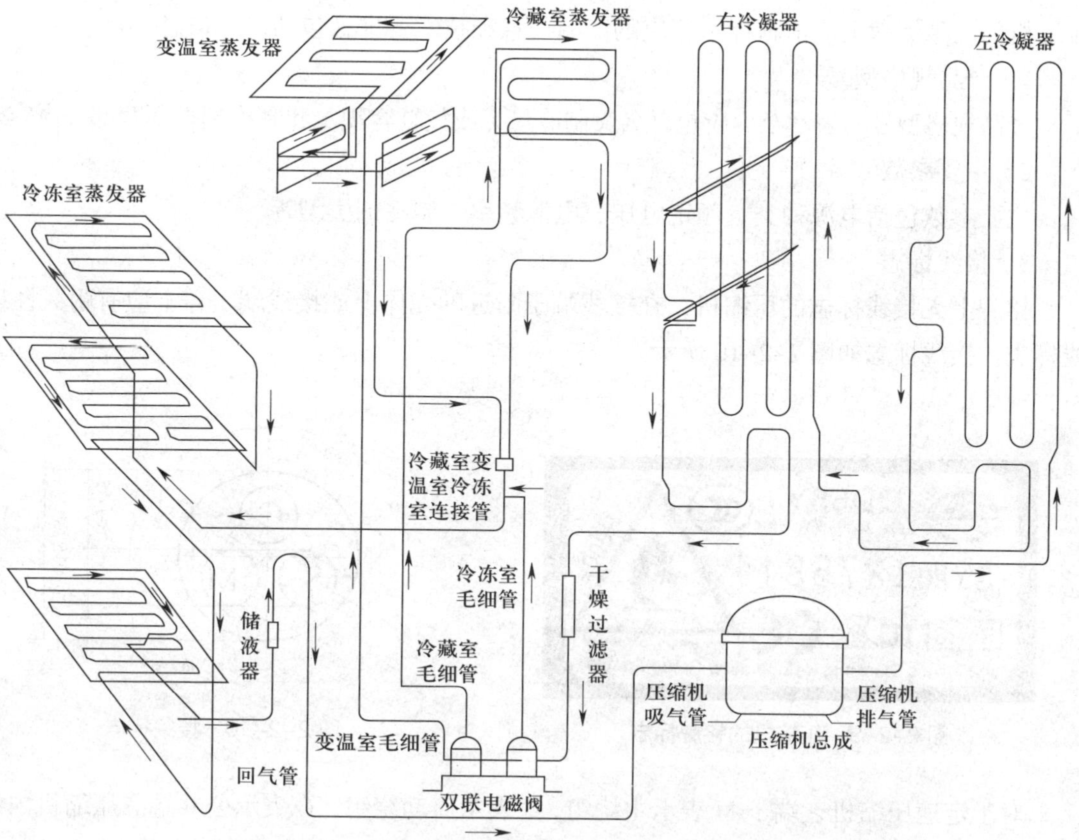

变温室蒸发器
冷藏室蒸发器
右冷凝器
左冷凝器
冷冻室蒸发器
冷藏室变温室冷冻室连接管
冷冻室毛细管
干燥过滤器
冷藏室毛细管
储液器
压缩机吸气管
压缩机排气管
压缩机总成
变温室毛细管
回气管
双联电磁阀

图 2-2-7 三门电冰箱制冷系统结构形式

三、电冰箱制冷系统主要部件

电冰箱制冷系统的主要部件有全封闭型压缩机、冷凝器、蒸发器、毛细管或电子膨胀阀、干燥过滤器、防露管等。

1. 全封闭型压缩机

制冷量不超过 400 W 的压缩机采用全封闭型结构，把压缩机和电动机组安装在一个密闭的壳体内。电冰箱使用的全封闭型压缩机如图 2-2-8 所示。

图 2-2-8 全封闭型压缩机

（1）压缩机的铭牌标志

压缩机的铭牌标志可采用打印、雕刻、压制

或其他有效方法，保证清晰、耐久，如图 2–2–9 所示。

国家标准《电冰箱用全封闭型电动机 – 压缩机》（GB/T 9098—2021）规定，全封闭型压缩机的产品铭牌上应清晰标示相应的产品信息和技术要求，包括以下信息。

1）产品规格型号

产品规格型号的表示至少应包含名义制冷量（或气缸容积）和制冷剂类型两部分内容。

2）主要参数

主要参数包括电源种类、额定电压、电源频率、制冷剂类型等。

3）接线标志

铭牌上无接线标志的压缩机，在接线端子附近的壳体上或接线端子盖上应有耐久性接线标志。接线标志如图 2–2–10 所示。

图 2–2–9　压缩机的铭牌标志

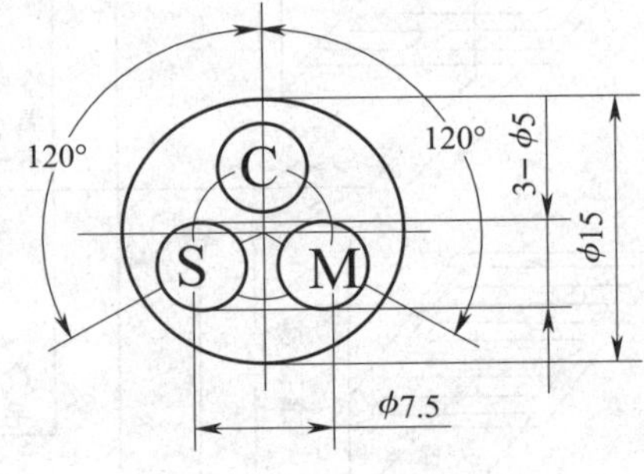

图 2–2–10　接线标志

对于定速压缩机，端子 M 表示主绕组，S 表示启动绕组，C 表示公共端。压缩机内部绕组引出线的色彩标志符合下列规定。

①主绕组——白底红色条纹或红色。

②公共端——白底黑色条纹或黑色。

③启动绕组——白色。

4）安全认证标记

压缩机的安全认证标记见表 2–2–2。

5）防火警示标志

使用可燃制冷剂的压缩机，在明显的位置应标有防火警示标志，如图 2–2–11 所示。

图 2–2–11　防火警示标志

（2）滑管式压缩机

滑管式压缩机主要由电动机、曲柄、滑块、滑管、活塞、气缸体、阀组、外壳等组成。电动机由定子和转子组成，电动机与压缩机连成一体，压缩机在上，电动机在下，由三根减振弹簧吊装在密封的外壳内。

表 2-2-2　　压缩机的安全认证标记

名称	图示
中国 3C 认证（强制性产品认证）	CCC
德国电气工程师协会 VDE 认证	DVE
欧盟安全认证	CE

滑管式压缩机的结构如图 2-2-12 所示。

（3）转子式压缩机

大中型电冰箱使用的转子式压缩机呈卧式结构，由滚动转子、曲轴、气缸、电动机定子、电动机转子等组成。压缩机旋转时，依靠偏心轴上的圆筒形转子活塞在气缸内的滚动将气缸内分隔成两个密封的单元容积。

转子式压缩机的结构如图 2-2-13 所示。

2. 冷凝器

电冰箱的冷凝器将压缩机排出的过热制冷剂蒸气与外界空气进行热量交换。

国家标准《家用电冰箱换热器》（GB/T 39557—2020）规定了电冰箱换热器（包括蒸发器、冷凝器）的结构形式。

电冰箱冷凝器的结构形式见表 2-2-3。

电冰箱的冷凝器按照冷却空气循环方式的不同，分为自然对流冷却和强制对流冷却两种。自然对流冷却式冷凝器结构简单、故障率低、便于维修。强制对流冷却式冷凝器配有对流用的风扇，强制气流通过冷凝器表面，散热能力高于自然对流冷却方式，适用于容积较大的多门电冰箱。

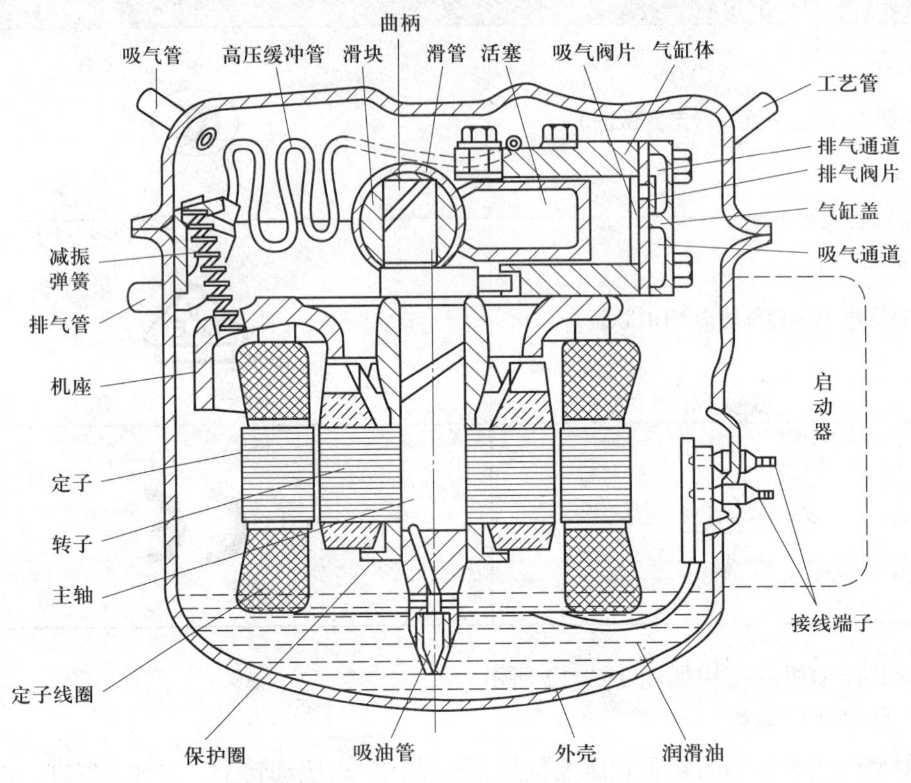

图 2-2-12　滑管式压缩机的结构

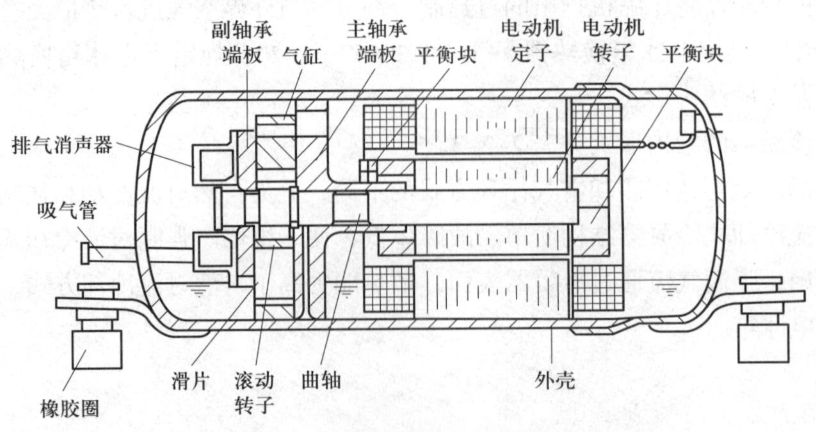

图 2-2-13　转子式压缩机的结构

表 2-2-3　　电冰箱冷凝器的结构形式

结构形式	图示	说明
丝管式冷凝器	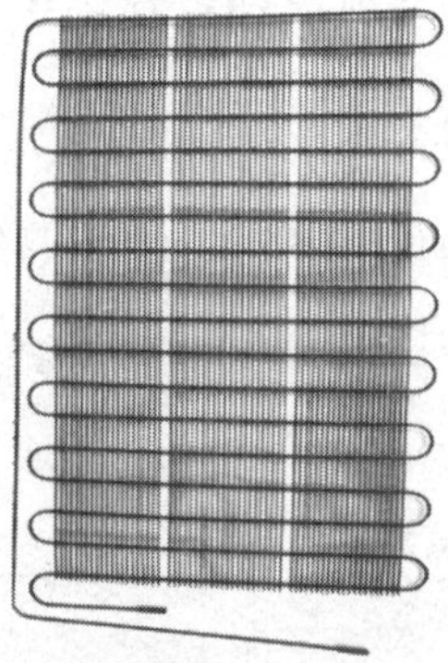	金属管与钢丝采用点焊方式制成的冷凝器
管板式冷凝器		金属管与金属板采用铆接方式制成的冷凝器
盘管式冷凝器		金属管采用弯曲等工艺制成的冷凝器
翅片式冷凝器		金属管穿套翅片制成的冷凝器

丝管式冷凝器、管板式冷凝器和盘管式冷凝器三种不同结构形式的冷凝器都属于自然对流冷却方式，翅片式冷凝器属于强制对流冷却方式。

容积在 300 L 以上的电冰箱采用强制对流冷却，容积在 300 L 以下的电冰箱则采用自然对流冷却。

3. 蒸发器

电冰箱的蒸发器将制冷剂液体在低压低温下迅速沸腾蒸发成气态，吸收电冰箱各间室的热量，使各间室温度下降，达到制冷的目的。

电冰箱蒸发器的结构形式见表 2–2–4。

表 2–2–4　电冰箱蒸发器的结构形式

结构形式	图示	说明
板式蒸发器	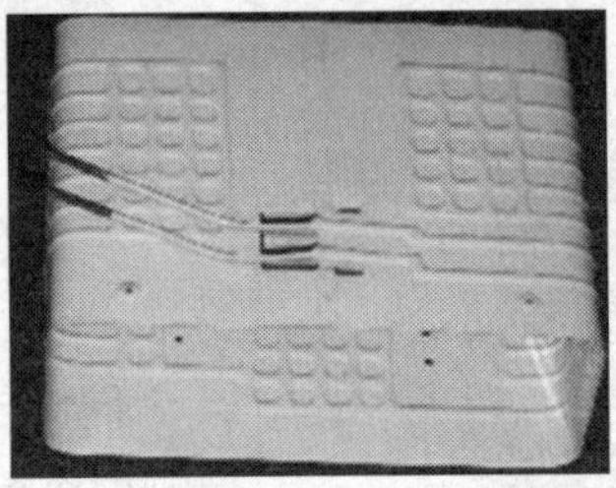	金属板与金属板复合，板间形成通道的板状蒸发器，制造工艺主要有印刷、铝—铝复合、轧制、吹胀等形式
管板式蒸发器		金属管与金属板结合制成的蒸发器，金属管采用粘接或铆接制造工艺盘绕在金属板上
翅片式蒸发器		金属管穿套翅片制成的蒸发器

续表

结构形式	图示	说明
丝管式蒸发器	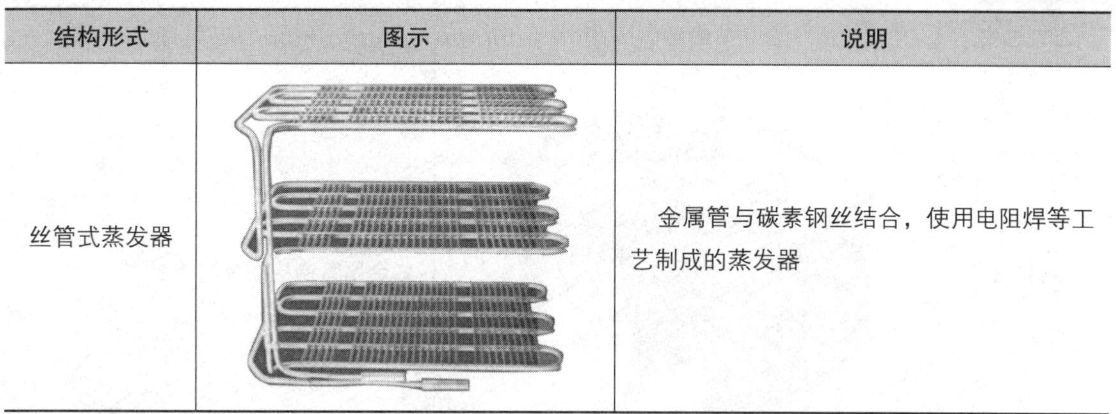	金属管与碳素钢丝结合，使用电阻焊等工艺制成的蒸发器

板式蒸发器根据工艺形式不同，可分为单面管路板式蒸发器和双面管路板式蒸发器。板式蒸发器工艺形式见表 2-2-5。

表 2-2-5 板式蒸发器工艺形式

工艺形式	图示	说明
单面管路板式蒸发器	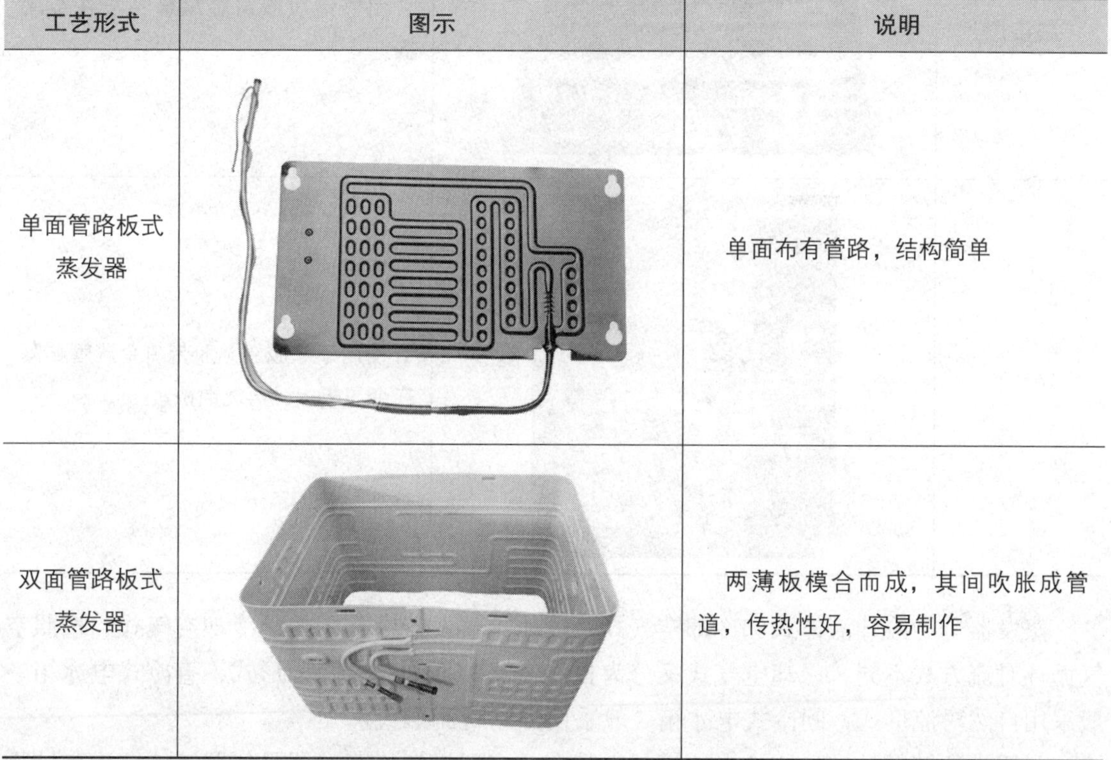	单面布有管路，结构简单
双面管路板式蒸发器		两薄板模合而成，其间吹胀成管道，传热性好，容易制作

管板式蒸发器按照金属管与金属板的结合方式分类，可分为管板铆接式蒸发器、管板粘接式蒸发器和管板贴接式蒸发器三类。

管板式蒸发器工艺形式见表 2-2-6。

表 2-2-6　　管板式蒸发器工艺形式

工艺形式	图示	说明
铆接式	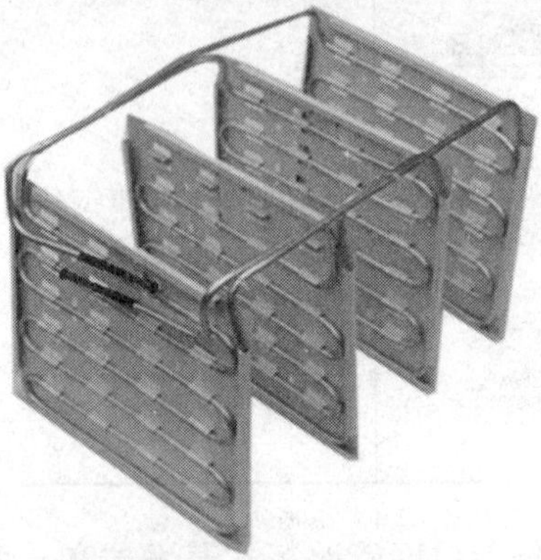	金属管铆接在金属板上
粘接式	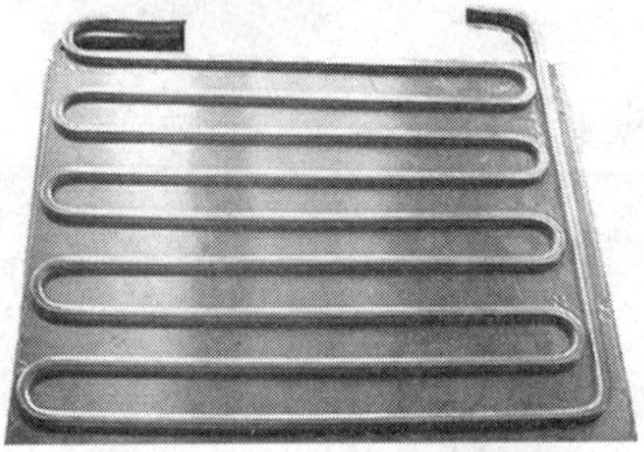	用热熔胶膜将金属管粘接在金属板上
贴接式		使用不干胶铝箔胶带将金属管贴紧在金属板上，再发泡挤紧

蒸发器分为冷却液体式和冷却空气式，电冰箱蒸发器中常用的是冷却空气式。按照空气循环对流方式不同，冷却空气式又分为自然对流和强制对流两种形式，直冷式电冰箱一般采用自然对流形式，间冷式电冰箱一般采用强制对流形式。

采用内置储物抽屉形式的电冰箱越来越多，多层搁架式蒸发器是依照箱体结构和储物抽屉样式，用金属管弯管盘制而成，既可作为储物抽屉搁架，又可充当蒸发器，具有工艺简单、结构紧凑、便于维修等特点。

多层搁架式蒸发器如图 2-2-14 所示。

4. 毛细管

毛细管作为节流部件，在制冷系统中起到调节制冷剂流量和降低制冷剂压力的作用。

毛细管外形如图 2–2–15 所示。

图 2–2–14　多层搁架式蒸发器

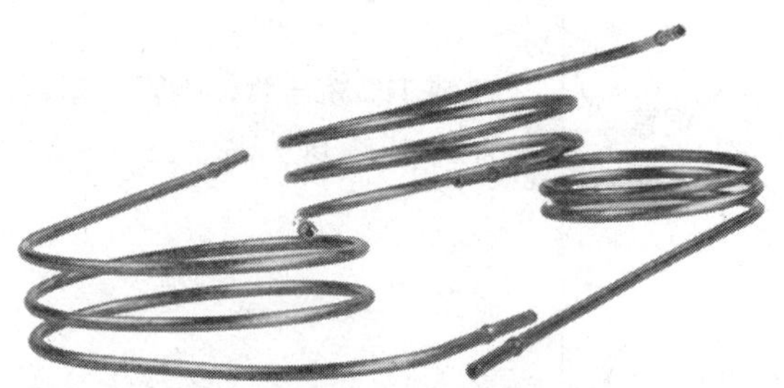

图 2–2–15　毛细管外形

毛细管是一段内表面高精级的小内经管，长度为 1.5 ~ 4 m。电冰箱制冷系统中的毛细管入口与干燥过滤器相接，出口与蒸发器相接。

5. 电子膨胀阀

电子膨胀阀是由电信号控制实现制冷剂流量自动调节的一类节流部件，主要由线圈与阀体两部分组成。

电子膨胀阀如图 2–2–16 所示。

6. 干燥过滤器

干燥过滤器安装在冷凝器出口与毛细管入口端，具有吸附水分和滤除杂质双重作用，是电冰箱制冷系统重要的辅助部件之一。

干燥过滤器在电冰箱中的安装位置如图 2–2–17 所示。

图 2–2–16　电子膨胀阀

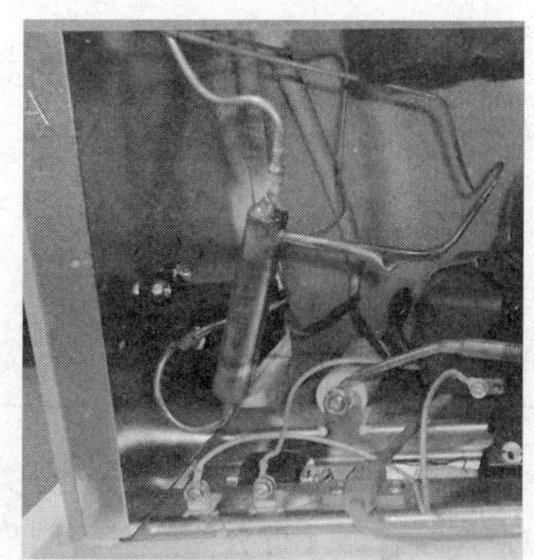

图 2–2–17　干燥过滤器在电冰箱中的安装位置

电冰箱使用的干燥过滤器由铜管、分子筛和两个过滤组件等组成，见表 2–2–7。

表 2–2–7　　干燥过滤器的组成

材料名称	规格及要求		图示
铜管	T2 或 TP2 挤压管，铜管壁厚≥ 0.5 mm，外径为 16 mm、18.9 mm、25 mm		
分子筛	XH–5	R12 制冷系统	
	XH–9	R134a 制冷系统	
		R600a 制冷系统	
过滤组件	过滤碗	H65 黄铜过滤碗，孔径为 1.0 mm，孔数为 25 ~ 50 个	
	网圈架	H65 黄铜，内镶≥ 150 目过滤网布	

电冰箱干燥过滤器按照外观形状分类，可分为普通型（不带焊接管）与带焊接管型两种。其中带焊接管型又可分为焊双管型与侧面焊管型两种。

干燥过滤器按照外观形状的分类见表 2–2–8。

表 2-2-8　　干燥过滤器按照外观形状的分类

结构类型		图示
普通型（不带焊接管）		
带焊接管型	焊双管型	
	侧面焊管型	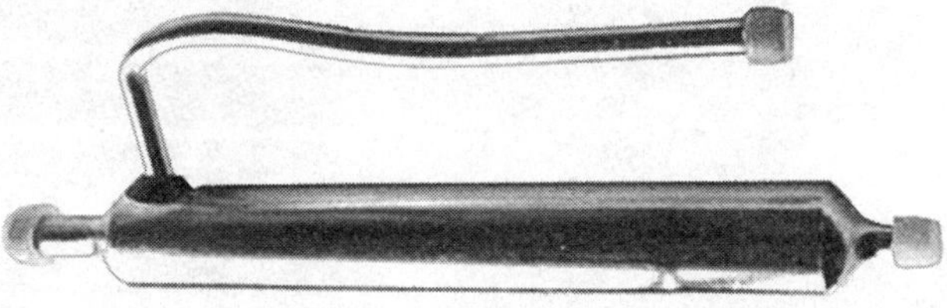

电冰箱干燥过滤器按照进口端的孔数分类，可分为单进孔与双进孔两种。

干燥过滤器按照进口端的孔数分类见表 2-2-9。

表 2-2-9　　干燥过滤器按照进口端的孔数分类

结构类型	图示
单进孔	
双进孔	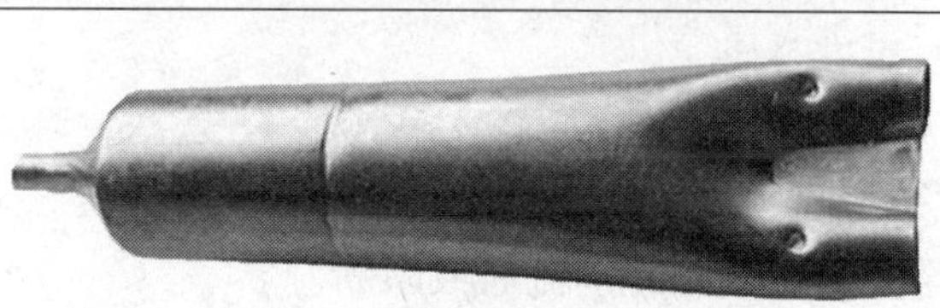

7. 防露管

为防止电冰箱门封处结露，电冰箱都设有防露管。防露管从冷凝器出口到电冰箱门四周边框内侧，实际上就是冷凝器管道的一部分。利用高压制冷剂放出的热量，使门封处温度维持在箱外空气露点温度以上，防止门框周围在湿热的气候条件下结露造成箱体锈蚀。

电冰箱防露管如图 2-2-18 所示。

8. 集液器

集液器安装在蒸发器的出口处，用来储存尚未完全汽化的液态制冷剂，防止液态制冷剂进入压缩机造成“液击”。

集液器的安装位置如图 2-2-19 所示。

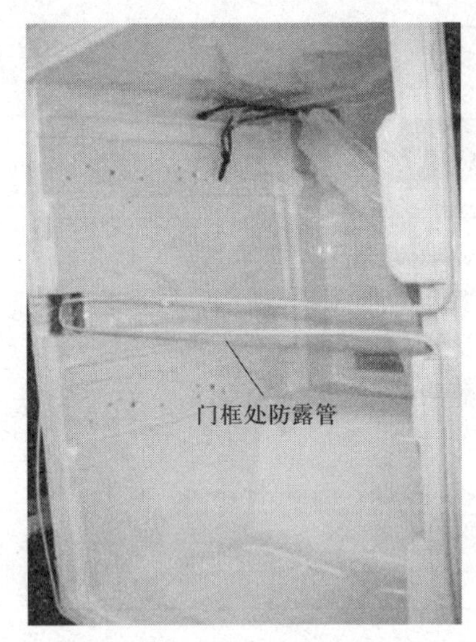

图 2-2-18　电冰箱防露管

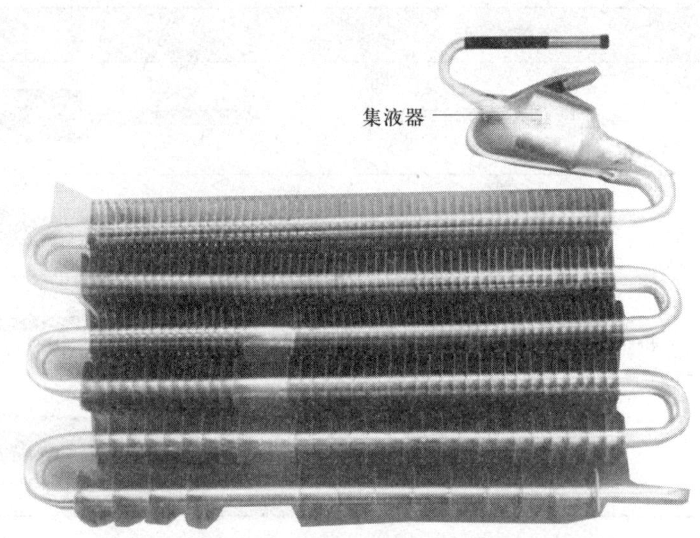

图 2-2-19　集液器的安装位置

9. 储液器

储液器是储存液态制冷剂的容器，通常安装在冷凝器的末端，用来储存冷凝器排出的高压液态制冷剂。当热负荷增大或减小时，通过储液器来调节供给蒸发器的制冷剂流量，满足调节变化的需要。

小容积的电冰箱一般不专门设置储液器，在冷凝器的出口端将管路盘成蛇形弯道充当储液器。较大容积的电冰箱为使制冷剂的气、液分离，液态制冷剂先储存在储液器中，待逐步吸热汽化后再进入压缩机。

10. 电磁（脉冲）阀

电冰箱制冷系统管路中安装电磁（脉冲）阀，通过移动阀芯位置，控制电磁（脉冲）阀出口的打开与关闭，使制冷剂流通或阻断。

（1）两通电磁阀

两通电磁阀通常分为两通交流电磁阀、两通直流电磁阀。

两通电磁阀如图 2-2-20 所示。

冷凝器出口管与两通电磁阀进口管连接，两通电磁阀出口管与毛细管连接。

（2）脉冲阀

脉冲阀即双稳态电磁阀，它的活动芯铁有两个工作位置、两个或三个接口（一个进口，一个或两个出口），通过控制输入线圈的正反脉冲电流方向，使芯

图 2-2-20　两通电磁阀

铁的工作位置发生移动，从而改变制冷剂的通断或流向。

电冰箱常见的脉冲阀是两位三通电磁阀，主要用在多间室、双控温型电冰箱中。

两位三通电磁阀如图 2–2–21 所示。

电冰箱低压吸气管与两位三通电磁阀进口管连接，两根两位三通电磁阀出口管分别与电冰箱冷冻室及冷藏室毛细管连接。

一些四门或多门电冰箱，为了保证更多间室的温度自控，把两只两位三通电磁阀结合起来，组成双阀体结构，以实现电冰箱多间室独立控温。

双阀体结构电磁阀如图 2–2–22 所示。

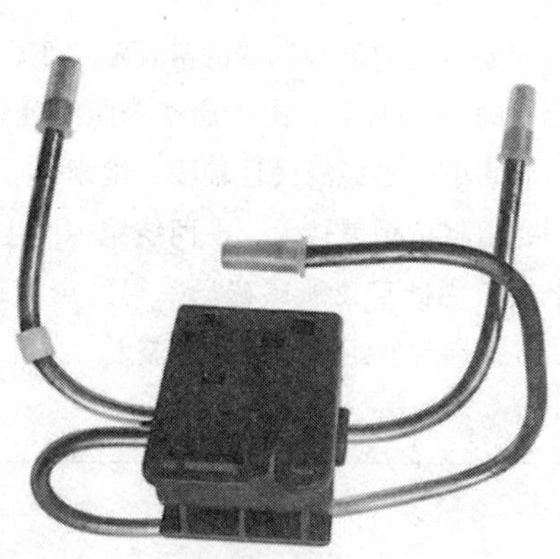

图 2–2–21　两位三通电磁阀

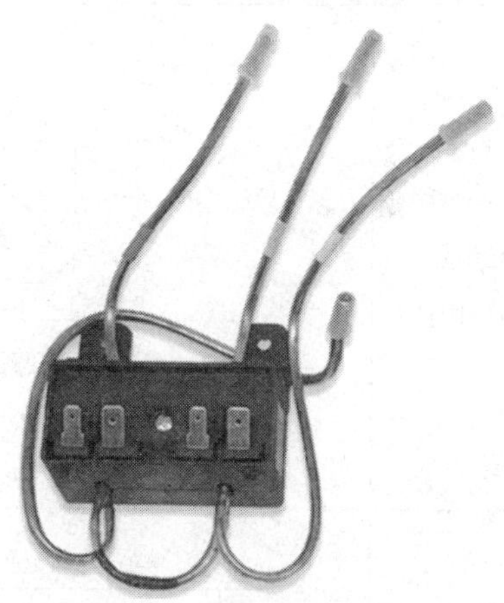

图 2–2–22　双阀体结构电磁阀

电冰箱低压吸气管与双阀体结构电磁阀进口管连接，三根双阀体结构电磁阀出口管分别与电冰箱冷冻室、变温室及冷藏室毛细管连接。

§ 2–3　电冰箱的电气控制系统

学习目标

1. 掌握电冰箱电气控制系统主要部件的结构与原理。
2. 熟悉电冰箱电气控制系统电气原理图的识读。
3. 掌握电冰箱电气控制系统电路分析。

一、电冰箱电气控制系统主要部件

电冰箱电气控制系统的主要部件有压缩机电动机与启动保护装置、温度控制器、化霜控制装置、风扇电动机等。

1. 压缩机电动机与启动保护装置

（1）压缩机电动机

1）压缩机电动机启动方式

压缩机电动机启动方式可分为阻抗分相启动式（RSIR）、电容启动式（CSIR）、电容运转式（PSC）和电容启动运转式（CSR）。

压缩机电动机启动方式及工作原理见表 2-3-1。

表 2-3-1　压缩机电动机启动方式及工作原理

启动方式	接线图	工作原理
阻抗分相启动式（RSIR）	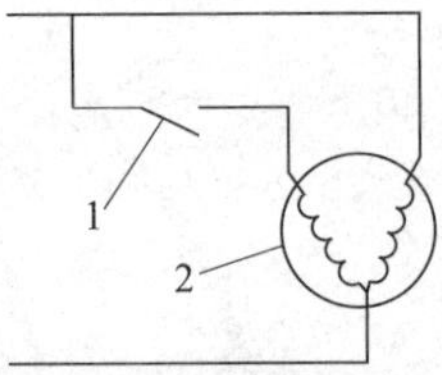 1—启动继电器常开触点 2—定子绕组	电动机启动时，启动继电器的常开触点闭合，主绕组与启动绕组都通电。由于启动绕组线径较细、电阻大、电感小，主绕组线径较粗、电阻小、电感大，两个绕组阻抗相差较大，在两绕组中产生不同相位的电流，由此产生旋转磁场，得到启动转矩。这种启动方式启动转矩小，启动电流大
电容启动式（CSIR）	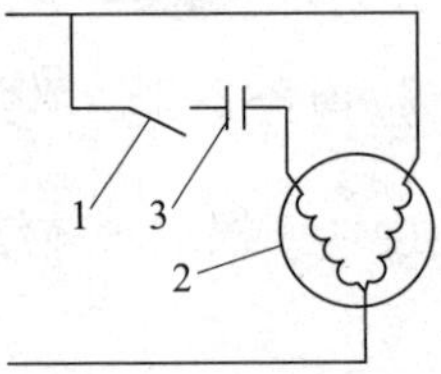 1—启动继电器常开触点 2—定子绕组 3—启动电容器	启动绕组和启动继电器之间串联一只大容量的启动电容器，启动绕组呈现容性阻抗，增大两个绕组电流的相位差，从而增大启动转矩，减小启动电流
电容运转式（PSC）	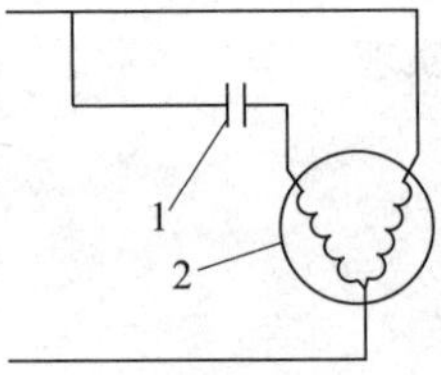 1—运转电容器 2—定子绕组	电动机不设启动继电器，启动绕组串联运转电容器。两个绕组始终都接在电源回路上，启动时两个绕组分相启动，运转时启动绕组仍接在电源上承担部分负载

续表

启动方式	接线图	工作原理
电容启动运转式（CSR）	1—启动继电器常开触点 2—启动电容器 3—运转电容器 4—定子绕组	把运转电容器与启动电容器并联后，串联在启动绕组上。启动时，由于启动继电器的作用，启动电容器与启动绕组串联，呈电容启动式。启动结束转入正常运转后，在启动继电器作用下，启动电容器从电路脱开，而运转电容器与启动绕组串联并参与运转，原来的启动绕组也承担部分负载

2）压缩机电动机接线端子

全封闭型压缩机外壳上的接线端子（接线柱）是用于连接压缩机电动机的三根引线。使用仪表对接线端子进行检测，测量得到压缩机电动机各个绕组的电阻值，可判断压缩机电动机各个绕组参数的情况。

全封闭型压缩机外壳上的接线端子（接线柱）如图 2–3–1 所示。

全封闭型压缩机电动机的定子有两个绕组，分别为主绕组和启动绕组。主绕组线径较粗、电阻较小；启动绕组线径较细、电阻较大。三个接线端子分别为主绕组一端，用字母 M 表示；启动绕组一端，用字母 S 表示；公共端用字母 C 表示。

启动绕组和主绕组串联，三个接线端子上测得的电阻值：启动绕组电阻值 + 主绕组电阻值 = 总电阻值。

在测量中如果所测电阻值为∞（无穷大），即某绕组断路，压缩机电动机不能运转；如果所测电阻值比标准数值小或电阻值为零，说明压缩机电动机绕组有短路；如果所测电阻值符合标称电阻值，且总电阻值等于两绕组电阻值之和，说明压缩机电动机绕组没有问题。

图 2–3–1　全封闭型压缩机外壳上的接线端子（接线柱）

（2）启动保护装置

压缩机电动机启动保护装置由启动元件、保护装置等组成。

启动元件安装在压缩机电动机启动绕组和主绕组之间，控制电动机启动及运转。保护装置有过温升和过电流双重保护功能，通常紧贴着压缩机外壳（或壳体内）安装。

压缩机电动机启动保护装置的组成如图 2-3-2 所示。

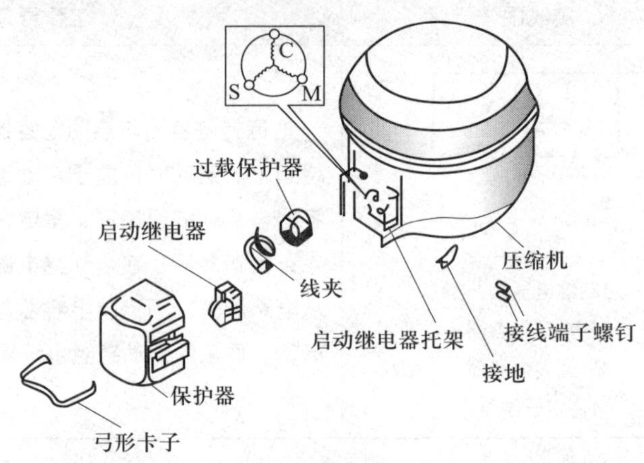

图 2-3-2　压缩机电动机启动保护装置的组成

1）重锤式启动继电器

重锤式启动继电器主要由励磁线圈、重锤（衔铁）、动触点、静触点、调节螺钉、接线端子等组成。

重锤式启动继电器的结构如图 2-3-3 所示。

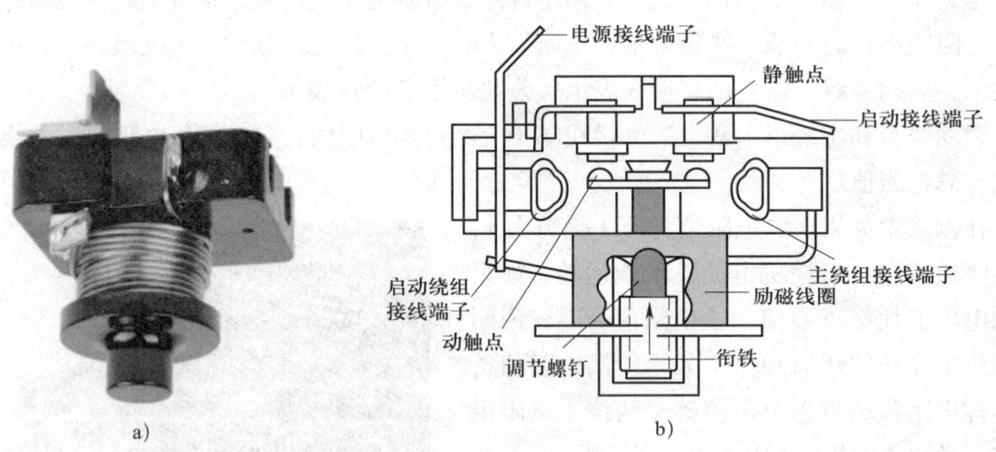

图 2-3-3　重锤式启动继电器

a）外形　b）内部结构

重锤式启动继电器是利用通电线圈对电磁的敏感程度，通过衔铁的上下运动，推动自身触点通断的一类继电器。

重锤式启动继电器的工作原理如图 2-3-4 所示。

当电动机未运转时，衔铁由于重力的作用而处于下落位置，与它相连的动触点与静触点处于断开状态。电动机接通电源后，电流通过主绕组和启动继电器的励磁线圈，使启动继电器的励磁线圈强烈磁化，磁场的引力大于衔铁的重力，从而吸起衔铁，使动触点与静触点闭合，将启动绕组的电路接通，电动机开始旋转。随着电动机转速的加快，当达到额定转速的75%以上时，运行电流迅速减小，使励磁线圈的磁场引力小于衔铁的重力，衔铁因自重而迅速落下，使动触点与静触点脱开，启动绕组的电路被切断，电动机进入正常工作状态。

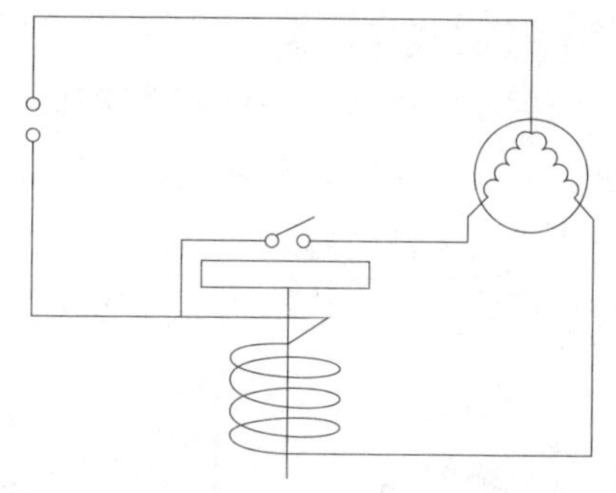

图 2–3–4　重锤式启动继电器的工作原理

2）PTC 启动继电器

PTC 启动继电器（简称 PTC 启动器）主要由 PTC 元件、插座、壳体等组成。

PTC 启动器的结构如图 2–3–5 所示。

PTC 元件是一种具有正温度系数的热敏电阻器件，由陶瓷原料中掺入微量稀土元素烧结后制成的半导体晶体结构，其自身电阻值可随温度升高而增大。

PTC 启动器的工作原理如图 2–3–6 所示。

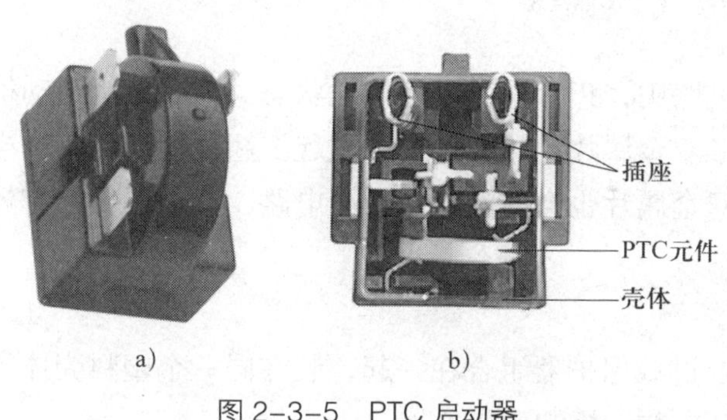

图 2–3–5　PTC 启动器
a）外形　b）内部结构

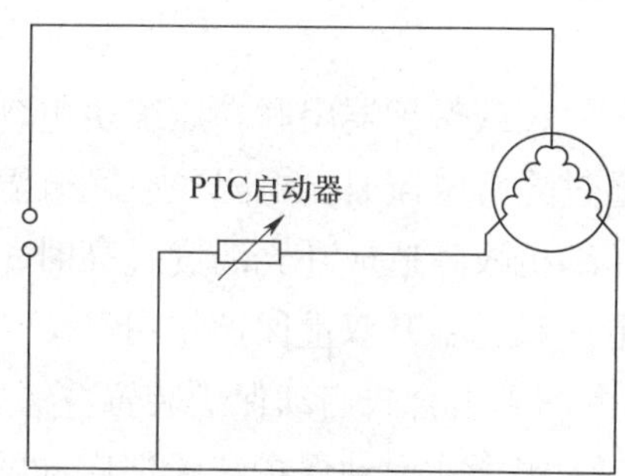

图 2–3–6　PTC 启动器的工作原理

PTC 启动器与启动绕组串联，再与主绕组并联后接入电源。电动机刚开始启动时，PTC 启动器的温度较低，电阻值也较小，可近似地认为是导通状态。因电动机启动时电流是正常运转电流的 5 ~ 7 倍，PTC 启动器在大电流的作用下温度升高至临界温度（约 125 ℃），此时其电阻值增大至数万欧，呈高阻状态，使电流难以通过，可近似地认为是断路，与之串联的启动绕组也相当于断路，主绕组继续使电动机正常运转。

重锤式启动继电器与 PTC 启动器的性能比较见表 2–3–2。

表 2–3–2　　重锤式启动继电器与 PTC 启动器的性能比较

启动元件	电压适应范围	启动性能	有无触点	噪声	耗电	热惯性
重锤式启动继电器	窄	强	有	有	无	无
PTC 启动器	宽	弱	无	无	有	有

3）过载保护器

过载保护器由碟形双金属片、一对常闭触点、电阻丝、接线端、外壳及调节螺钉等组成。过载保护器紧贴在压缩机外壳表面安装，感知压缩机壳体的温度情况，是一种可自动复位式的保护装置。

过载保护器的结构如图 2-3-7 所示。

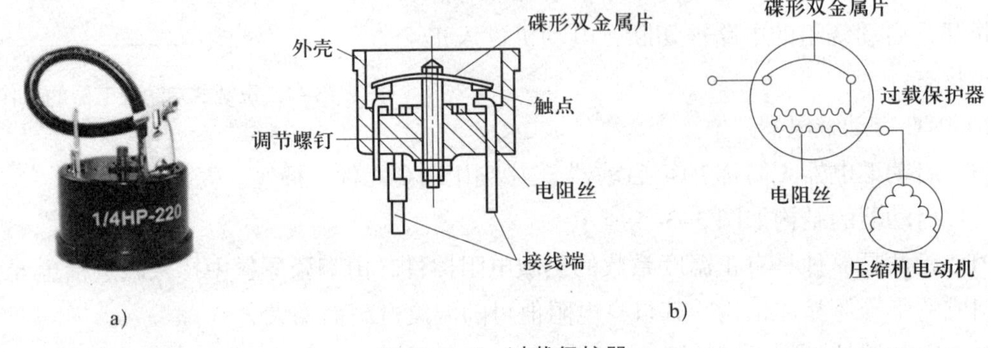

图 2-3-7　过载保护器

a）外形　b）内部结构

过载保护器串联在压缩机电动机的电路中，正常情况下呈接通状态。当压缩机电动机通过异常电流时，电阻丝急剧升温，碟形双金属片受热变形反向拱起上翘，切断电路；当压缩机故障造成外壳温度过高时，碟形双金属片也会受热弯曲断开电路，过载保护器有过电流和过温升双重保护作用。

4）组合式启动保护装置

组合式启动保护装置把启动继电器及过载保护器组合在一起，装在同一个塑料壳体中直接安装在压缩机接线柱上，结构简单，安装、拆卸便捷。

电冰箱组合式启动保护装置如图 2-3-8 所示。

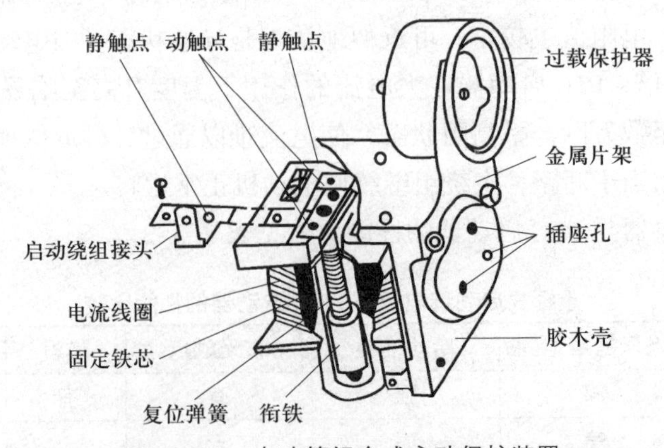

图 2-3-8　电冰箱组合式启动保护装置

2. 温度控制器

电冰箱温度控制器（简称温控器）是对箱内温度变化进行自动控制的装置。按照工作原理分类，可分为压力式温度控制器和电子式温度控制器。

（1）压力式温度控制器

压力式温度控制器利用温压转换元件，把电冰箱内的温度变化转换为压力信号，通过温度调节旋钮实现电冰箱的温度调节，并控制电冰箱压缩机开、停时间。

1）压力式温度控制器的结构形式

压力式温度控制器按照结构形式分类，可分为普通型温度控制器、半自动化霜型温度控制器、定温复位型温度控制器、风门型温度控制器。

压力式温度控制器按照结构形式的分类见表 2–3–3。

表 2–3–3　压力式温度控制器按照结构形式的分类

名称	图示
普通型温度控制器	
半自动化霜型温度控制器	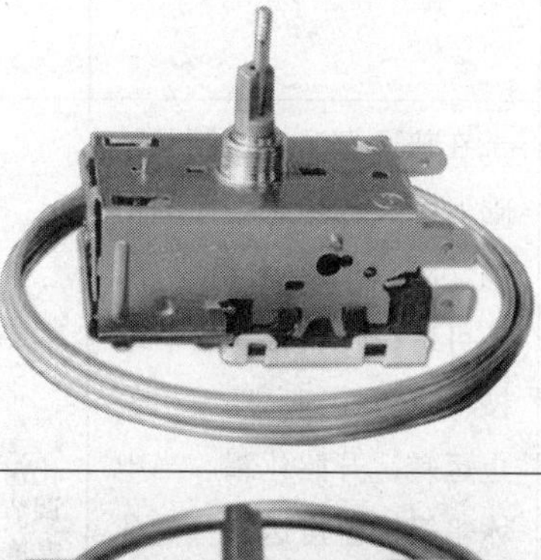
定温复位型温度控制器	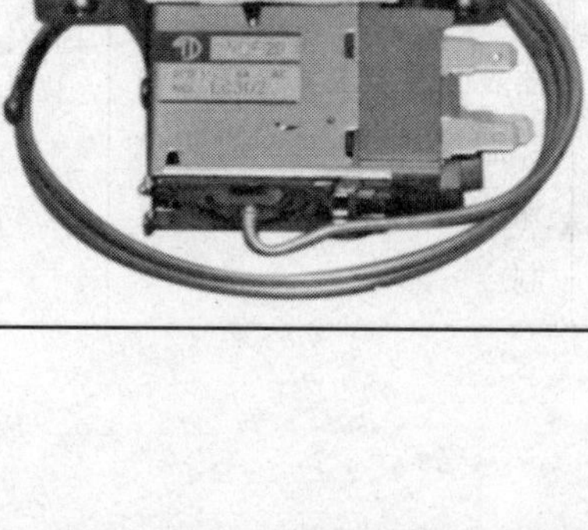

续表

名称	图示
风门型温度控制器	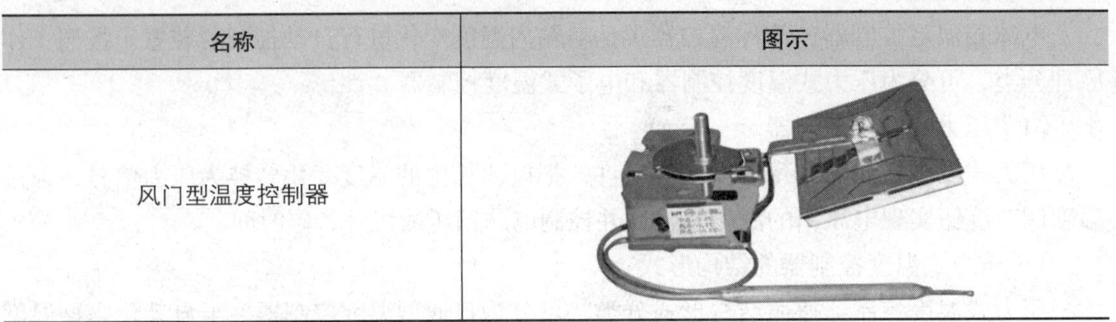

2）压力式温度控制器的性能特点

压力式温度控制器的性能特点见表 2-3-4。

表 2-3-4　　压力式温度控制器的性能特点

类型	性能特点	图示
普通型	只有控温功能，没有除霜机构，且开机温度和停机温度同时改变，开停温差基本恒定	主弹簧 温度高低调节螺钉 温度控制板 温度高低调节凸轮 主架板 固定触点 感温管 30 温差 调节螺钉 感温腔 传动膜片 38
半自动化霜型	在普通型温度控制器基础上增加一套化霜控制机构。除具有控温功能外，还可进行化霜控制。手动按下化霜按钮，压缩机停止运转，开始化霜。当电冰箱箱内温度达到预定化霜终点温度（一般为蒸发器表面温度 5 ℃，箱内中部温度约 10 ℃）时，化霜按钮会自动弹起，恢复制冷	化霜按钮 温度控制范围调节凸轮 温度控制板 化霜弹簧 化霜平衡 弹簧 化霜温度 调节螺钉 化霜控制板 温度范围调节螺钉 主弹簧 固定触点 快跳动触点 主架板 温差调节螺钉

续表

类型	性能特点	图示
定温复位型	停机温度随调温凸轮位置的变化而变化，开机温度的控制点无论设置在强冷位置还是弱冷位置，总是保持在 5 ℃左右	
风门型	风门型温度控制器专门用于风冷式电冰箱，利用安装在风道内的感温包，将温度变化转换成压力。压力经杠杆放大后，推动和改变风门的角度大小，调节进入箱内的冷风量，控制箱内温度	顶针 圆柱形齿轮 弹簧 拨轮 感温腔 壳体 感温包

（2）电子式温度控制器

电子式温度控制器利用电子元器件组成电子电路，除了完成对电冰箱的控温外，还可进行化霜、速冻等控制，具有控制灵敏、温度精确的特点。

电子式温度控制器如图 2–3–9 所示。

电子式温度控制器常用热敏电阻作为感温元件，把感知的温度高低变换成电信号，经放大电路将电信号放大后，控制压缩机或风门的状态，实现对电冰箱箱内温度的控制。

电子式温度控制器的构造如图 2–3–10 所示。

3. 化霜控制装置

间冷式电冰箱化霜控制装置的主要部件有化霜定时器、化霜电加热器、化霜温度控制器（简称化霜温控器）和化霜超热保护器等。

（1）化霜定时器

间冷式电冰箱需要化霜时，化霜定时器控

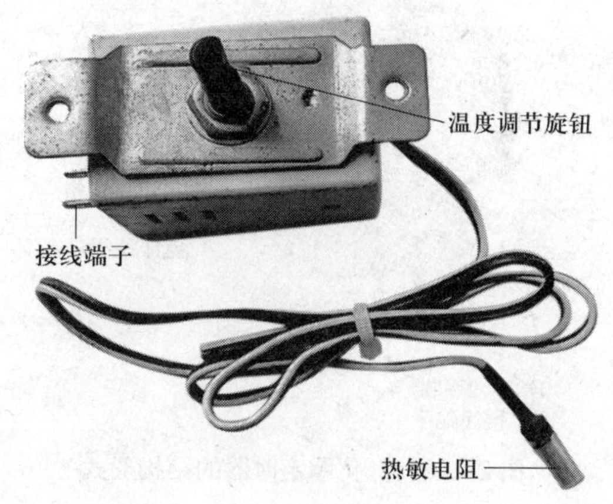

图 2–3–9　电子式温度控制器

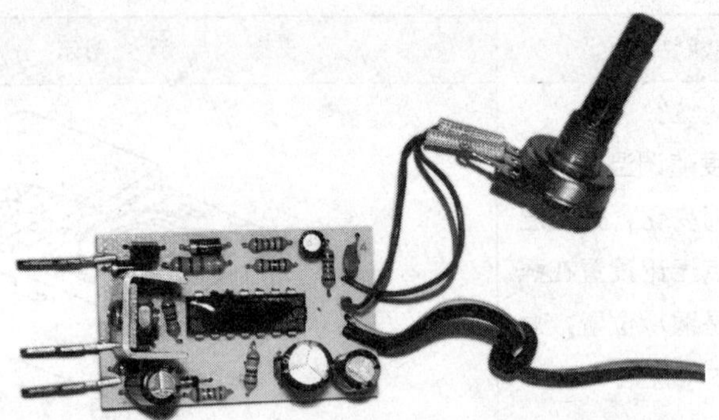
图 2-3-10　电子式温度控制器的构造

制压缩机停止运转并接通化霜控制电路，化霜完毕自动转换到制冷状态。化霜定时器是完成化霜控制的主要部件。

化霜定时器由计时电动机、减速齿轮箱、定子绕组、接线端子等组成。

化霜定时器的结构形式如图 2-3-11 所示。

化霜定时器内置的计时电动机通电后带动减速齿轮匀速转动，使与减速齿轮同轴转动的凸轮外侧的三组动触点位置发生位移，当转动到制冷状态时，动触点接通压缩机电路开始制冷；当转动到化霜状态时，动触点切断压缩机电路并接通化霜电加热电路开始化霜。

（2）化霜电加热器

化霜电加热器按照蒸发器的尺寸与形状制作并安装，通电后产生的热量融化掉蒸发器上的霜层。化霜电加热器的长度为 150 ~ 500 mm 不等，形状有长条状、盘管状等。

化霜电加热器如图 2-3-12 所示。

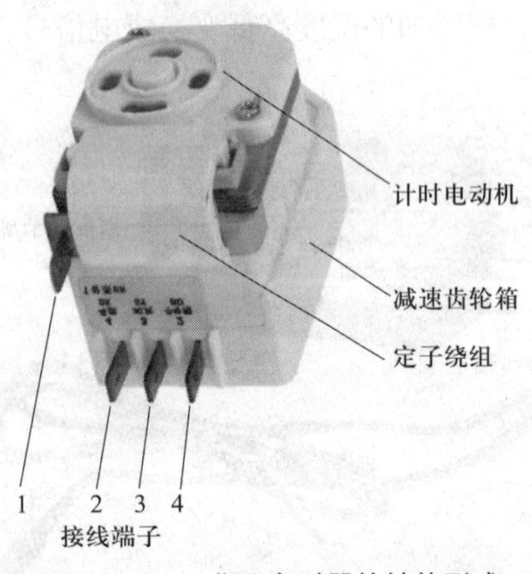

图 2-3-11　化霜定时器的结构形式

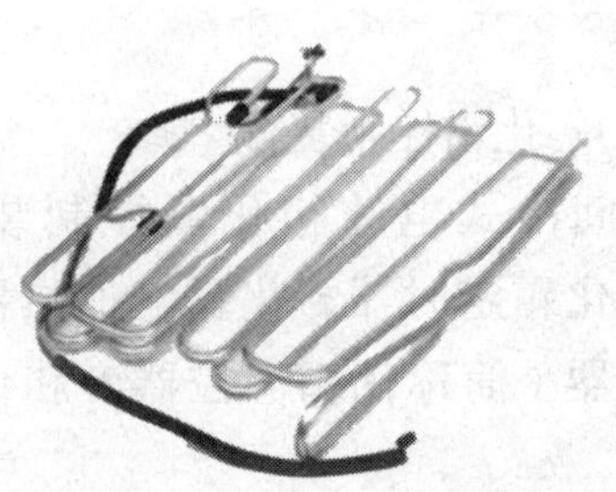
图 2-3-12　化霜电加热器

（3）化霜温控器

化霜温控器是由双金属片组成的开关元件，紧贴蒸发器安装，直接感受蒸发器的温度变化。

双金属片由两种膨胀系数不同的金属片组合而成，因温度变化产生形变后带动触点自动接通或断开。

化霜温控器如图 2–3–13 所示。

（4）化霜超热保护器

化霜超热保护器由超热温度熔断器、连接导线及密封外套等组成。其中，超热温度熔断器使用对温度敏感的金属合金制成，它与导线连接后封装在 PVC 密封外套内。

化霜超热保护器如图 2–3–14 所示。

图 2–3–13　化霜温控器

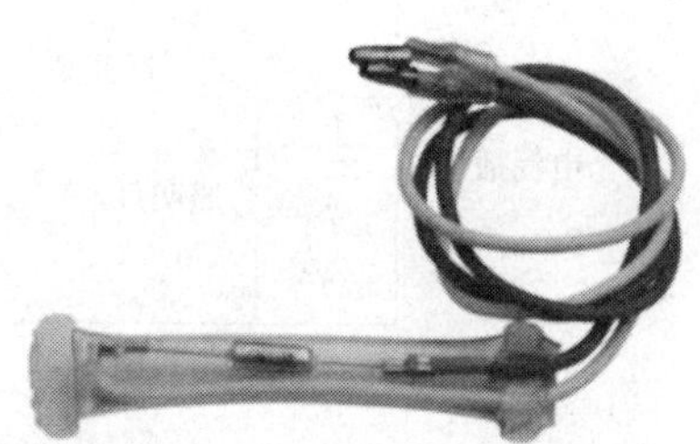

图 2–3–14　化霜超热保护器

化霜超热保护器与化霜电加热器串联后安装在蒸发器上，如果化霜控制出现故障，温升大于 65 ℃仍不能及时切断化霜电加热器电路，化霜超热保护器就会熔断，切断化霜电加热器供电回路。化霜超热保护器是一次性元件，熔断后需要更换。

4. 风扇电动机

风扇电动机安装在间冷式电冰箱蒸发器周围，通电后强制电冰箱箱内空气与蒸发器进行热量交换，达到降温目的。

两种不同结构的风扇电动机如图 2–3–15 所示。

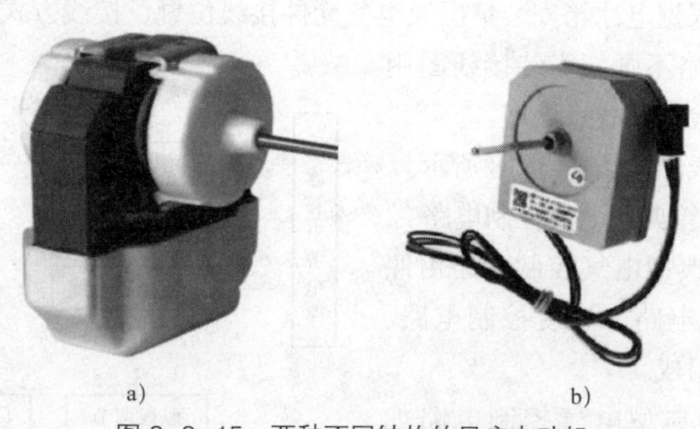

a）　　　　b）

图 2–3–15　两种不同结构的风扇电动机

a）交流风扇电动机　b）直流风扇电动机

二、电冰箱电气控制系统电路分析

1. 电冰箱电气原理图的识读

（1）电路图

电路图由元件符号、电气图形符号、文字符号等构成，并使用连接线表达出元件的相互关系。

电冰箱电路图如图 2–3–16 所示。

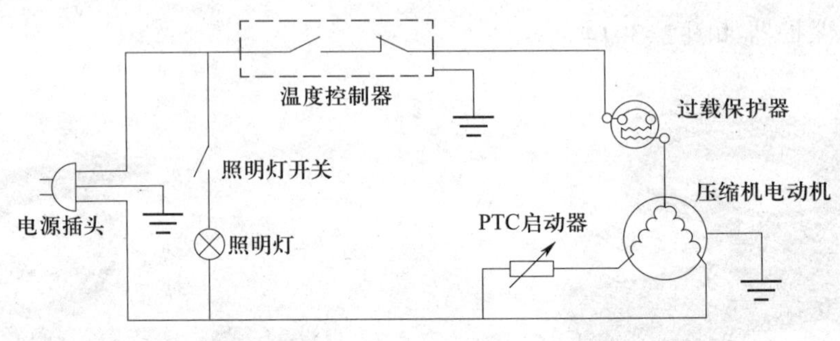

图 2–3–16　电冰箱电路图

（2）方框图

方框图是用方框和连线来表示电路工作原理、构成概况的一类图。将电路按照功能划分为几个部分，将每一个部分描绘成一个方框，方框之间的相互关系用连线、箭头或关键词表示。方框内注明电路功能的文字说明，表示各独立部分电路性能结构、作用和工作原理。

电冰箱方框图如图 2–3–17 所示。

通过方框图的识图，帮助了解电路整体结构和各单元电路功能。方框图越细，对整体电路表达越深刻，了解越具体。

（3）安装接线图

安装接线图是根据电冰箱安装情况及电气元件接线位置、接线方式来绘制的，与接线无关的电气元件省略不画。安装接线图用于接线安装、线路检查及故障处理。

电冰箱安装接线图如图 2–3–18 所示。

2. 直冷式电冰箱典型电气控制电路

直冷式电冰箱典型电气控制电路由照明电路、温度补偿电路、温度控制电路、压缩机控制电路等组成。

直冷式电冰箱典型电气控制电路如图 2–3–19 所示。

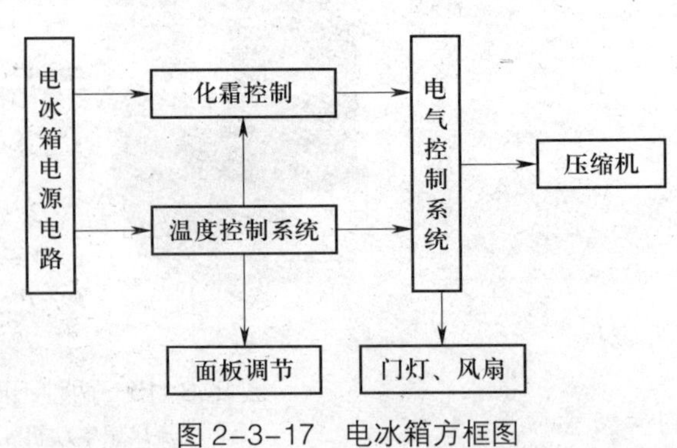

图 2–3–17　电冰箱方框图

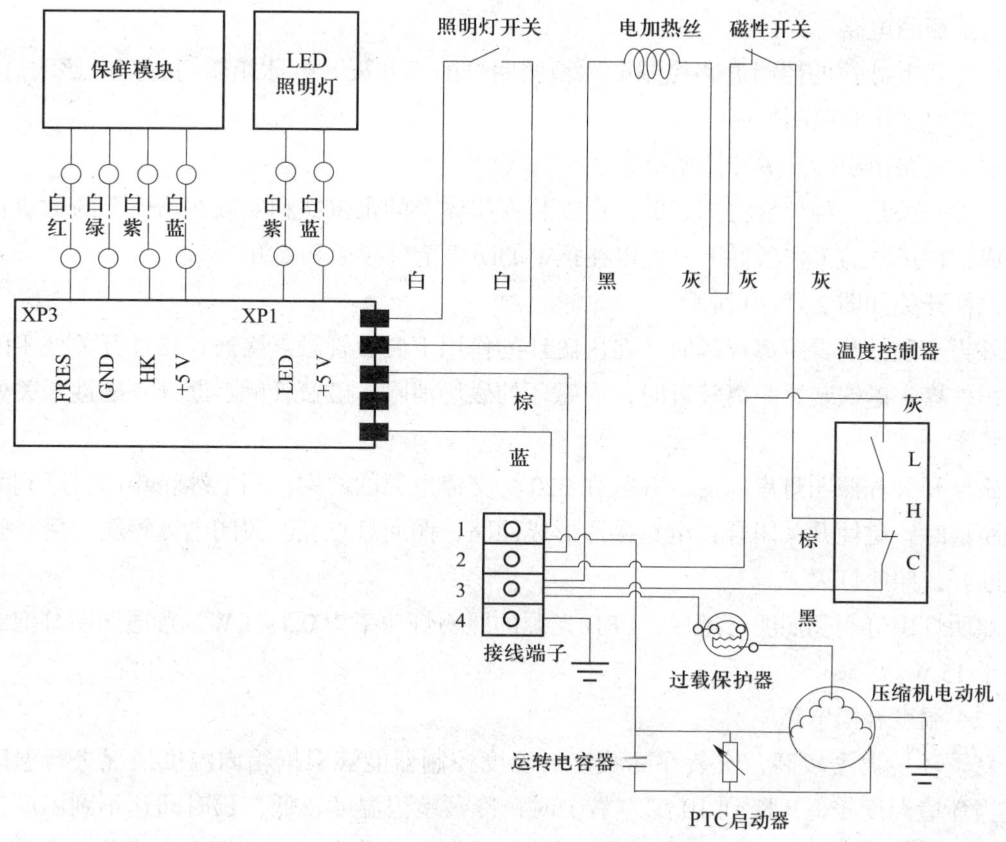

图 2-3-18　电冰箱安装接线图

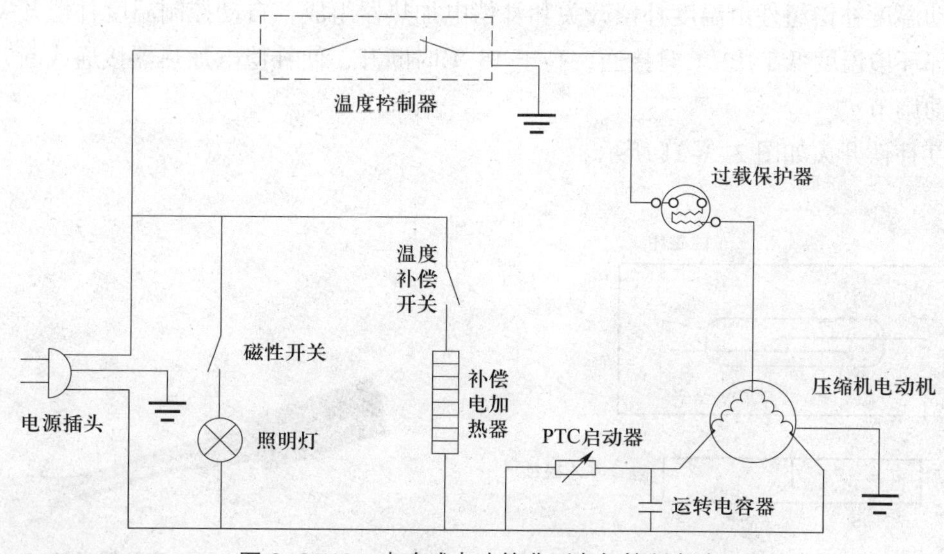

图 2-3-19　直冷式电冰箱典型电气控制电路

（1）照明电路

直冷式电冰箱的照明电路控制电冰箱照明灯的亮和灭，电冰箱箱门打开时照明灯亮，电冰箱箱门关闭时照明灯灭。

照明电路由磁性开关和照明灯组成。

磁性开关是一种位置检知开关，由安装在门体上的永磁铁和安装在箱体上的磁簧管配套组成，在正常的工作条件下，可以在预定的距离范围接通和断开。

磁性开关如图 2–3–20 所示。

外界永磁铁装置距离较远时，在内磁环的作用下磁簧管触点接通，磁性开关处于闭合状态；外界永磁铁装置距离较近时，内磁环的磁场消除，磁簧管触点断开，磁性开关处于断路状态。

磁性开关和照明灯串联后，并联在 220 V 交流电源的两端。当电冰箱箱门打开到大于接通距离时，磁性开关闭合，电路接通形成回路，照明灯点亮。关闭电冰箱箱门后，磁性开关断开，照明灯灭。

照明灯由灯座和照明灯组成，LED 光源的照明灯功率为 0.5 ~ 1 W，普通照明灯泡的功率小于 15 W。

（2）温度补偿电路

夏季环境温度较高，安装在冷藏室的温度控制器能够根据箱内温度情况进行温度控制。当环境温度较低（降到 10 ℃左右）时，冷藏室因温度较低，长时间达不到温度控制器的开机点，压缩机的开机次数和时间就会减少，使冷冻室温度逐渐升高，冷冻食品不能完全冻结。为解决上述问题，一般在电冰箱加入能够自动补偿温度的组件，确保电冰箱能够根据温度变化自动进行温度补偿。

自动温度补偿组件由温度补偿开关和补偿电加热器组成，自动控制温度补偿开关在电冰箱外部环境温度低于 10 ℃时接通，高于 15 ℃时断开，使补偿电加热器接通或断开，不需要手动调节。

温度补偿开关如图 2–3–21 所示。

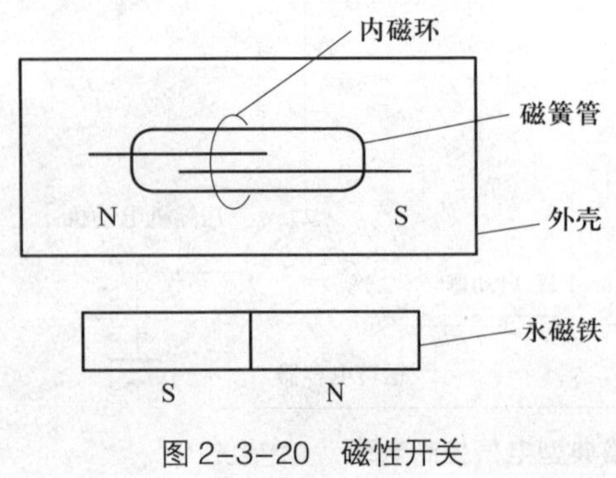

图 2–3–20　磁性开关

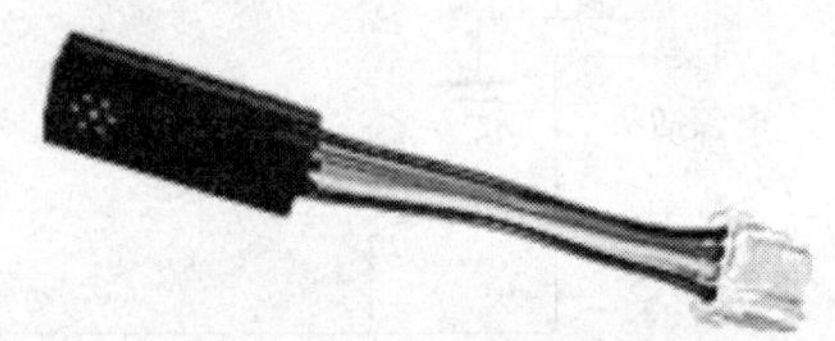
图 2–3–21　温度补偿开关

补偿电加热器由电加热丝、绝缘外体和连接导线组成，作用是当电冰箱在较低的环境温度下工作时，补偿冷藏室的温度，保证冷藏室温度不至于过低。用于补偿冷藏室温度的加热器功率一般不超过 15 W。

补偿电加热器如图 2–3–22 所示。

温度补偿开关和补偿电加热器串联后，并联在 220 V 交流电源的两端，当电冰箱冷藏室温度较低时（10 ℃左右），温度补偿开关接通，补偿电加热器电路形成回路，补偿电加热器开始加热。当电冰箱冷藏室温度升高到 15 ℃以上时，温度补偿开关断开补偿电加热器电路回路，补偿电加热器停止加热，补偿加热结束。

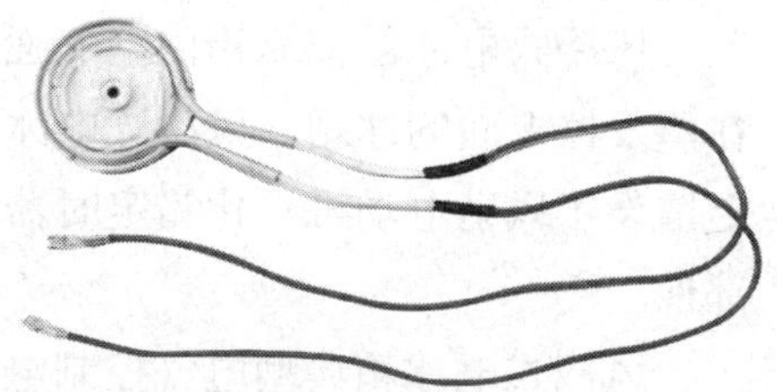

图 2–3–22　补偿电加热器

（3）温度控制电路

温度控制器有 3 个接线端子：6（H）、3（L）、4（C）。其中，6（H）和 3（L）两个端子正常时是闭合状态，把温度控制器的温度调节旋钮逆时针旋转到底，再稍加用力听到声响，此时 6（H）和 3（L）两个端子就会断开，切断后面的电路，但在此之前的照明电路仍然正常工作。3（L）和 4（C）两个端子的通断是通过温度高低变化来控制的，温度高于调定值时其触点断开，温度低于调定值时其触点闭合。

（4）压缩机控制电路

压缩机控制电路由压缩机电动机、PTC 启动器、过载保护器、运转电容器组成。压缩机电动机由转子和定子两部分组成，在定子铁芯上有启动绕组和主绕组。其中，主绕组在电动机运行期间一直通电，启动绕组只在电动机启动期间有电流通过。

PTC 启动器在室温 25 ℃左右时电阻值很小，为 12 ~ 50 Ω，相当于闭合状态，电流通过过载保护器，同时加载在启动绕组和主绕组上形成回路，压缩机电动机开始转动。由于启动电流很大，PTC 启动器迅速发热，当温度升到临界温度（约 125 ℃）时，电阻值发生突变增大到几十千欧乃至几百千欧，导致启动绕组中电流几乎减小到零，启动绕组近似于开路状态，这个动作时间为 0.4 ~ 1.5 s，电动机转子已进入正常运转状态。此时 PTC 启动器仍有几十毫安的微小电流通过，维持 PTC 启动器处于高阻状态，但不影响压缩机电动机的正常运行。

紧贴在压缩机外壳表面安装的过载保护器在压缩机电流不大、外壳表面温度不高的情况下处于闭合状态。压缩机外壳表面温度达到 90 ℃以上时，烘烤碟形双金属片使其发生变形反向拱起，保护触点断开，压缩机电动机断电停止运转。运行电流过大时，过载保护器内部的电阻丝发热，烘烤碟形双金属片使其发生变形反向拱起，保护触点断开，压缩机电动机也会断电停止运转。

并联在压缩机电动机启动和运行两端的运转电容器，一般采用耐压 400 V、容量 3 ~ 5 μF

无极性电容器，起到改善启动性能、调高功率因数的作用。

电源插头、温度控制器、压缩机电动机的接地线端子采用黄绿双色线固定在机体上。

3. 风冷式电冰箱典型电气控制电路

风冷式电冰箱依靠箱内空气强制对流进行冷却，制冷一段时间后还需要自动除去凝结在蒸发器上面的冰霜。风冷式电冰箱的电气控制电路在直冷式电冰箱电气控制电路的基础上增设了风扇电动机、化霜定时器、化霜温控器、化霜电加热器、化霜超热保护器等专用部件。

风冷式电冰箱典型电气控制电路由化霜控制电路、照明电路、风扇控制电路、温度控制电路、温度补偿电路、压缩机控制电路等组成，如图 2–3–23 所示。

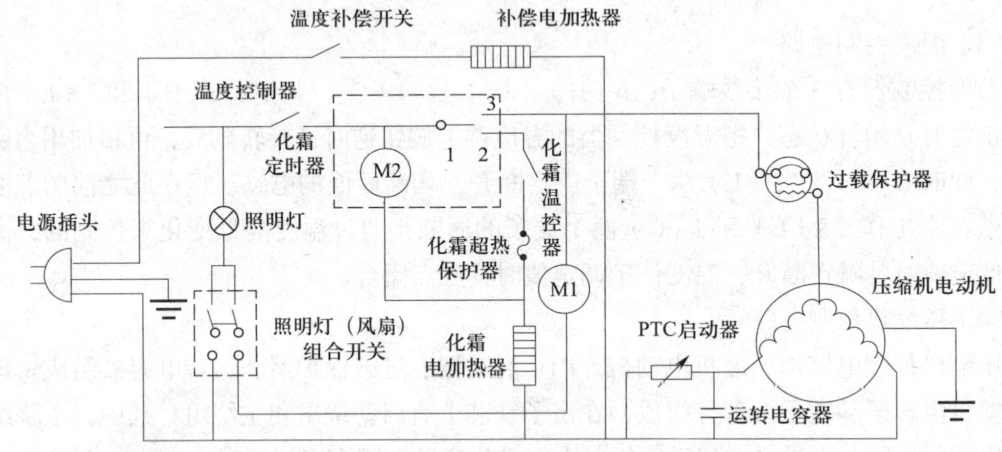

图 2–3–23　风冷式电冰箱典型电气控制电路

（1）化霜控制电路

化霜控制电路的主要部件为化霜定时器，化霜定时器对化霜控制电路进行控制，实现定时化霜。

化霜定时器上有四个接线端子，如图 2–3–24 所示，其中 A、C 为电动机定子绕组接线端子，电阻值为 7.5 kΩ 左右。C 端子接温度控制器，D 端子接化霜电加热器，B 端子接压缩机，C、B 端子接通时压缩机电动机运转约 24 h，然后 C、B 端子断开，C、D 端子接通开始化霜。

化霜定时器只有在化霜定时器计时电动机 M2 正常通电运转的情况下才能开始计时，累计计时 8 h 后接通化霜电加热器开始化霜，其电路的工作原理

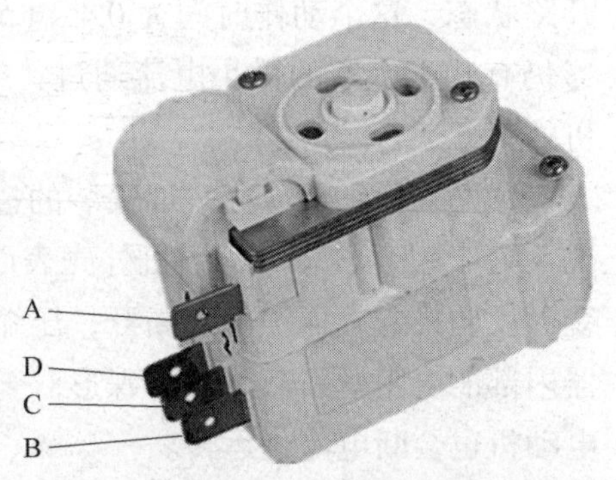

图 2–3–24　化霜定时器接线端子

如下。

电冰箱箱内温度升高，温度控制器触点闭合，化霜定时器计时电动机 M2（电阻值约为 7.5 kΩ）、化霜电加热器（电阻值约为 400 Ω）形成回路，化霜电加热器的电阻值小于化霜定时器的电阻值，加在化霜电加热器上的电压很小，化霜电加热器发热量忽略不计。化霜定时器计时电动机 M2 通电开始工作，化霜定时器触点 1 和触点 3 闭合，计时开始。

化霜定时器计时电动机 M2 运转累计达到 8 h 后，化霜定时器触点 1 和触点 3 断开，风扇控制电路、压缩机控制电路被切断，风扇电动机 M1、压缩机电动机停止运转，不再制冷。化霜定时器触点 1 和触点 2 接通，化霜电加热器、化霜超热保护器、化霜温控器形成回路，开始通电加热化霜，化霜定时器计时电动机 M2 被化霜温控器短路，化霜定时器不再计时。

当电冰箱蒸发器表面温度回升到 13 ℃左右霜层融化后，化霜温控器断路，化霜电加热器停止加热，化霜定时器计时电动机 M2 再次通电，开始下一个周期的计时。

化霜定时器计时 2 min 后，化霜定时器触点 1 和触点 2 断开，触点 1 和触点 3 接通，风扇控制电路、压缩机控制电路接通，风扇电动机 M1 和压缩机电动机开始运转，进入制冷状态。当电冰箱蒸发器温度下降到 –5 ℃时，化霜温控器达到复位温度而触点闭合，等待下一个周期的开始。

（2）照明电路

照明电路由照明灯（风扇）组合开关和照明灯组成。

照明灯（风扇）组合开关可以控制电冰箱照明灯和风扇的状态，它的常开触点与风扇电动机串联，常闭触点与照明灯串联。在电冰箱关门时，组合开关的按压杆被挤压，常开触点闭合，风扇电动机开始运转；常闭触点断开，照明灯熄灭。在电冰箱开门时，组合开关的按压杆被释放，风扇电动机停止运转，同时照明灯点亮。

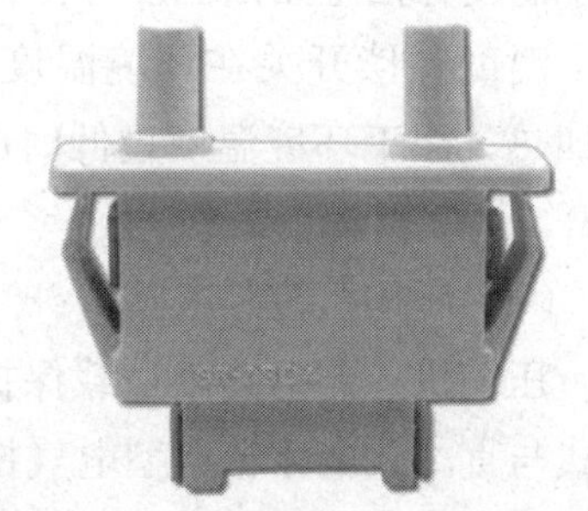

图 2–3–25　照明灯（风扇）组合开关

照明灯（风扇）组合开关如图 2–3–25 所示。

照明灯可分为白炽灯和 LED 灯条两大类。

LED 灯条如图 2–3–26 所示。

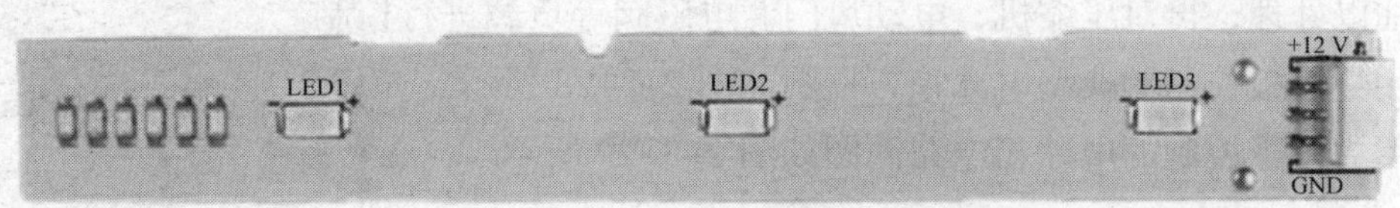

图 2–3–26　LED 灯条

（3）风扇控制电路

风扇电动机采用罩极式电动机，功率为 7 W 左右，主轴转速大于 2 200 r/min，噪声小于 36 dB，电动机线圈为 A 级绝缘。

罩极式风扇电动机如图 2–3–27 所示。

风扇控制电路：温度控制器→化霜定时器触点 1 和触点 3→照明灯（风扇）组合开关。由图 2–3–23 可知，风扇电动机 M1 运转是在温度控制器触点闭合（压缩机运转）、化霜定时器触点 1 和触点 3 闭合（化霜定时器计时阶段）、照明灯（风扇）组合开关闭合（电冰箱箱门关闭）条件下进行的。当电冰箱温度达到设定值处于停机状态、自动化霜或化霜定时器尚未转换成制冷状态、电冰箱箱门打开时，风扇电动机 M1 均不会运转。

图 2–3–27　罩极式风扇电动机

（4）温度控制电路

温度控制器接在化霜定时器之前，当电冰箱箱内温度高于设定值时，温度控制器触点闭合，化霜定时器才能累计计时，控制制冷或除霜。电冰箱箱内温度不高于设定值时，温度控制器触点断开，化霜定时器停止计时，此时除了照明电路、温度补偿电路，其他电路均不工作。

（5）温度补偿电路

温度补偿电路由温度补偿开关、补偿电加热器组成。

温度补偿开关在环境温度低于 10 ℃时接通，打开补偿电加热器，补偿电加热器开始加热，用于环境温度过低时电冰箱的温度补偿；当环境温度高于 15 ℃时温度补偿开关断开。

（6）压缩机控制电路

压缩机控制电路由过载保护器、PTC 启动器、压缩机电动机、运转电容器组成，控制方式与直冷式电冰箱典型电气控制电路相同。

4. 新型电冰箱电气控制电路

新型电冰箱运行控制（温度检测及控制、自动启停控制、控制面板显示、化霜控制等方面）由主控板来完成，主控板的核心部件是微处理器（CPU）。CPU 把采集的电冰箱各种信号加以处理，再对压缩机、电动风门、电磁阀等负载进行控制。

采用主控板控制的典型电冰箱方框图如图 2–3–28 所示。

采用主控板控制的电冰箱电路简图如图 2–3–29 所示。

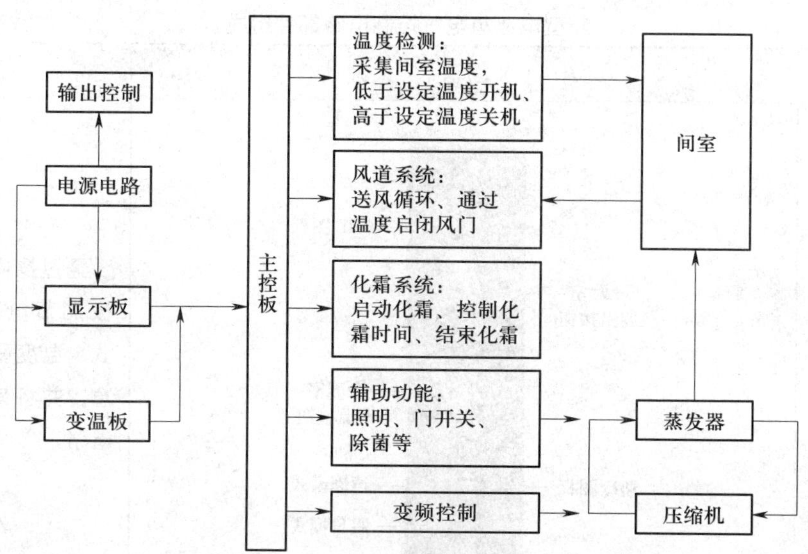

图 2-3-28 采用主控板控制的典型电冰箱方框图

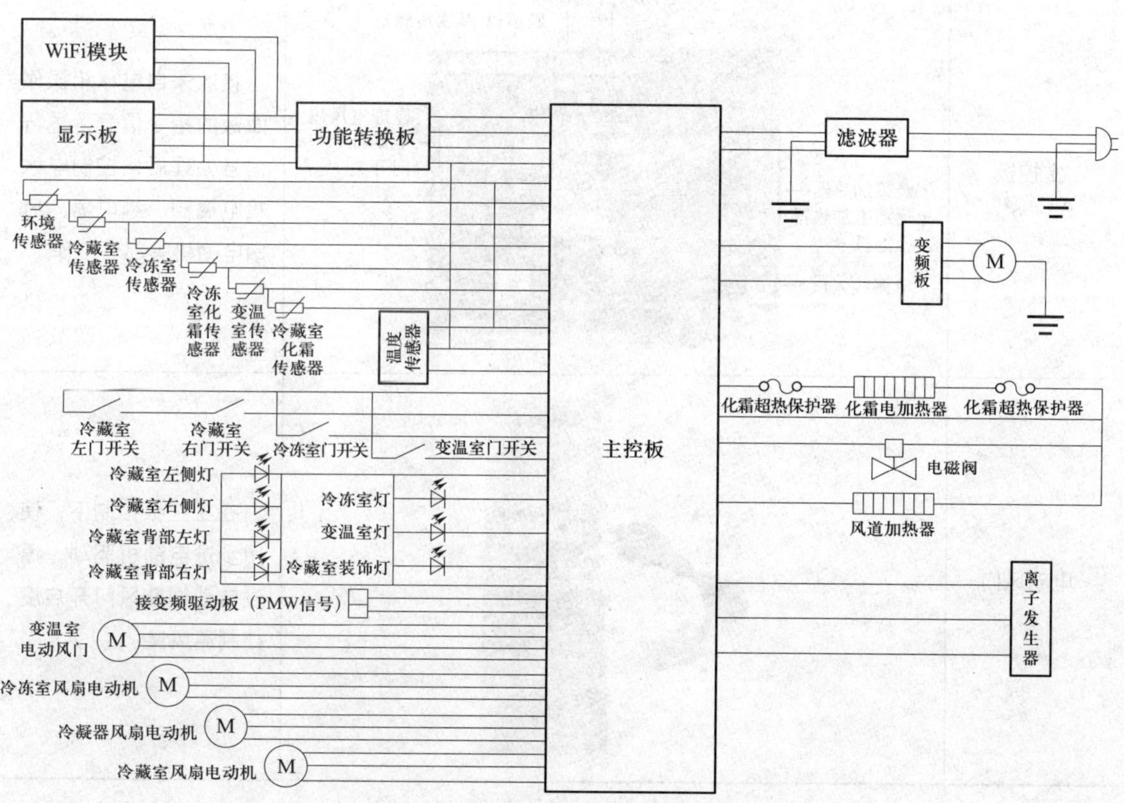

图 2-3-29 采用主控板控制的电冰箱电路简图

新型电冰箱电气控制电路部件组成见表 2–3–5。

表 2–3–5　　新型电冰箱电气控制电路部件组成

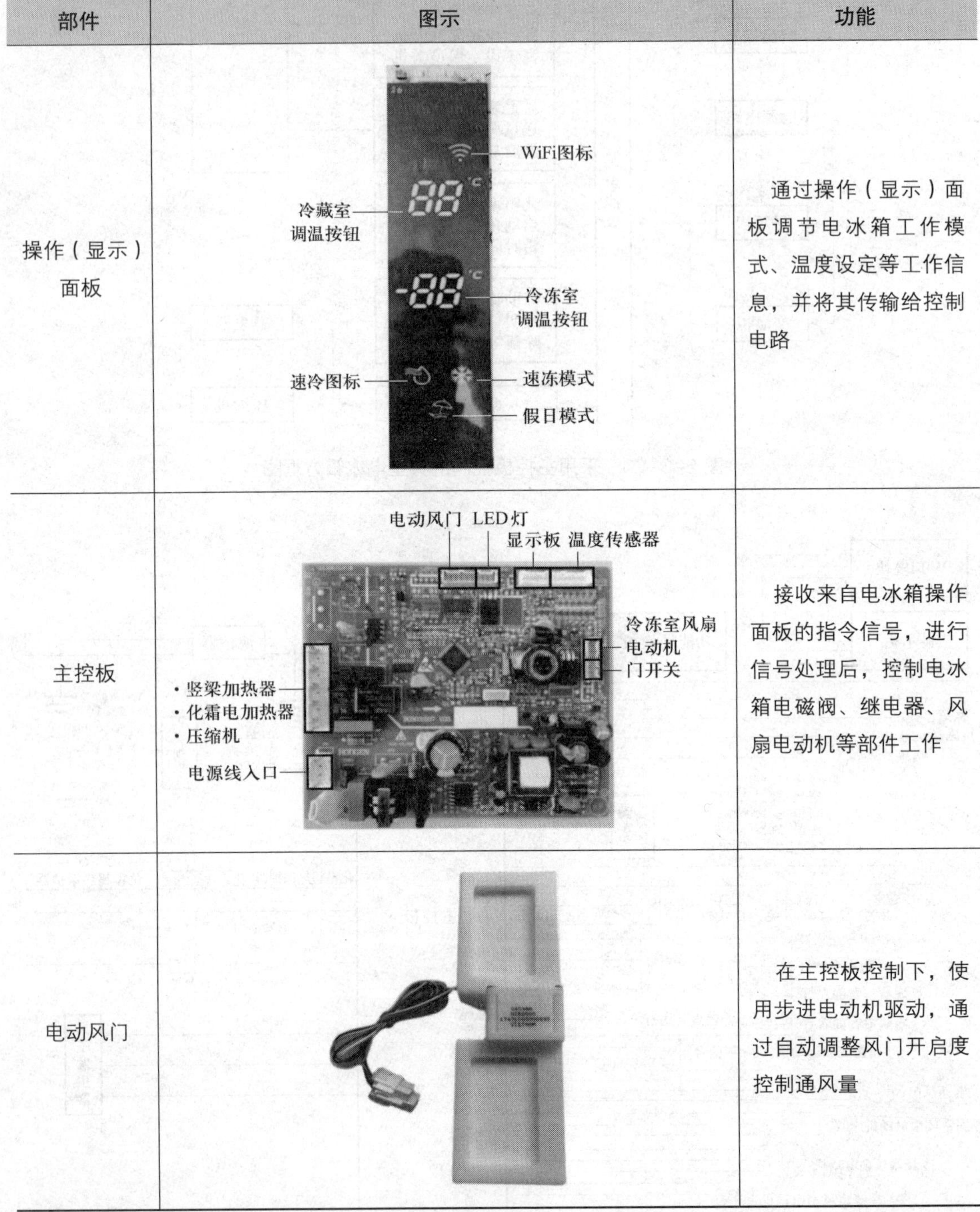

部件	图示	功能
操作（显示）面板		通过操作（显示）面板调节电冰箱工作模式、温度设定等工作信息，并将其传输给控制电路
主控板		接收来自电冰箱操作面板的指令信号，进行信号处理后，控制电冰箱电磁阀、继电器、风扇电动机等部件工作
电动风门		在主控板控制下，使用步进电动机驱动，通过自动调整风门开启度控制通风量

第三章　电冰箱的故障与维修

§3-1　电冰箱检修器材的使用

学习目标

1. 了解电冰箱检修器材的基本知识。
2. 熟悉电冰箱检修器材的外形与结构。
3. 掌握电冰箱检修器材的使用。

一、检修阀与连接组件

1. 压力真空表

压力真空表是既可测量真空度大小又可测量压力高低的组合式仪表。

压力真空表如图 3-1-1 所示。

压力真空表表盘有多组数值刻度，表示不同制式的压力数值，常见的表盘刻度单位有公制 MPa 和英制单位 bf/in^2 两种。有些表上还标注有常用制冷剂相应压力下的饱和温度值。

图 3-1-1　压力真空表

2. 直通阀

直通阀是用于制冷系统抽真空和充注制冷剂的专用阀门。直通阀由压力真空表、阀体、阀开关等组成。

直通阀如图 3-1-2 所示。

直通阀有三个螺纹连接口，与阀开关平行的外螺纹连接口与制冷系统的工艺管连接。与阀开关垂直的两个连接口，外螺纹的一个连接口接压力真空表，用于检测制冷系统内真空度及压力值的大小，它与制冷系统接口始终相通，不受阀开关控制；内螺纹的一个连接口在抽真空时接真空泵的吸气口，在充注制冷剂时接制冷剂钢瓶。使用直通阀时，通过调节阀开关，可打开或关闭制冷系统的内外联系。

3. 专用组合阀

专用组合阀是一种可同时对制冷系统进行抽真空和充注制冷剂的专用阀门。专用组合阀由真空表、压力表、真空表侧阀开关、压力表侧阀开关、视液镜等组成。

专用组合阀如图 3-1-3 所示。

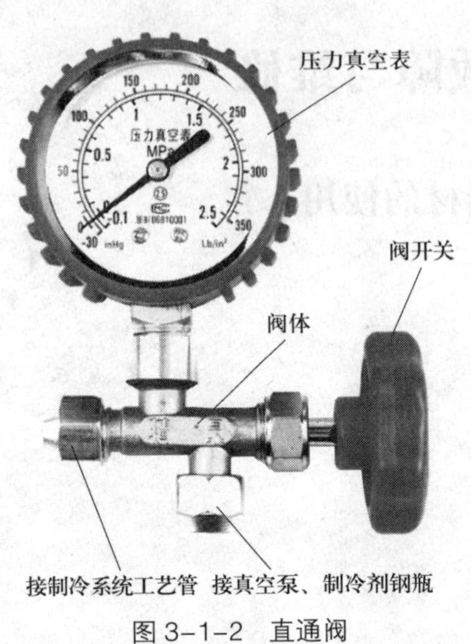

图 3–1–2　直通阀

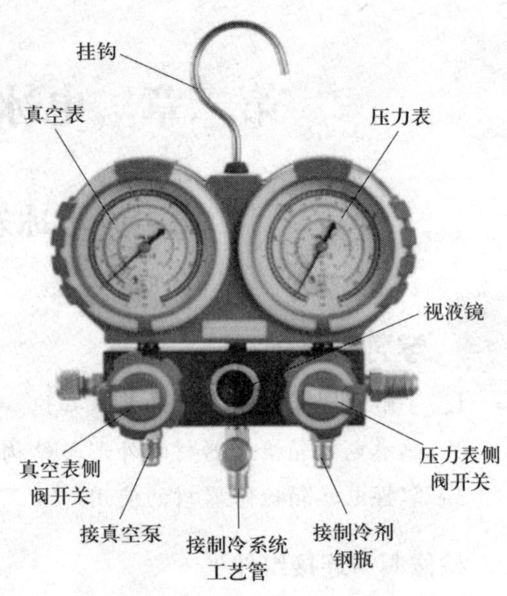

图 3–1–3　专用组合阀

专用组合阀阀体上的真空表用来监测抽真空时的真空度，压力表用来监测充注制冷剂时的系统压力。阀体上的三个连接口分别与制冷剂钢瓶、制冷系统的工艺管以及真空泵连接。真空表侧阀开关打开，压力表侧阀开关关闭，可进行抽真空的操作；真空表侧阀开关关闭，压力表侧阀开关打开，可进行充注制冷剂的操作，透过阀体上的视液镜，还可观察到制冷剂的运行状态。专用组合阀可同时完成抽真空、充注制冷剂操作，使用方便。

4. 开瓶阀

开瓶阀用于控制一次性罐装类制冷剂单瓶的开启和关闭。开瓶阀根据罐装类制冷剂单瓶的不同种类对应有多种规格型号。

开瓶阀如图 3–1–4 所示。

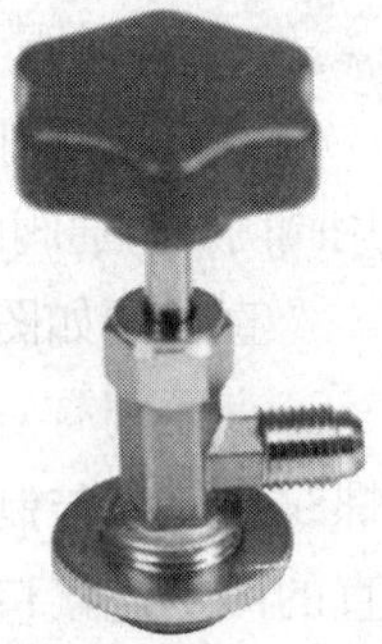

图 3–1–4　开瓶阀

5. 顶针阀

顶针阀（制冷剂充注阀）是一种带气门芯的单向检修、充注阀。

顶针阀（制冷剂充注阀）如图 3–1–5 所示。

6. 快速接头

快速接头是用于管道快速安装或拆卸，不需要工具就能实现接通或断开的推入式接头。

快速接头如图 3–1–6 所示。

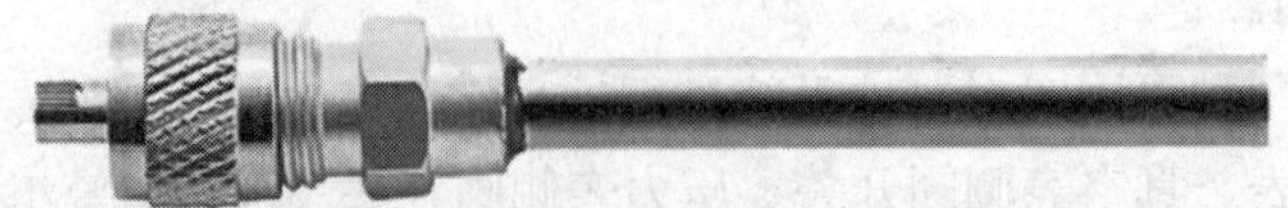

图 3–1–5　顶针阀（制冷剂充注阀）

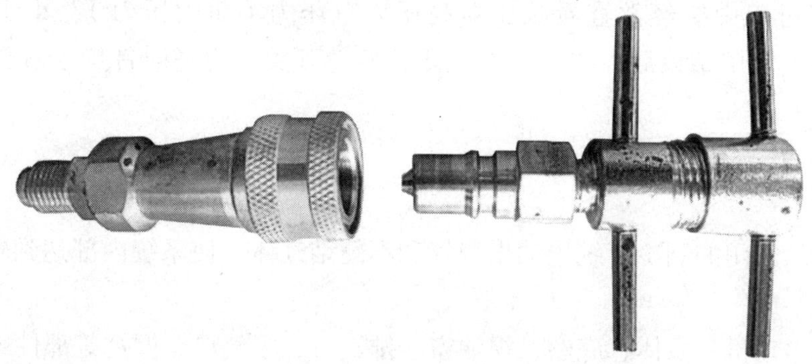

图 3–1–6　快速接头

7. 加液管

加液管是螺纹接口专用的连接管。加液管由管体、两端连接螺母、密封圈等组成。

加液管如图 3–1–7 所示。

加液管有透明管和不透明管两种。透明管可方便观察制冷剂流动状况，不透明管柔韧性好，耐压较高。加液管两端连接螺母的螺纹结构有英制和公制两种类型。

8. 转接头

转接头用于转换不同规格的螺纹接头，由于制冷设备生产厂家、品牌不同，执行的工艺标准有差异，需要使用转接头进行转换。

转接头如图 3–1–8 所示。

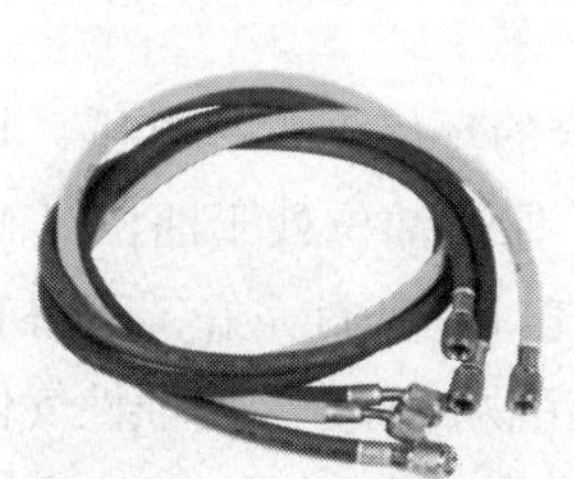

图 3–1–7　加液管

图 3–1–8　转接头

二、瓶装氮气

氮气是制冷系统检修常用的惰性气体，储存在氮气钢瓶中。使用前需确定需要使用的气体压力，先逆时针打开钢瓶总开关，然后顺时针转动减压器压力调节手柄，观察低压表，达到相应压力后调节完成。

调节氮气压力如图 3–1–9 所示。

使用氮气过程中要经常查看减压器高压表总压力（瓶内压力），小于 0.05 MPa 时停止使用。氮气使用结束后，先顺时针关闭钢瓶总开关，再逆时针旋松减压器压力调节手柄。

三、真空泵

真空泵是从密闭的制冷系统中抽出湿气和不凝结气体，使系统内部达到较高真空度的专用设备。

真空泵由电动机、泵体、底座、视油窗、排气口、吸气口、握把等部件组成。

真空泵如图 3–1–10 所示。

图 3–1–9　调节氮气压力

图 3–1–10　真空泵

根据不同用途选择不同类型的真空泵。真空泵使用场合的环境温度、电压、频率等参数要与技术标准要求相一致。使用真空泵前观察视油窗，保证油位处于油位线 MIN 与 MAX 范围之内。检查真空泵各项功能，真空泵吸气口和排气口应密封完好，不得有堵塞现象。真空泵使用完后，一定要密封吸气口和排气口，避免污物、水分、腐蚀性气体进入泵内，并将真空泵放置在干燥清洁的区域妥善存放。

四、电子检漏仪

电子检漏仪是检测制冷剂有无泄漏的专用仪器。电子检漏仪装有高灵敏度的传感探头，检测精度很高，一旦检测出泄漏，指示灯会根据泄漏量依次点亮，同时发出报警声响。电子检漏仪由主机、操作面板、探头、蛇形管、扬声器等组成。

电子检漏仪如图 3–1–11 所示。

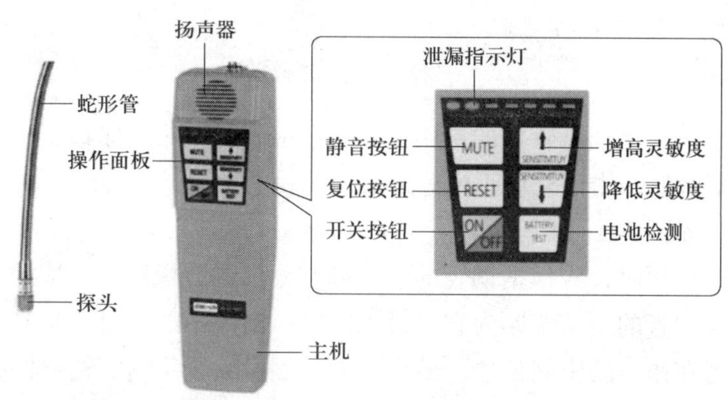

图 3-1-11　电子检漏仪

使用电子检漏仪应尽量在密闭的空间内，并保证被检测制冷系统中有不小于 0.1 MPa 的制冷剂压力。对于制冷系统细微的泄漏孔，不能马上检出泄漏时可增大灵敏度再次检测。

五、制冷剂充注电子秤

制冷剂充注电子秤是采用电子秤计量、电磁阀控制充注制冷剂的专用设备，可预先设定充注量，自动完成制冷剂的充注。

制冷剂充注电子秤如图 3-1-12 所示。

六、制冷剂钢瓶

制冷剂钢瓶是储存和运输被压缩成气体或液体制冷剂的专用容器。不同种类的制冷剂使用不同色标的制冷剂钢瓶区别灌装。制冷剂钢瓶还分为非重复使用制冷剂钢瓶和可重复使用制冷剂钢瓶两种。

制冷剂钢瓶如图 3-1-13 所示。

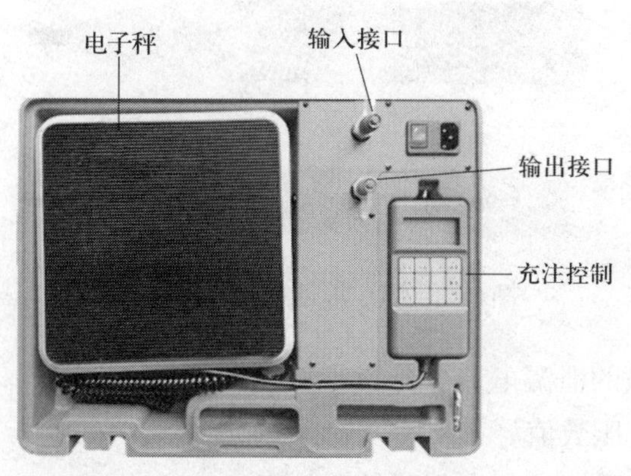

图 3-1-12　制冷剂充注电子秤

图 3-1-13　制冷剂钢瓶

七、手握式封口钳

手握式封口钳是封闭铜管管口的专用工具。手握式封口钳由钳口、钳口开启弹簧、夹紧手柄、钳口调节螺钉、钳口开启手柄等组成。

手握式封口钳如图 3-1-14 所示。

使用手握式封口钳时，应根据铜管的壁厚调节钳口调节螺钉到合适的状态，通常钳口间隙调节到略小于铜管的两倍壁厚为宜，过大时管口封闭不严，过小容易夹断铜管。将准备封口的铜管放置在钳口的中间位置，不要倾斜，握紧夹紧手柄，钳口即把铜管夹扁并锁住铜管。铜管封口后，拨动钳口开启手柄，在钳口开启弹簧的作用下，钳口自动打开。

八、温度计

仅凭个人的感觉来判断物质的冷热程度是不准确的，要准确判断物质的冷热程度，必须使用专门用来计量物质温度高低的装置——温度计来实现。

常用的温度计有液柱式、指针式、数显式等几种。

九、验电笔

验电笔是一种用来检验低压电气设备的外壳等是否带电的检验工具。目前电气检测与检修中普遍使用的是感应式验电笔，具有安全可靠、显示直观等特点。当感应式验电笔接近带电设备、导线时，感应式验电笔的工作灯会快速闪亮，同时发出急促的蜂鸣声。

常见的感应式验电笔如图 3-1-15 所示。

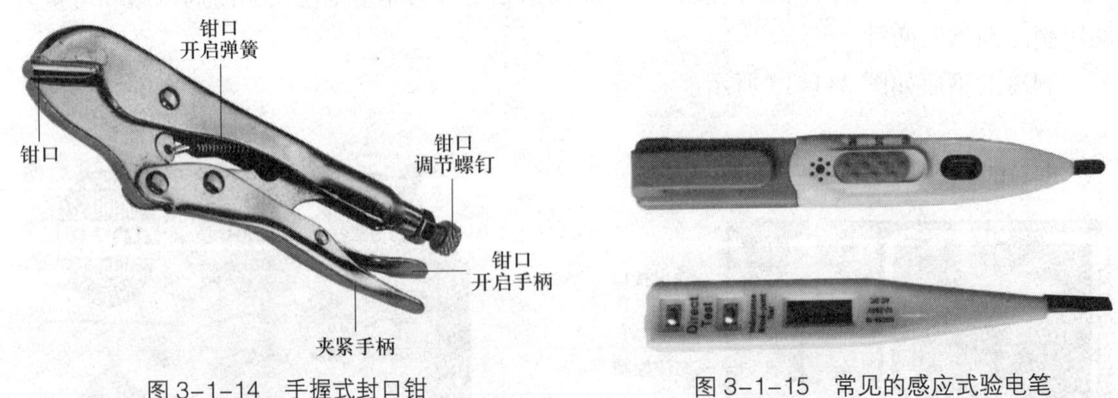

图 3-1-14　手握式封口钳　　图 3-1-15　常见的感应式验电笔

有些感应式验电笔不仅可检测设备外壳轻微的泄漏电流、分辨零相线、检查电路断点等，还可测量交、直流电压并在显示屏上显示电压数值。

传统的发光式验电笔是依靠内部安装的氖泡是否发光来判断带电与否。

十、数显式兆欧表

兆欧表是专门用来测量电气设备绝缘电阻值的高阻表，也称为绝缘电阻表。兆欧表可分为手摇式和数显式。手摇式兆欧表需要手工摇动升压，精度、效率较低。数显式兆欧表内置电池升压变换为 250 V、500 V、1 000 V 直流电压，替代手摇式兆欧表的摇把，测量数值可通过显示屏直接显示。

1. 数显式兆欧表的结构

数显式兆欧表由显示屏、电源开关、电压选择开关、电阻量程选择开关、测试按钮、测试插孔等组成。

数显式兆欧表如图 3–1–16 所示。

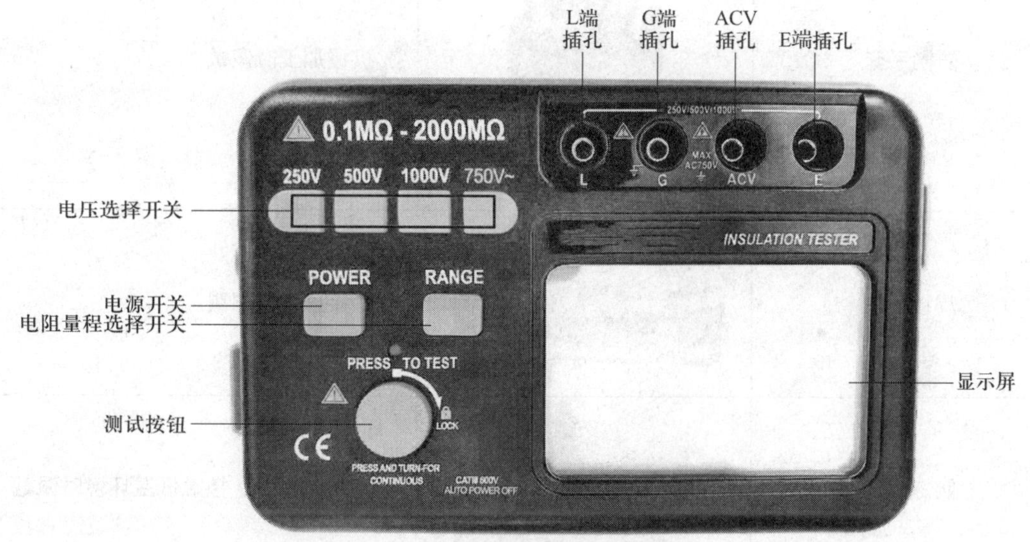

图 3–1–16　数显式兆欧表

2. 数显式兆欧表使用注意事项

（1）测量时应首先检查测量电压选择及显示屏上提示的测量电压与所需的电压是否一致。

（2）被测对象应完全脱离电网供电，并且应经短路放电，证明被测对象不存在电力危险后才进行操作，以保障操作安全。

（3）测量时应佩戴绝缘手套，不允许手持测量端，以保证读数准确及人身安全。

十一、常用的安全防护用具

常用的安全防护用具见表 3–1–1。

表 3-1-1　　常用的安全防护用具

名称	图示	说明
灭火器		干粉
防割手套	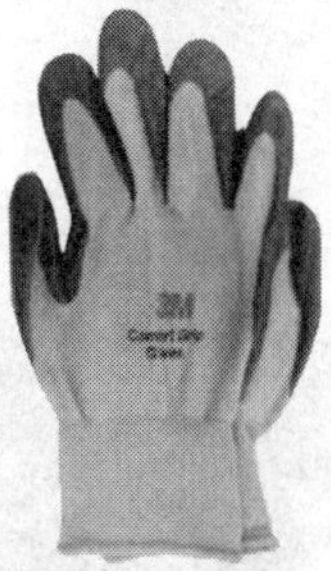	机械加工时佩戴
焊接手套	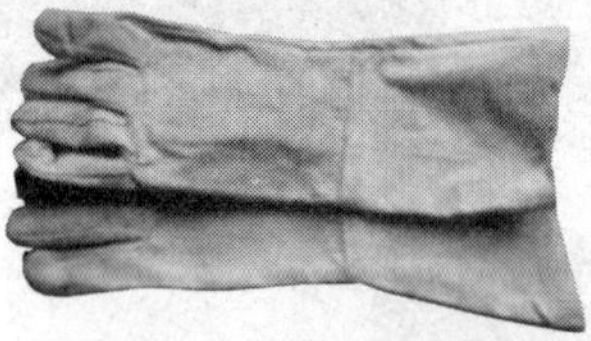	焊接操作时佩戴
防冻手套	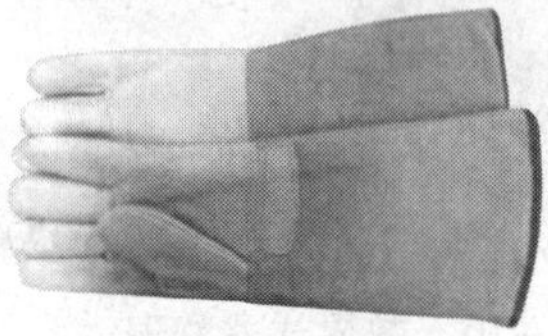	充注制冷剂、接触低温环境时佩戴
绝缘手套	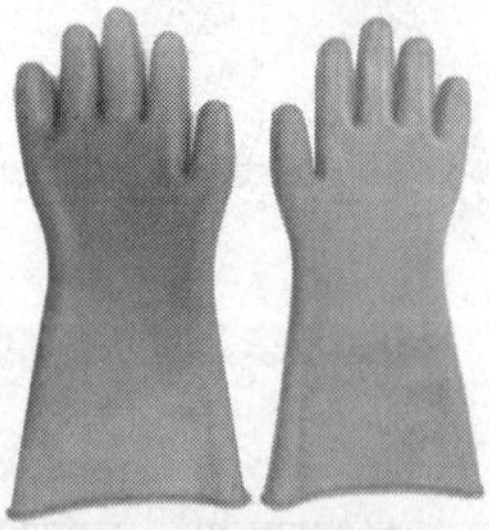	带电或不确定是否带电时佩戴
防护面罩	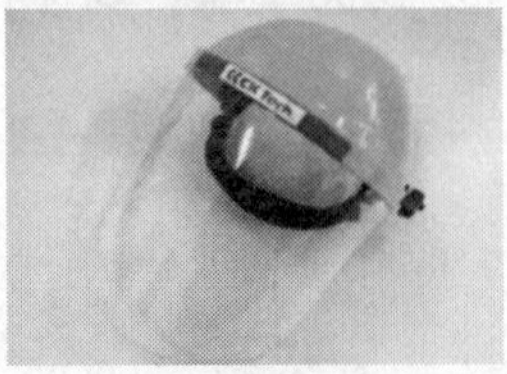	充注制冷剂时佩戴，防喷溅

续表

名称	图示	说明
防噪声耳塞或耳罩		听力护具，噪声超过 60 dB 时佩戴
阻燃布	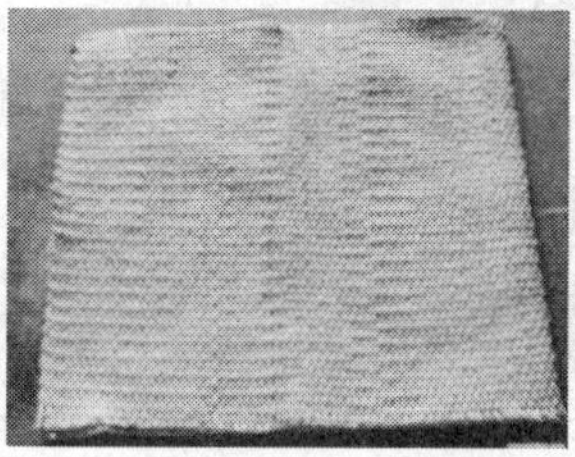	防烧隔布
平光护目镜		机械加工时佩戴
焊接滤光眼镜		焊接作业时佩戴
劳保服		作业防护、劳动防护穿戴用品
劳保鞋		劳动防护穿戴用品

续表

名称	图示	说明
防护口罩		呼吸护具
警示牌		提醒警示

§3-2　制冷管道的加工与焊接

学习目标

1. 掌握制冷管道加工的基本操作。
2. 掌握制冷管道的扩口方法。
3. 熟悉气焊设备使用的安全规程。
4. 熟悉气焊操作的安全规程。
5. 掌握制冷管道的焊接。

一、制冷管道的加工

1. 割管器

割管器又称割刀，是用来切割铜管、铝管等金属管的专用工具。

（1）割管器结构

割管器由割轮、滚轮、调节转柄等组成，如图 3-2-1 所示。

割管器有大割管器与小割管器之分。大割管器是最常用的切割金属管的工具，切割范围大，速度快，方便耐用。小割管器用于管径较细或切割位置狭小的情况。

切割管道时管道放置在割轮与滚轮之间，割轮的刀刃与管道垂直夹紧，顺时针转动调节转柄，刀刃切入管道管壁，割管器围绕管道边旋转边进刀，直到管道被切断。

（2）割管器使用注意事项

1）使用割管器前，根据管道长度和直径选择合适的割管器。

2）切割管道前应先将管道打磨干净，去除表面氧化层。被切割的管道表面不得出现压扁、变形等缺陷。

3）切割管道前要进行倒角处理，去除管壁上的毛刺、金属屑，不得出现管壁收缩、内径变小、卷边等现象。

4）使用时，管道要垂直放在割轮与两只滚轮之间。

5）转动调节转柄时，用力一定要均匀，不得将管道挤压变形。

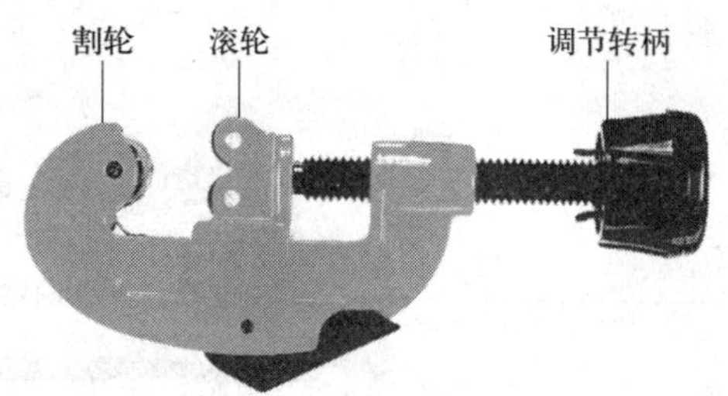

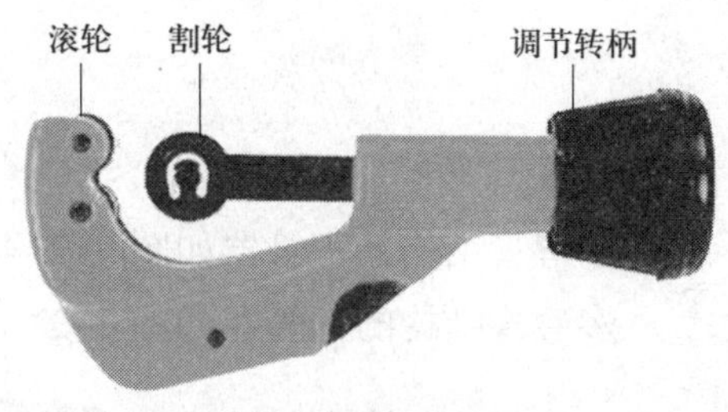

图 3–2–1 割管器结构

6）合理控制进刀量，少吃刃多转动。

7）管道即将切断时，动作要轻柔，防止管道跌落磕坏切口。

8）割管器的割轮两侧的轴向间隙超过 0.5 mm 时，要及时调整。割轮要保持锋利，割轮磨损、出现豁口要及时更换新的割轮。滚轮和调节转柄要转动自如，定期保养。

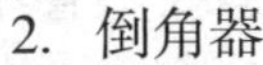

2. 倒角器

倒角器是对管道管口整形与去除毛刺的专用工具。

管道切割中受到割管器的割轮挤压，切口会变形，出现卷边与毛刺的现象。

倒角器内置的刀片旋转时在管道内、外壁面上来回剐蹭，达到消除收口、去除毛刺的目的。

图 3–2–2 所示为使用倒角器加工管道。

3. 弯管器

（1）弯管器结构

弯管器是用来弯制管径小于 20 mm 管道的专用工具。弯管器由固定手柄、固定杆、弯管轮、活动手柄、活动杆、活动导槽、固定导槽、夹管钩等组成，如图 3–2–3 所示。

弯管器有单弯管结构和多弯管结构之分，单弯管结构是指弯管器只有一组弯管轮、固定导槽和活动导槽；多弯管结构是指弯管器有多组弯管轮、固定导槽和活动导槽。

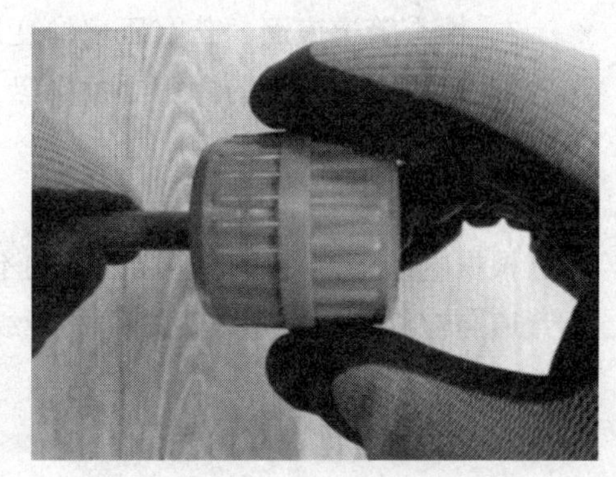

图 3–2–2 使用倒角器加工管道

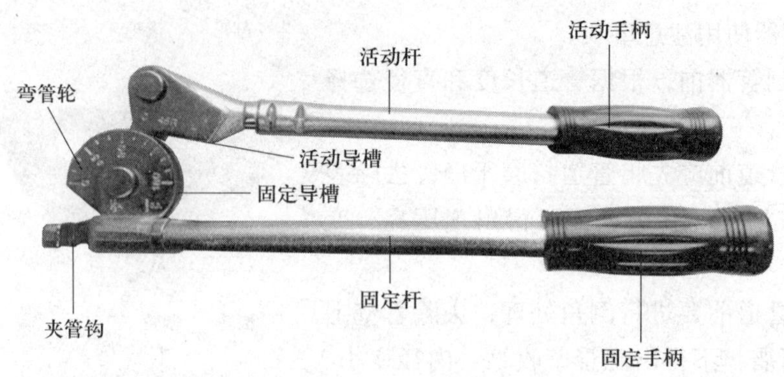

图 3–2–3　弯管器

单弯管结构的弯管器如图 3–2–4 所示。

多弯管结构的弯管器如图 3–2–5 所示。

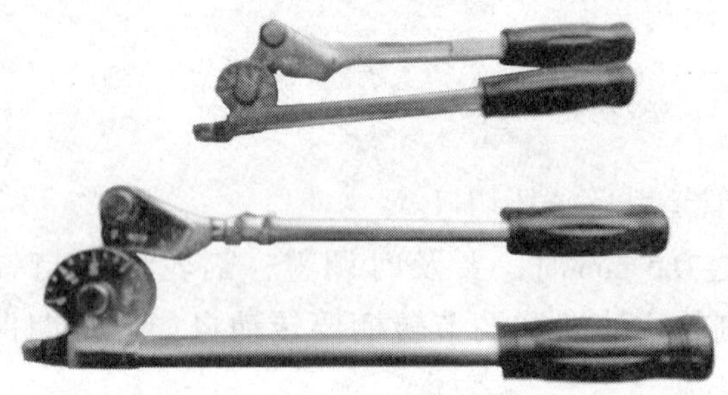

图 3–2–4　单弯管结构的弯管器

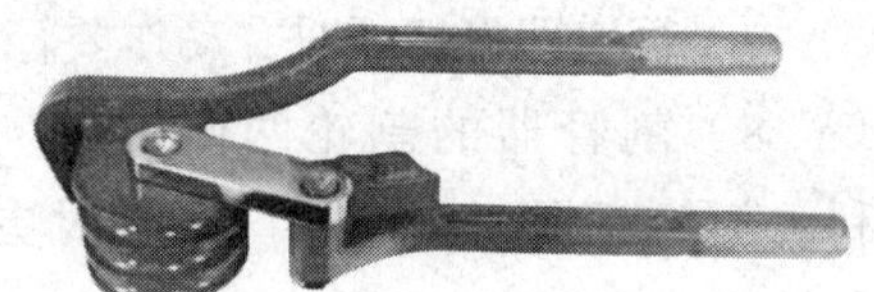

图 3–2–5　多弯管结构的弯管器

弯管时将管道放入弯管器的固定导槽内，用夹管钩搭扣钩紧管道，用活动杆的活动导槽卡住管道，手握活动手柄顺时针方向平稳转动，直至弯曲到所需要的角度为止，管道便在导槽内被弯曲成特定的形状，然后将管道退出弯管器。弯曲不同角度时可通过观察弯管器上的角度盘来确定。

（2）弯管器使用注意事项

1）根据不同规格的管道选择不同种类的弯管器。

2）检查管道表面，若有压扁、变形等情况，修整后才能弯管。

3）管道上划的线与弯管器角度盘上的定位标示相吻合，确保弯管角度。

二、制冷管道的扩口

根据电冰箱制冷管道连接方式的不同，扩口操作包括扩喇叭口与扩圆柱形口两种。用于管道与检修阀或测量仪表之间的螺纹连接，采用喇叭口扩口方式；用于焊接连接，采用圆柱形口扩口方式。

1. 扩管器

扩管器是用于制作管道的喇叭口和圆柱形口的专用工具。扩管器由扩管器夹具、夹具紧固螺母、弓形架、顶压螺杆和扩管锥头等组成。扩管器的扩管锥头是可拆卸式的，并配有多个不同规格的锥头，既可制作喇叭口也可制作圆柱形口。

扩管器如图 3–2–6 所示。

扩管器夹具可分成对称的两半，使用夹具紧固螺母和螺栓相连接，两半对合后形成的孔按照不同的管径制成螺纹状，便于更紧地夹住管道，孔的上口处制成 60° 的倒角，利于扩出适宜的喇叭口。

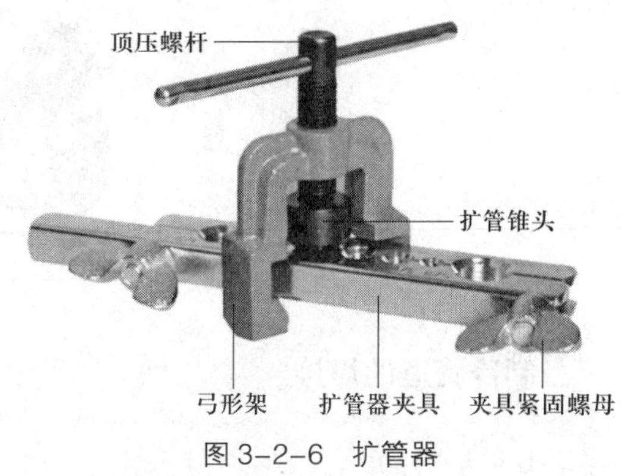

图 3–2–6　扩管器

扩管器夹具如图 3–2–7 所示。

扩喇叭口时，将倒角处理后的管道放入与管径相同规格的扩管器夹具孔中，管口朝向喇叭口面，管口露出夹具表面的高度约与该夹具孔倒角的斜边相同。将夹具两头的螺母旋紧，把管道牢牢压紧。顺时针转动顶压螺杆，使扩管锥头顶在管口上，弓形架的拉钩卡在夹具两侧，继续转动顶压螺杆，使管口挤压出喇叭口。喇叭口成型后，逆时针旋动顶压螺杆，退出扩管锥头，松开夹具上的螺母，取出管道。合格的喇叭口应成平整的 45° 角，表面圆整、光滑、没有裂纹。

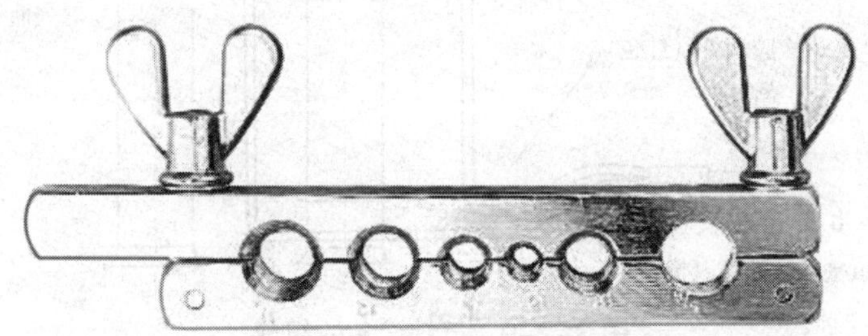
图 3–2–7　扩管器夹具

扩圆柱形口时，夹具也需牢牢夹紧管道，否则扩口时管道容易后移而变位，造成圆柱形口的深度不够。扩口时需要根据圆柱形口的大小选择合适的扩管锥头固定在顶压螺杆上，管口露出夹具表面的高度约与管道的管径相同，具体方法与扩喇叭口相同。

常见的扩管锥头如图 3–2–8 所示。

2. 扩管器使用注意事项

（1）扩口前要检视管道表面有无明显压扁、变形等情况。

（2）管道要先进行倒角处理，去除毛刺。

（3）使用扩管器时要更换对应的扩管锥头。

（4）合格的喇叭口应成平整的 45° 角，表面圆整、光滑、没有裂纹。

（5）使用完后应及时清除扩管锥头上的金属屑并保养。

图 3–2–8　常见的扩管锥头

三、制冷管道的焊接

1. 气焊设备

电冰箱制冷管道间套管焊接需要使用气焊设备。气焊设备主要由氧气瓶、乙炔瓶或液化石油气瓶、减压器、橡胶软管、焊炬等组成。

气焊设备的组成如图 3–2–9 所示。

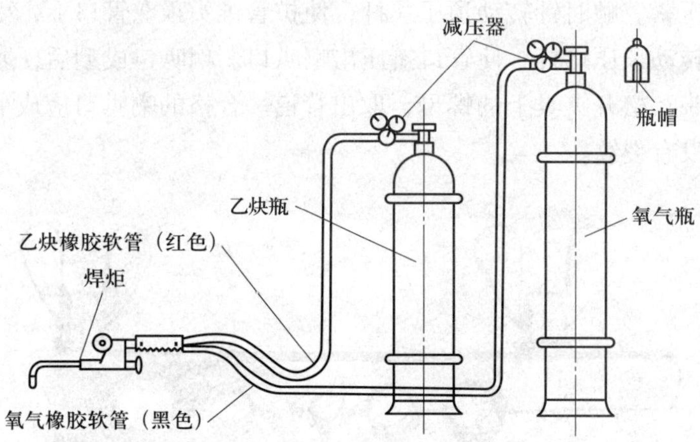

图 3–2–9　气焊设备的组成

（1）氧气瓶

氧气瓶是储存和运输氧气的高压容器。氧气瓶由瓶体、阀门、瓶箍、瓶帽和防振橡胶圈等组成。

氧气瓶外表体色为蓝色，瓶帽、底座等涂敷颜色应与瓶体的体色一致，瓶体上要用黑漆写上仿宋体（或黑体）“氧”字样。标准气瓶公称容积为 40 L，标准压力为 14.7 MPa，可以储存 6 m^3 的高压氧气。

氧气瓶如图 3–2–10 所示。

氧气瓶的瓶口螺纹旋上阀门，可以控制瓶内氧气的进出，逆时针旋转阀开关则打开，顺时针旋转阀开关则关闭。

（2）乙炔瓶

乙炔瓶是储存和运输乙炔的容器。乙炔瓶外表体色为白色，瓶帽、底座等涂敷颜色应与瓶体的体色一致，瓶体上要用红漆写上仿宋体（或黑体）“乙炔、不可近火”字样。

乙炔瓶如图 3–2–11 所示。

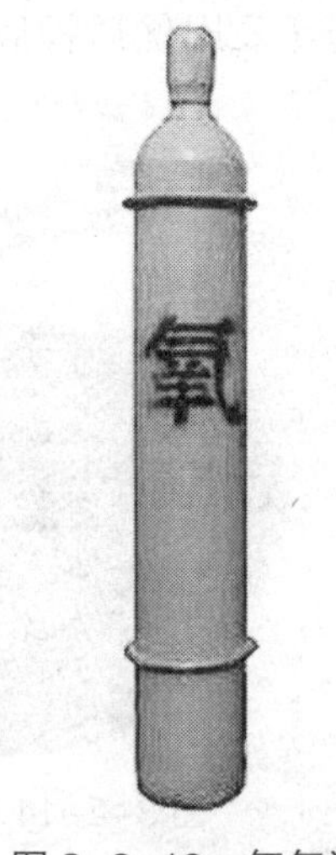

图 3–2–10　氧气瓶

图 3–2–11　乙炔瓶

（3）液化石油气瓶

液化石油气瓶外表体色为银灰色，瓶帽、底座等涂敷颜色应与瓶体的体色一致，瓶体上要用大红漆写上仿宋体（或黑体）“液化石油气”字样。

液化石油气瓶如图 3–2–12 所示。

（4）减压器

减压器又称压力调节阀。减压器按照用途不同分为氧气减压器和乙炔减压器。

减压器的作用是将氧气瓶和乙炔瓶中的氧气和乙炔减压至焊炬所需的工作压力供焊接使用。同时减压器还有稳压作用，在使用过程中始终保持所需工作压力的稳定状态。

减压器如图 3–2–13 所示。

图 3–2–12　液化石油气瓶

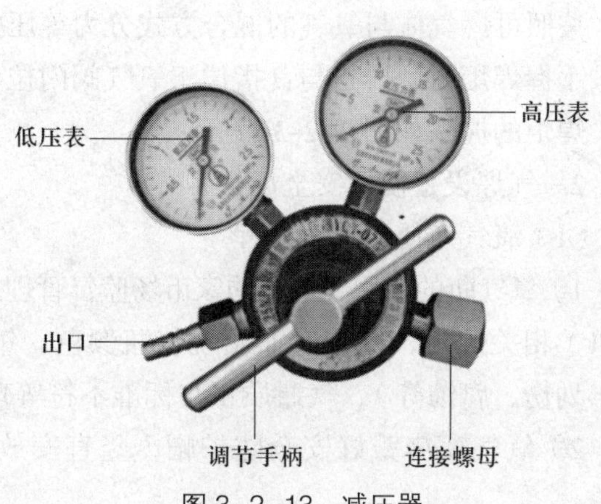

图 3–2–13　减压器

（5）橡胶软管

气焊用的橡胶软管分为三层，最里层为橡胶内衬层，最小厚度为1.5 mm；最外层为橡胶外覆层，最小厚度为1.0 mm；中间为增强层。橡胶软管采用优质橡胶掺入麻织物或棉织物制成，要求柔软、质量小、拉伸强度大，并能够承受足够的气体压力。橡胶软管的外覆层上每隔1 m都要标注最大工作压力、公称内径、执行标准等技术内容。

橡胶软管如图3–2–14所示。

橡胶软管可分为可燃气体橡胶软管和助燃气体橡胶软管，不得相互代用。国家标准《气体焊接设备 焊接、切割和类似作业用橡胶软管》（GB/T 2550—2016）中对焊接用橡胶软管的外覆层颜色作了规定。

橡胶软管的外覆层颜色见表3–2–1。

图3–2–14 橡胶软管

表3–2–1 橡胶软管的外覆层颜色

气体名称	外覆层颜色
氧气	蓝色
液化石油气（LPG）、甲基乙炔–丙二烯混合物（MPS）、天然气、甲烷	橙色
乙炔和其他可燃性气体（除LPG、MPS、天然气、甲烷外）	红色

（6）焊炬

焊炬又称焊枪，可使可燃气体与助燃气体按需要的比例均匀混合，控制两种气体的流量和比例由焊嘴喷出进行燃烧，产生焊接所需要的火焰。

焊炬按照尺寸和质量分为标准型和轻便型两类，按照火焰的数目分为单焰和多焰两类，按照可燃气体与氧气的混合方式分为等压式和射吸式两类。

手握焊炬时，拇指与食指位于氧气阀门位置，同时拇指还可以调节乙炔阀门。

焊炬的握法如图3–2–15所示。

2. 气焊设备使用安全规程

（1）氧气瓶使用安全规程

1）氧气瓶的使用要符合国家市场监督管理总局颁布的《气瓶安全技术规程》（TSG 23—2021）相关规定，检查时如发现气瓶颜色、钢印等辨别不清，检验超期，气瓶损伤（变形、划伤、腐蚀等），气瓶质量与标准不符等现象，应拒绝使用，并妥善处理。

2）氧气瓶应戴好安全防护帽，竖直安放在固定的支架上，并采取防止日光暴晒的措施。

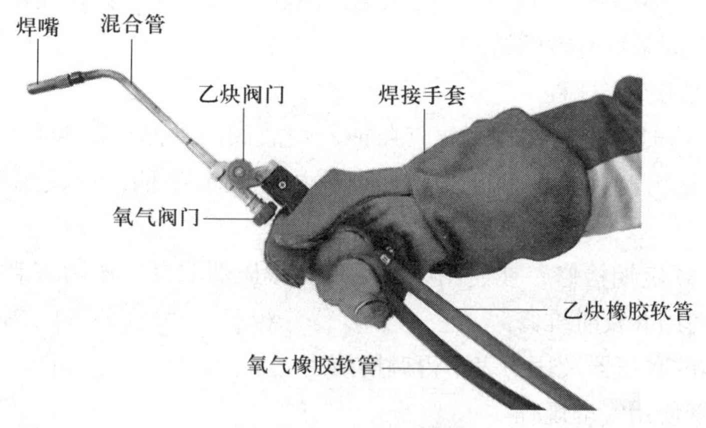

图 3-2-15　焊炬的握法

3）氧气瓶内的氧气不能全部用完，最后要留剩余压力为 0.1 MPa ~ 0.2 MPa 的氧气，以便充氧时鉴别气体的性质和防止空气或可燃气体倒流入氧气瓶内。尚有剩余压力的氧气瓶，应将阀门拧紧，标注“空瓶”标记。

4）在开启氧气瓶阀门和减压器时，人要站在侧面。开启的速度要缓慢，防止有机材料零件温度过高或气流过快产生静电火花而引起燃烧。

5）氧气瓶不得靠近热源，与明火的距离一般不得小于 10 m。

（2）乙炔瓶使用安全规程

1）乙炔瓶的使用要符合国家市场监督管理总局颁布的《气瓶安全技术规程》（TSG 23—2021）相关规定，检查时如发现气瓶颜色、钢印等辨别不清，检验超期，气瓶损伤（变形、划伤、腐蚀等），气瓶质量与标准不符等现象，应拒绝使用，并妥善处理。

2）搬运乙炔瓶时，严禁敲击、碰撞和施加强烈的振动。

3）乙炔瓶瓶体温度不应超过 40 ℃，不得靠近热源和电气设备，与明火的距离一般不得小于 10 m。

4）乙炔瓶应直立放置，严禁卧放使用。

5）乙炔瓶应装设专用的回火防止器、减压器。减压器与乙炔瓶阀门之间的连接必须可靠。严禁在漏气的情况下使用。

6）使用专用扳手开启乙炔瓶阀门时，操作者应站在阀口的侧后方，动作要轻缓。瓶内气体严禁用尽，冬天应留 0.1 MPa ~ 0.2 MPa 的剩余压力，夏天应留 0.3 MPa 的剩余压力。

（3）液化石油气瓶使用安全规程

1）液化石油气瓶的使用要符合国家市场监督管理总局颁布的《气瓶安全技术规程》（TSG 23—2021）相关规定，检查时如发现气瓶颜色、钢印等辨别不清，检验超期，气瓶损伤（变形、划伤、腐蚀等），气瓶质量与标准不符等现象，应拒绝使用，并妥善处理。

2）液化石油气瓶必须直立使用，使用场所应注意通风换气。在使用过程中一旦发生异常情况，必须立即采取有效的措施。

（4）减压器使用安全规程

1）使用减压器时，先缓慢打开氧气瓶或乙炔瓶阀门，然后旋转减压器的调节手柄，待达到所需要的压力时为止。停止工作时，先松开调节手柄，再关闭氧气瓶或乙炔瓶阀门。

2）减压器必须定期检修，在使用中如发现有减压器漏气、压力表表针动作失灵等情况，应立即停止使用并及时维修。

3）不同气体的减压器及压力表不得调换使用。

（5）橡胶软管使用安全规程

1）可燃气体橡胶软管和助燃气体橡胶软管的外覆层着色、内径、承压强度不同，不得相互代用。

2）气焊设备中橡胶软管的长度一般在 10 ~ 15 m 之间，不可短于 5 m，过长的橡胶软管中间过渡段最好采用防护带进行铺设固定。

3）橡胶软管的接头必须用卡箍卡紧。

4）定期检查橡胶软管，出现老化现象应及时更换。

3. 焊料与助焊剂

（1）焊料

常用的焊料有银铜焊料、铜磷焊料、铜锌焊料等。

铜磷焊料如图 3–2–16 所示。

为提高焊接质量，要根据焊件材料选用合适的焊料。铜管与铜管焊接可选用铜磷焊料，铜管与铁管或铁管与铁管焊接可选用银铜焊料或铜锌焊料。

（2）助焊剂

助焊剂具有较强的清除焊件金属氧化物和杂质的能力，使用助焊剂是为了增强焊料的流动性和填缝功能，防止焊件和焊料的继续氧化。常用助焊剂分为非腐蚀性助焊剂和活性化助焊剂两种。

助焊剂如图 3–2–17 所示。

4. 气焊操作方法

（1）焊接前的准备

1）场地检查

①焊接场地 10 m 内不得有火源，不得存

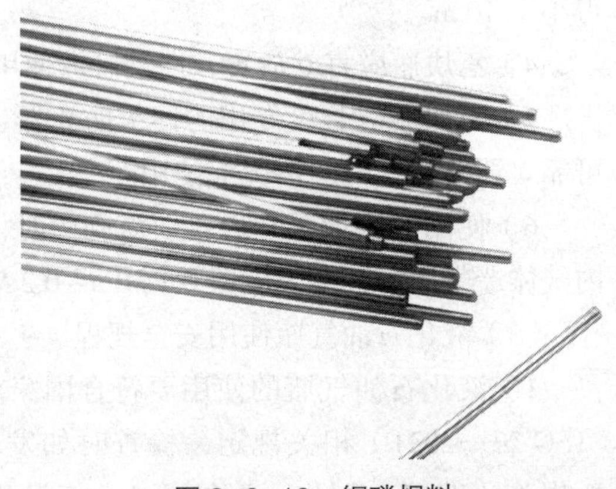

图 3–2–16 铜磷焊料

放易燃易爆物品。

②焊接场地要保证空气流通，检查焊接场地是否配备排风扇等通风设备，不得在封闭、暴晒的场地使用气焊设备。

③检查焊接场地是否配备消防设施，是否设置安全逃生疏散通道，是否有安全标示。

④焊接场地不得有其他安全隐患。

⑤填写场地检查安全报告单。

图 3-2-17 助焊剂

2）设备检查

①检查氧气瓶、乙炔瓶是否符合《气瓶安全技术规程》（TSG 23—2021）的相关规定。

②检查氧气瓶、乙炔瓶、氧气压力表、乙炔压力表、回火防止器、焊炬、橡胶软管接头等连接是否紧固牢靠，保证密封无泄漏，必要时应打压进行检测。

③严禁油脂沾染气焊设备和各类工具。

④检查橡胶软管的完好性和气密性，不得出现磨损、划伤、穿孔、裂纹、老化漏气等现象。

⑤检查压力表，确保部件齐全、功能完好。

⑥检查回火防止器，保证性能良好。

⑦检查氧气瓶、乙炔瓶安全距离是否符合要求。

⑧检查焊炬是否漏气、焊嘴是否有堵塞情况、焊炬的射吸性能是否符合使用要求。

⑨填写设备检查安全报告单。

3）焊接前的准备

①焊接前在可燃气体管道上悬挂警示牌。

②穿戴好劳动保护用品（棉质工作服与袖套、焊接滤光眼镜、焊接手套等）。

③准备焊接需要的图纸、技术标准。

④准备焊接需要的铜管管道、焊料、助焊剂等。检查制冷管道或部件密封情况，不得在带压或封闭状态进行焊接。

⑤填写焊接前的准备安全报告单。

4）焊接操作的技术规程

①严格按照操作规程使用气焊设备。

②根据工件选择合适的焊炬和焊嘴，并拧紧焊嘴确保无漏气。焊炬要放置在焊接架上，妥善保管。

③严禁将焊炬对准人或气焊设备、橡胶软管。

④开启氧气瓶阀门时，要使用专用工具，动作要缓慢，且不得面对减压器。

⑤紧急情况发生时，应迅速关闭焊炬上的乙炔阀门，再关闭氧气阀门。

⑥焊接完毕后，应关闭气瓶阀门、减压器阀门，检查现场，确认无安全隐患后才能离开。

（2）焊接压力的调节

调节氧气减压器和乙炔减压器，使氧气输出压力为 0.15 MPa ~ 0.2 MPa，乙炔输出压力为 0.1 MPa 左右，满足焊接所需。

（3）点火

气焊点火使用点火枪，常见的点火枪有打火式和脉冲式两种。

脉冲式点火枪如图 3–2–18 所示。

右手握住焊炬，左手逆时针开启乙炔阀门 1/4 圈，此时可听到乙炔气体从焊嘴喷出的声音。左手使用点火枪进行点火，点火后右手逆时针开启氧气阀门。使用点火枪点火时，点火枪不得正对焊嘴，应靠近焊嘴下方点燃，如图 3–2–19 所示。

若点火过程中发生“鸣爆”现象，大多是乙炔阀门开启过小所致，可适当调节乙炔量。

（4）调节火焰

氧气—乙炔焊接火焰可分为碳化焰、中性焰、氧化焰。氧气—液化石油气焊接火焰可分为碳化焰、氧化焰。

碳化焰、中性焰、氧化焰如图 3–2–20 所示。

焊接火焰的调节可通过调节焊炬乙炔阀门和氧气阀门的开启度来实现。

要调节火焰大小，可从先调出中性焰开始。若要使中性焰由大变小，操作步骤可以为减少氧气→出现羽状焰→减少乙炔→调为较小中性焰。若要得到较大的中性焰，操作步骤可以为增加乙炔→羽状焰变大→增加氧气→调为较大中性焰。

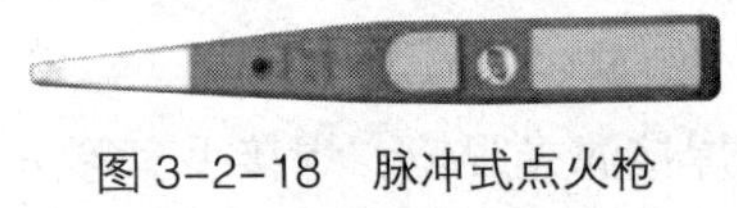

图 3–2–18　脉冲式点火枪

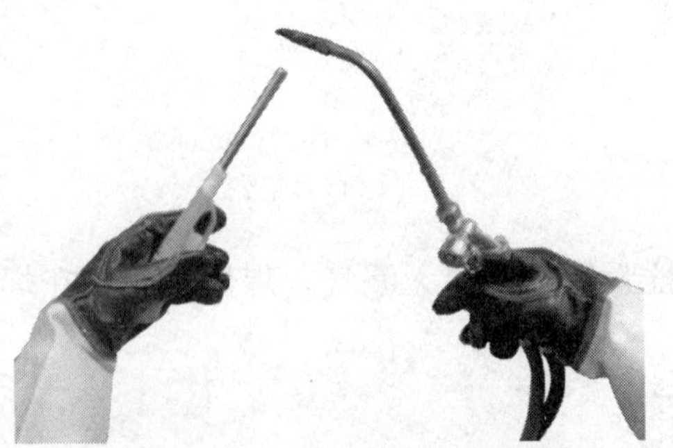

图 3–2–19　使用点火枪点火

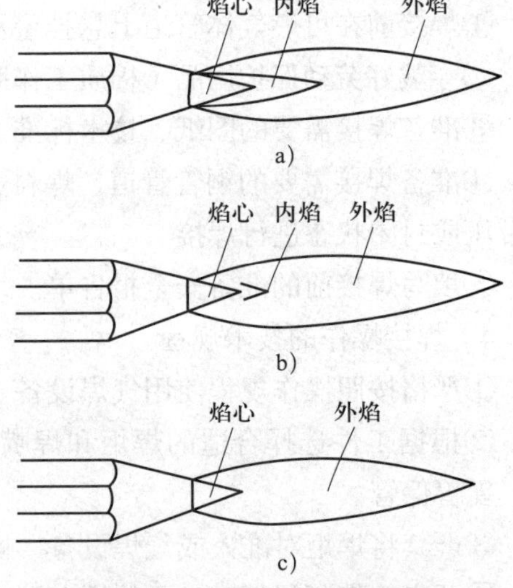

图 3–2–20　碳化焰、中性焰、氧化焰

a）碳化焰　b）中性焰　c）氧化焰

在气焊操作过程中还应随时注意观察火焰性质的变化，及时调节。

（5）火焰的熄灭

熄火操作时先顺时针关闭乙炔阀门，再顺时针关闭氧气阀门。

5. 铜管的焊接操作

（1）铜管的套管焊接结构

两根直径相同的铜管焊接，采用铜管—铜管套管结构进行。

铜管的套管焊接如图 3–2–21 所示。

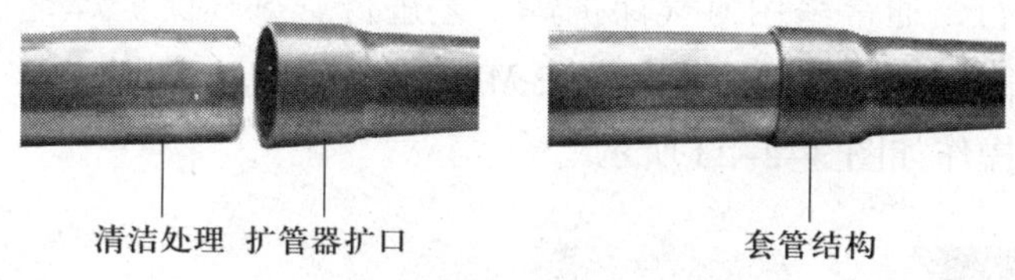

图 3–2–21　铜管的套管焊接

铜管—铜管套管的插入深度与配合间隙见表 3–2–2。

表 3–2–2　铜管—铜管套管的插入深度与配合间隙

管道外径 /mm	最小插入深度 /mm	配合间隙 /mm
6.35	6	0.05 ~ 0.21
9.52	7	
12.7	7	
15.8	8	0.05 ~ 0.27

（2）干燥过滤器—毛细管焊接结构

毛细管插入过深，容易穿透干燥过滤器内部过滤网；插入过浅，焊接时容易焊堵。通常情况下，毛细管插入量以 10 ~ 15 mm 为宜。

干燥过滤器—毛细管焊接结构如图 3–2–22 所示。

图 3–2–22　干燥过滤器—毛细管焊接结构

（3）铜管预加热

调节好焊接火焰，对固定在台钳上的铜管进行预加热。焊嘴垂直于铜管，火焰焰心尖端距铜管 2~4 mm，对准接口部位来回移动，使铜管均匀加热。当铜管的颜色呈暗红色时，达到焊接温度要求。

（4）铜管焊接

调整好焊嘴角度，外焰保持温度，将焊料前端伸到铜管接口部位间隙处，观察焊料待其充分熔化流满接口处间隙一周后移开焊炬，关掉乙炔阀门和氧气阀门，焊接完成。

铜管与铜管间的焊接过程中，内壁上产生的氧化物不易清除，为保证焊接质量和后期制冷系统的正常运行，通常采用氮气保护焊工艺进行。氮气保护焊是在整个焊接过程中，管道中都有流动的氮气，且流量控制在 0.02 MPa ~ 0.05 MPa。

氮气保护焊的操作如图 3-2-23 所示。

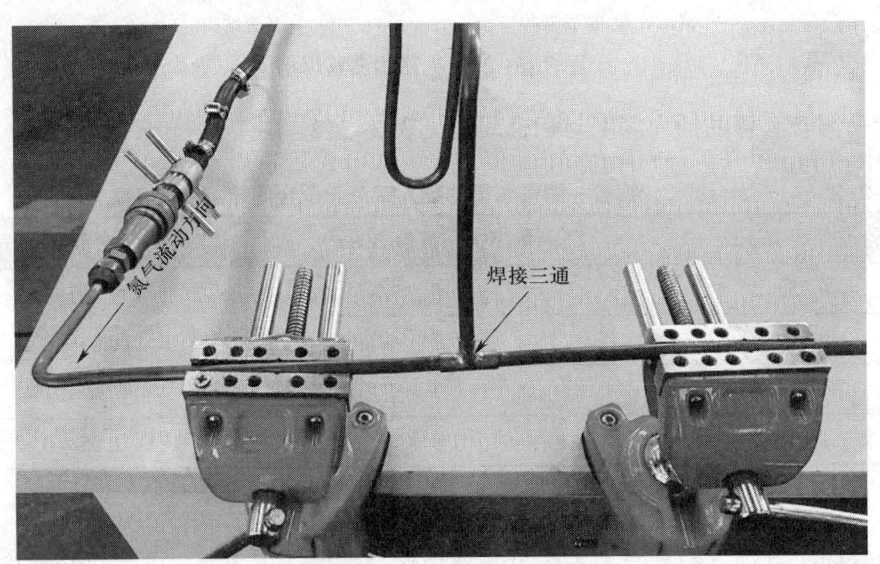

图 3-2-23　氮气保护焊的操作

（5）焊后检查

焊接的铜管完全冷却后，使用无砂百洁布打磨去除焊接氧化物及残渣，符合使用要求的焊口表面应圆润光滑、无砂眼、无气孔。如发现有缺陷或漏焊的情况，应二次补焊。

6. 气焊操作的安全规程

（1）焊接过程中不允许设备通电。

（2）必须正确使用符合标准的气焊设备、工具以及材料。

（3）焊口全部采用承接式焊接，焊接操作时要在气瓶减压器调节手柄处悬挂警示牌。

（4）焊接过程中必须做好零部件隔热散热保护，单向阀等零部件必须使用不滴水湿棉布包裹。火焰可能烧到、受高温影响较大的任何部位必须做好隔火、隔热保护。

（5）完成焊接操作后，必须把燃气燃尽，并关闭阀门、减压器，排空橡胶软管。

（6）焊接完成后，严禁用水直接进行冷却及清理工作。

§3-3　电冰箱常见故障的检修

学习目标

1. 掌握电冰箱故障检修基本操作。
2. 了解检查电冰箱故障常用的方法。
3. 熟悉检查电冰箱故障的一般步骤。
4. 了解电冰箱常见的假性故障。
5. 掌握电冰箱常见故障现象、原因分析与故障排除。

一、电冰箱故障检修基本操作

1. 制冷系统的检漏操作

制冷系统容易产生泄漏的部位有压缩机焊接部位以及蒸发器、冷凝器、干燥过滤器、毛细管、电磁阀等部件和连接管道各焊点处。

常用的检漏方法有以下几种。

（1）目测检漏

制冷剂与冷冻机油有较强的互溶性，制冷剂泄漏时会和冷冻机油同时漏出，因此泄漏部位常有油污出现。仔细查看制冷系统各焊接点及易漏部件，一旦发现油污，基本上就能找到漏孔。

（2）充气保压

向制冷系统充入一定压力的氮气，观察压力表上压力数值是否下降，若压力数值维持不变，表明制冷系统无泄漏；若压力数值下降，表明制冷系统存在泄漏。发现泄漏后可采用分段充气保压的方法，将制冷系统分成高压段和低压段，分别进行充气保压，以确定具体泄漏点。

在充气保压过程中，可以对制冷系统外露部分的管道接头、焊点等可疑处进行泡沫检漏。用毛刷蘸洗洁精搅拌成泡沫状，涂抹在可疑处，观察被检部位，如有气泡溢出，表明此处存在泄漏。对于单个制冷部件的检漏，可采用充气浸水的方法，将单个制冷部件管口密封后冲入氮气置于水中，观察水面有无气泡产生。

（3）使用电子检漏仪检漏

电子检漏仪是对制冷剂泄漏进行检测的专用工具。检漏时将探头靠近可能泄漏的部位，缓缓移动探头寻找漏点，接近漏点时，扬声器发出叫声，泄漏指示灯被点亮。

（4）真空检漏

使用真空泵对制冷系统抽真空后，观察真空度情况，压力表指示压力回升表明制冷系统有泄漏。

2. 制冷系统的抽真空操作

电冰箱制冷系统在充注制冷剂前必须抽真空，真空度不得低于 133 Pa。抽真空过程中，制冷系统内残存的不凝性气体及内部的水分也得到排除。此外抽真空也是对制冷系统气密性很好的检验。

（1）低压单侧抽真空

专用组合阀一端接压缩机，另一端接真空泵。启动真空泵，打开专用组合阀，抽真空至 133 Pa，停止抽真空之前先关闭专用组合阀，再切断真空泵电源。

低压单侧抽真空如图 3–3–1 所示。

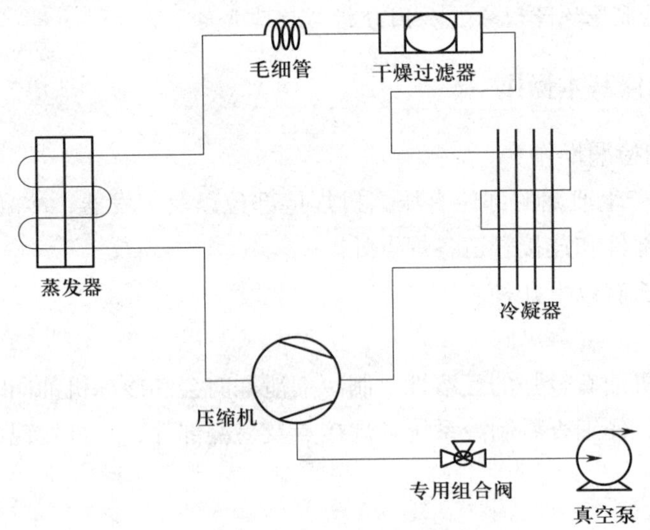

图 3–3–1 低压单侧抽真空

低压单侧抽真空工艺简单，操作方便。但受毛细管流阻的影响，高压侧的真空度低于低压侧，要让整个系统的真空度达到要求，就要延长抽真空的时间。

（2）高、低压双侧抽真空

高、低压双侧抽真空是在低压单侧抽真空的基础上，从双进孔干燥过滤器引出工艺管接专用组合阀，实现制冷系统高、低压两侧同时进行抽真空操作，这种抽真空方法所需时间短，且整个系统真空度大大提高。

高、低压双侧抽真空如图 3–3–2 所示。

3. 制冷系统的充注制冷剂操作

电冰箱铭牌上标注有制冷剂名称及充注量，充注量通常在 80 ~ 200 g 之间，误差不应超过 5 g。

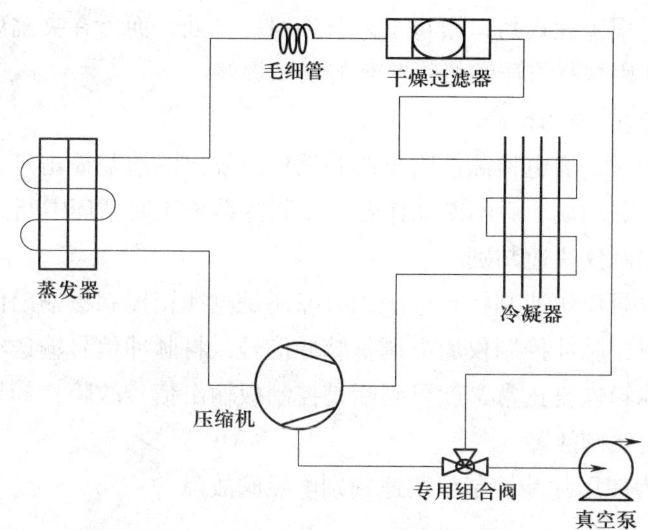

图 3–3–2　高、低压双侧抽真空

制冷剂充注量的控制方法有以下几种。

（1）称重法

按照电冰箱铭牌标注的制冷剂充注量，使用电子秤进行称重后加入制冷系统。

（2）综合判断法

根据压力表数值变化，判断制冷剂充注量是否合适。电冰箱工作稳定后运行压力为 0.02 MPa~0.07 MPa，停机时压力为 0.12 MPa~0.15 MPa。低压吸气管表面凝露但不可结霜，蒸发器表面霜层厚薄均匀，冷凝器上部温度最高，下部温度最低且比环境温度稍高。

4. 制冷系统的吹污与清洗操作

制冷系统的吹污可采用瓶装氮气，调整好氮气压力后，对受到污染的管道或部件进行吹冲。氮气吹污最好分段吹冲，氮气沿与制冷剂流动相反的方向吹冲。吹冲过程中，用手指堵住管道或部件的氮气气流出口端，聚集压力后再松手释放，利用氮气间断性的冲击力清除污物。也可采用对受到污染部位局部进行加热的方法，提高吹冲效果。

对受到污染严重，已经堵塞制冷系统的管道或部件，可采用清洗的方法。加入清洗剂，静置后使用氮气将清洗剂吹除干净。用白纸挡在出口端，吹除后检查白纸洁净程度，不得出现污点、水分等。

5. 制冷系统的加注冷冻机油操作

冷冻机油减少后，需要对压缩机补充冷冻机油，一般采取低压吸入法。专用组合阀连接压缩机工艺管、冷冻机油容器接口与真空泵进行抽真空操作，达到真空度要求后，打开专用组合阀开关，冷冻机油吸入压缩机。

6. 制冷系统的封口操作

电冰箱充注制冷剂完毕后，在压缩机运转状态下，先用焊炬外焰将工艺管在距压缩机外壳 10 cm 处加热，用手握式封口钳将工艺管夹扁一二处，而后在夹扁处外 2～3 cm 处用钳子切断工艺管，并用焊料将压缩机工艺管的切口焊好。

7. 双稳态电磁阀故障的检修

电磁阀正常工作时，通电检测能听见阀芯动作时发出的清脆撞击声，电磁阀的进、排气管有通断转换。电磁阀损坏后不能动作转换，制冷系统流通循环中断。

（1）使用脉冲控制仪快速判别

使用脉冲控制仪可以快速判别是电磁阀故障还是电冰箱控制板输出信号故障。将电磁阀接线从控制板拆下，脉冲控制仪通电调整脉冲信号，将脉冲信号输送给电磁阀端子，开机试运行，如果电冰箱恢复正常，就可判断是控制板输出信号故障；如果电冰箱没有恢复正常，就可判断是电磁阀故障。

图 3–3–3 所示为使用脉冲控制仪快速判别电磁阀故障。

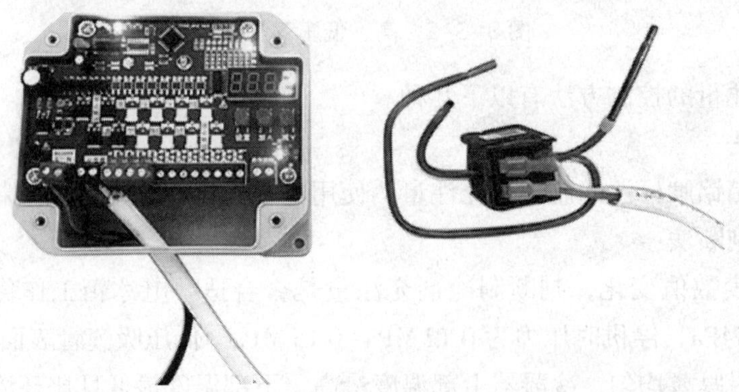

图 3–3–3　使用脉冲控制仪快速判别电磁阀故障

使用万用表检测电磁阀线圈电阻值，与标称值进行比较，就可判断电磁阀线圈开路、短路故障。

（2）电磁阀阀体故障

电磁阀阀体内部闭合不严或阀体内部堵塞，可采用敲击法排除，严重时予以更换。

二、检查电冰箱故障常用的方法

检查电冰箱故障常用的方法一般可分为询问、观察、耳听、手摸、测试分析等。通过以上方法的综合运用，进行检查分析与判断，逐步缩小故障范围，找出故障点进行检修。

1. 询问

询问电冰箱的故障现象、使用场合、使用年限。例如：询问电冰箱损坏时有无停电、电压是否出现异常；发生故障时有无鸣爆、冒烟等情况发生；是突然损坏还是逐渐形成。根据询问了解电冰箱的综合情况，帮助分析故障产生原因和故障范围。

2. 观察

观察电冰箱整体外观是否存在缺欠。例如：箱体外壳是否有收缩凹陷；门封条与门体是否密闭良好；内胆有无开裂损坏；各部件及电路连线是否松动脱落；制冷管路的每个焊接处是否有油迹，若发现制冷系统的某个部位有油迹，说明此处有渗漏。

打开电冰箱箱门，观察蒸发器结霜的情况。制冷正常的电冰箱的蒸发器上应结有均匀的霜层，若发现蒸发器表面无霜、部分结霜、结霜不实等，说明制冷系统存在故障。

3. 耳听

接通电冰箱的电源，正常情况下压缩机应能迅速启动，发出轻微而且有节奏的运转声。

如果压缩机发出沉闷的呜呜声响，连续听到“吧嗒”的启动继电器触点断开、吸合的声音，还伴有压缩机的颤动，最后听到过载保护器“叭”的一声响，说明压缩机有故障。压缩机运转时，如果听到压缩机外壳内发出“嗤”的喷气声，说明压缩机排气缓冲管断裂漏气。压缩机运转时，如果压缩机外壳发出“铛铛”的撞击声，说明压缩机内支撑弹簧断裂、疲劳变形或松脱。

制冷系统工作正常时会发出类似流水的“嗤嗤”气流声响，如果听到蒸发器内有断续的咕嘟声响、周期性较长的断续喷气声，说明制冷系统有故障。如果听到蒸发器内只有气流声，但是蒸发器表面不结霜，说明制冷系统内没有制冷剂。

如果听到电冰箱整体发出较强的金属撞击声响，说明制冷系统管路相互碰撞、压缩机与箱体底座螺栓松动等原因引起共振。

4. 手摸

用手触摸电冰箱制冷系统各个部件、管路，根据温度变化来判断故障。

（1）用手摸电冰箱冷凝器

正常的电冰箱冷凝器温度是上部最热（55 ℃左右），中间稍热（32 ℃左右），下部接近室温，夏季冷凝器整体温度稍高一些，冬季冷凝器整体温度稍低一些。对于内藏式冷凝器，用手触摸电冰箱的侧面或背面，分布规律与上述相近。如果手摸冷凝器感觉过热，可能是制冷剂充注量过多、制冷系统中有空气、冷凝器表面积尘过脏等故障；如果冷凝器不热，可能是制冷剂泄漏、制冷系统堵塞、压缩机效率下降等故障。

（2）用手摸电冰箱压缩机

压缩机正常工作状态下外壳很热，夏季气温高，外壳热的程度更加严重些。用手摸压缩机外壳，如果没有温度，可能是压缩机没有启动；压缩机外壳过于烫手，可能是电冰箱长时间运转不能停机。手摸高压管会感觉烫手，手摸低压管会感觉冰冷，如果高压管不热、低压管不凉，可能是制冷系统有故障。

（3）用手摸电冰箱蒸发器

电冰箱制冷一段时间后，用手蘸水轻轻触摸蒸发器表面，应有粘手的感觉。如果用手触摸之处的霜层瞬时融化，表面制冷效果不佳。

（4）用手摸电冰箱干燥过滤器

正常工作状态下，电冰箱干燥过滤器的表面温度接近于室温，手摸时应有微热的感觉，若出现明显比室温低或有结露、结霜现象，可能是电冰箱干燥过滤器内部堵塞。

5. 测试分析

采用询问、观察、耳听、手摸等方法只是对制冷系统所发生的故障做出了初步的判断，由于电冰箱制冷系统和电气控制系统相互关联，彼此影响，单凭某种故障现象不能准确无误地判断具体的故障部位，需要结合测试分析等综合方法的应用来进行判断。

（1）用温度计测量电冰箱各处温度是否符合标准。

（2）用电子检漏仪检测电冰箱各个焊接点是否存在泄漏。

（3）用电流表检测电冰箱的运行电流。

三、检查电冰箱故障的一般步骤

家用电冰箱作为一种耐用消费品，其设计寿命一般为 8～15 年，在整个使用周期中，可以根据时间特征分析判断发生故障的规律性。

电冰箱有两个时间段是故障的多发阶段，一个阶段是从刚开始使用到运行一年左右，这个时期一般是由于生产制造过程中产品质量问题，工艺缺陷，使用、维护、保养不当造成损坏等原因；另一个阶段是电冰箱使用至接近、达到设计寿命年限期间，主要是电冰箱各种部件磨损和性能老化造成。电冰箱发生故障要根据时间特征、类型特征、使用情况等综合因素进行检查。

1. 检查电冰箱电气控制系统故障的步骤

（1）检查电冰箱的使用电源电压与电冰箱铭牌标称电压是否相符。测量电冰箱的绝缘电阻，整机不得低于 2 MΩ。

（2）检查电冰箱电气控制系统的电路与接线。检查启动继电器启动是否正常，压缩机启动与运转是否正常。

2. 检查电冰箱制冷系统故障的步骤

（1）明确制冷系统的管路分布，通过检查外观判断故障部位

结合电冰箱管路分布图等相关技术资料，理清制冷系统各部件和相互间管路的连接关系，分析判断出连接口的数量及位置，仔细检查制冷系统各个裸露部位表面是否有油迹或机械损伤。

（2）检查制冷系统运行状态判断故障部位

电冰箱通电运行 20 min 后，检查蒸发器表面是否有均匀的实霜，若不结霜有可能是制冷系统出现泄漏、脏堵或者压缩机故障；若结霜很少，有可能是微堵或制冷剂泄漏。

四、电冰箱常见的假性故障

电冰箱假性故障是指在实际使用过程中，因使用调节不当、环境条件发生变化出现一些类似于异常现象的情况。电冰箱常见的假性故障有以下几种。

1. 电冰箱外壳发热

电冰箱正常工作过程中，电冰箱箱体两侧面、门框处或后背会产生较高的温度，尤其是夏季气温较高时，温度最高可达 50～60 ℃。这是由于电冰箱的散热管道通过电冰箱的箱体外壳向外散发热量，属于正常现象。

2. 电冰箱外壳或门体上有凝露

每年的梅雨季节和湿度较大的环境中，电冰箱门框处会产生凝露。由于电冰箱在高温高湿环境中使用时，箱体外壳或门体表面温度较低，空气中的湿气就会凝聚在电冰箱外壳或门体表面，当空气相对湿度超过 80% 时，电冰箱外壳或门体表面就可能出现珠状凝露，不属于电冰箱故障。

3. 冷冻室结冰较厚

当冷冻室箱门关闭不严、开门次数过多、储存食物水分太多、温度控制器控温点偏高时，容易产生此类现象，该现象属于使用调节不当造成。

4. 电冰箱冬季时不易启动

冬季气温过低时，电冰箱的内外温差减小，电冰箱制冷停机后的箱温难以回升至调定值，电冰箱难以启动。

5. 电冰箱发出“咕噜”流水声响

电冰箱工作时，制冷剂在电冰箱的制冷管道中循环流动会发出“咕噜”流水声响，有时在停机后仍可听到，这是制冷剂在系统内压力平衡时的运动惯性造成的，属于正常现象。

6. 电冰箱发出“啪啪”声响

电冰箱工作一段时间后，发出无规律的“啪啪”声响，这是箱体内金属管道、塑料部件、绝热材料以及箱体外壳等因热胀冷缩不一致造成的正常现象。

五、电冰箱的直观检查

1. 通电试机

接通电源，电冰箱应正常启动，压缩机发出轻微的运转声响，电冰箱显示屏显示箱内温度，显示屏显示应清晰、无笔画缺省，按键应灵敏准确。打开电冰箱箱门，照明灯应亮，光度柔和无死角。

（1）启动性能

人工操作开、停机 3 次，每次开机 3～5 min，停机 5 min，检查启动是否正常。

（2）制冷性能

1）将温度控制器的温度调节旋钮置于中间位置，关闭箱门运行 30 min 后，检查电冰箱降温情况。直冷式电冰箱冷冻室内四壁面应结霜，手指蘸水接触四壁面应有冻粘感觉。风冷式、风直冷式电冰箱可在开门状态下，按下门开关，此时应有较低温度的冷气吹来。

2）手摸电冰箱的散热位置，正常时应有温热感，环境温度较高时有烫手的感觉。

3）在制冰盒内装入冷冻室有效容积 5% 的水，应在 2 h 内凝结成冰。

4）周围环境温度为 32 ℃ ±1 ℃时，压缩机连续运转，冷藏室内温度降到 10 ℃、冷冻室内温度降到 –5 ℃所需时间不应超过 2 h。

2. 噪声和振动

电冰箱的噪声主要是压缩机运转、管路和箱体共振发出的声音，应控制在允许范围内。手接触电冰箱箱体时，有轻微振动的感觉，不得出现明显金属撞击等其他振动声响。

六、电冰箱常见故障现象、原因分析与故障排除

1. 电冰箱常见故障现象、原因分析

电冰箱的常见故障主要有电冰箱通电后不能启动运行、电冰箱出现异常噪声、电冰箱运行后不制冷或制冷效果差、电冰箱制冷不停机或箱内温度过低等。

（1）电冰箱通电后不能启动运行

这种故障的原因大致有电源供电问题（电压过高或过低）、电源线或电气部件连接线断路、启动或保护部件损坏、压缩机电动机绕组断路或短路、压缩机机械损坏、电路控制板损坏、温度控制器损坏。

（2）电冰箱出现异常噪声

这种故障的原因大致有电冰箱没有放平（调平脚没有调平）、制冷管道相互碰撞、箱体或零部件松动（接水盒脱落未装好）、压缩机机械损坏、压缩机底座减振胶垫调节不当。

（3）电冰箱运行后不制冷或制冷效果差

这种故障是制冷系统出现问题造成的，原因大致有制冷剂泄漏、压缩机排气不良、电冰箱箱外散热不良或箱内通风循环不佳（风冷式电冰箱风道堵塞）、制冷系统管路堵塞、制冷系统部件损坏、电路控制板损坏、温度控制器损坏。

（4）电冰箱制冷不停机或箱内温度过低

检查温度控制器控温范围是否合适、电冰箱内存储食物是否太多、风冷式电冰箱风道或风门是否堵塞或开闭正常。这种故障的原因大致有温度控制器损坏（压力式温度控制器感温包泄漏、调节机构失灵或触点冻结，电子式温度控制器传感器损坏或电阻值漂移）、电路控制板损坏。

2. 电冰箱常见故障的排除流程

（1）直冷式电冰箱故障排除流程

直冷式电冰箱不制冷故障排除流程如图 3–3–4 所示。

直冷式电冰箱压缩机正常运转但不制冷或制冷效果差故障排除流程如图 3–3–5 所示。

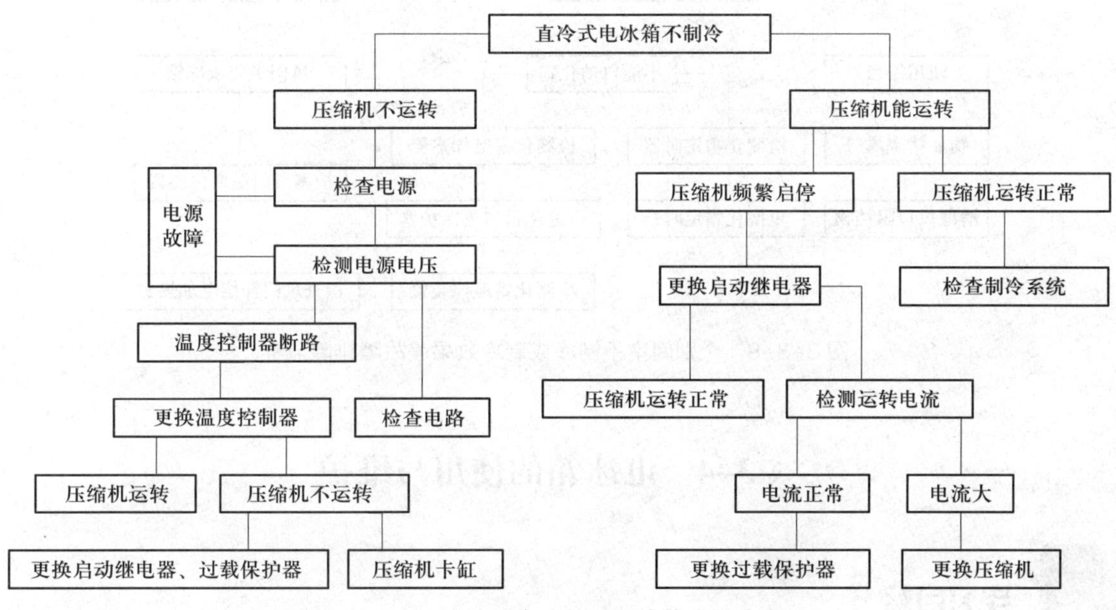

图 3–3–4　直冷式电冰箱不制冷故障排除流程

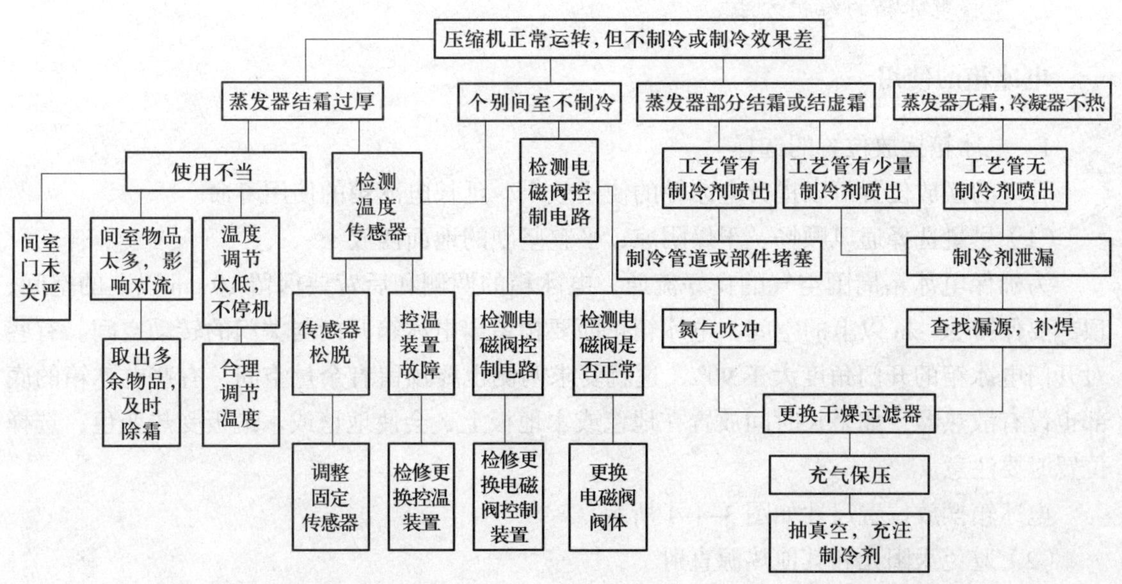

图 3–3–5　直冷式电冰箱压缩机正常运转但不制冷或制冷效果差故障排除流程

（2）间冷式电冰箱故障排除流程

个别间室不制冷或制冷效果差故障排除流程如图 3–3–6 所示。

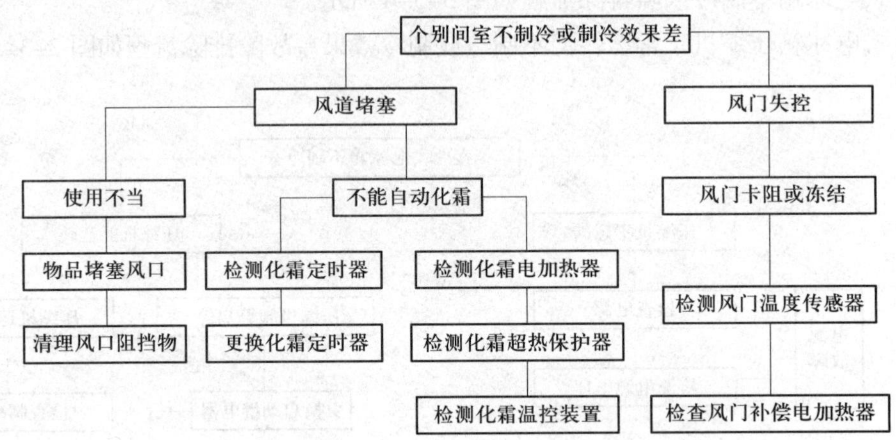

图 3–3–6　个别间室不制冷或制冷效果差故障排除流程

§ 3–4　电冰箱的使用与维护

学习目标

1. 了解电冰箱的使用知识。
2. 掌握电冰箱的维护方法。

一、电冰箱的使用

1. 电冰箱摆放位置的选择

合理的摆放位置可以提升电冰箱的使用效果，延长电冰箱的使用寿命。

（1）尽量选择通风顺畅、干燥阴凉、平整坚硬的地面摆放

为确保电冰箱周围空气的良好流通，电冰箱的两侧和后背要保留 10 cm 以上的空间，顶部要保留 30 cm 以上的空间，电冰箱正面要预留出电冰箱开门与关门的转动空间。有些对开门电冰箱的开门角度大于 90°，这就要求两侧也要预留有余量空间。有些电冰箱的底部也设有散热器，如果长时间放置在地毯或木地板上，会使地毯或木地板受热变色，选择位置时要注意。

电冰箱摆放位置尺寸如图 3–4–1 所示。

（2）避免太阳光和其他热源直射

摆放在厨房的电冰箱，要远离燃气灶、火炉等热源，以免影响冷凝器、压缩机的正常

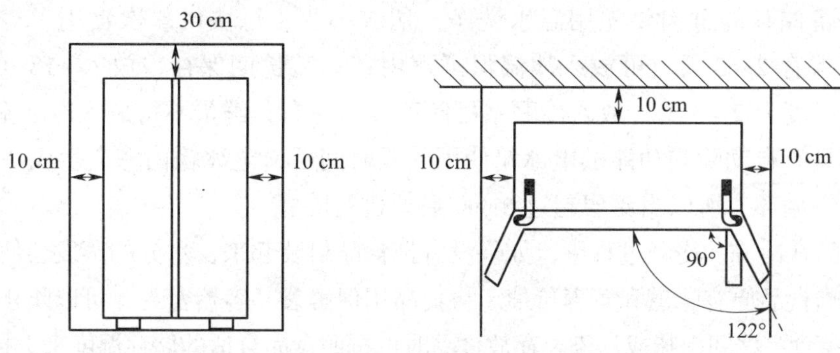

图 3-4-1　电冰箱摆放位置尺寸

散热。厨房产生的油烟、湿气等环境，会对电冰箱的漆层、金属件产生损害作用，甚至会降低电气绝缘程度，必要时应采取相应的防护措施。

2. 摆放的要求

选择好位置后放下电冰箱，调整调平脚，使电冰箱与水平地面保持垂直平稳的状态，用手轻轻晃动电冰箱，看看有无松动，务必使调平脚与地面接触牢靠。调整调平脚使电冰箱前高后低，前面约高出后面 2 cm，以便电冰箱排水和关门。安装不平稳是引起振动和噪声的主要原因，为了减轻振动、降低噪声，必要时可以在电冰箱四脚下铺垫防振胶垫，不要将外包装底托放在电冰箱下面。

3. 电源的要求

我国家用电冰箱技术要求中规定电源电压为 220 V，电源频率为 50 Hz。先核实使用时的电源电压是否与电冰箱技术参数中标注的电压数值相符，若不相符则不得使用。

电冰箱电源插座要使用符合标准的专用三孔插座，并保证安装有牢固的接地装置，不得与其他电器设备混用。电冰箱的启动电流是正常运转电流的 3 ~ 5 倍，连接插座的导线要单独布线，线径要保证有足够的电流通过。对于经常停电、长期电压不稳定的地区，为保证电冰箱的正常使用，可以加装具有延时保护功能的电冰箱稳压器。

插拔电冰箱电源时，不得湿手触摸电冰箱电源插头，插入电源插头时要使插头完全插入到插座内。不可采用拉扯电线的方式拔出电源插头。维修、清洁电冰箱时必须拔掉电源插头。

4. 电冰箱的使用安全

（1）电冰箱停机或电源被切断后要间隔 3 ~ 5 min 再接通电源，停电时要把电冰箱电源切断，防止再来电时浪涌电流过大损坏电冰箱。

（2）存取食品时，尽量减少开门次数，缩短开门时间。较热的食品要冷却到室温后放入。电冰箱内存放的食品不宜太多，带有纸质包装的要去除包装，带有水分的食品要滤除多余水分后放入电冰箱，以免大量水分蒸发形成过多的冰霜。食品间要留有合适的空隙便于冷气对流。冷冻室内不能存放全封闭包装的液体饮料，否则会冻结而爆裂。

（3）准备储存的鲜肉要先用温水洗净，切成小块（每块供一次食用），分装在容器中。如只想保存 2 ~ 3 天，可放入冰温保鲜室内；如需长期保存，放入 −18 ℃冷冻室内。鲜蛋的适宜温度为 2 ~ 5 ℃，放入冷藏室可储存 2 周左右，鲜蛋不得放入冷冻室内。

（4）不具有自动除霜功能的电冰箱使用一段时间后，电冰箱内壁会生成一层霜，由于霜会阻碍冷气循环，所以当霜层超过 5 mm 后要进行除霜。

（5）食品在冷冻、冷藏过程中，如果没有把食品封装起来，水分的蒸发会使食品脱水发生干缩，影响食品原有味道和营养价值。将食品用保鲜袋、容器密封，可以防止食品发生干缩，还可避免食品之间串味或污染。存放食品时可按照食品合适的储存温度来选择存放位置。

1）冷冻室

可存放冻结的肉类、鱼类、家禽类，也可用来制冰。

2）冷藏室

温度范围为 0 ~ 10 ℃，适合存放副食品、牛奶、禽蛋、饮料、酒类、调味品以及各种罐头和瓶装食品。

3）果菜室

存放水果、蔬菜时要把表面水分擦干，用保鲜袋封装，降低食品内部水分子活性，抑制水分流失，有效保持果蔬原有的营养成分和色泽风味。

4）冰温保鲜室

温度范围为 −2 ~ 3 ℃，可存放短期准备食用的鲜肉、鲜鱼、海鲜、乳制品、茶叶等，既能保鲜又不会冻结，切取方便。

5）变温室

温度范围为 −1 ~ −18 ℃，把温度调低可存放速冻类食品，把温度调高亦可作为冷藏室的补充使用。

5. 电冰箱的温度调节

安装在电冰箱内的温度控制器温度调节旋钮上标注有一圈数字 0 ~ 7，表示对电冰箱内温度的控制范围。电冰箱内温度控制器的调节如图 3–4–2 所示，所调的数字越大则控制温度越低。其中，调节到 1 ~ 2 为电冰箱箱内温度较高的范围，3 ~ 4 为电冰箱正常使用温度范围，5 ~ 6 为电冰箱箱内温度较低的范围，7 为高冷范围，可达到电冰箱最低的温度。季节不同温度控制器的调节范围也不同，一般夏季调到 2 ~ 3，春秋季调到 3 ~ 4，冬季调到 4 ~ 5，当室内温度低于 10 ℃时，调到 6 并打开温度补偿开关。

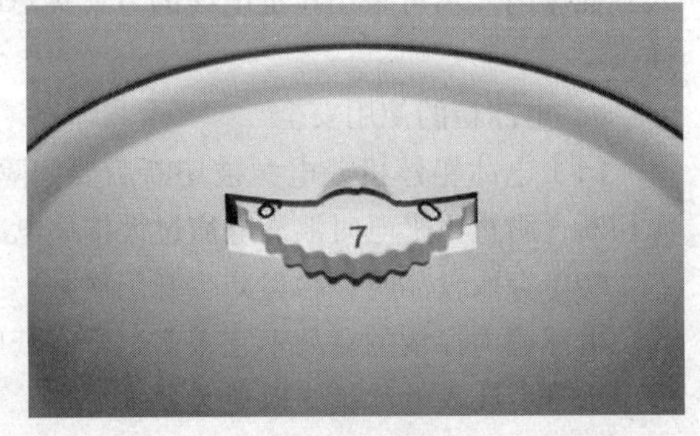

图 3–4–2　电冰箱内温度控制器的调节

有的电冰箱在箱门外装有带显示屏的控

制面板，用来控制电冰箱冷冻室、冷藏室、变温室的温度，可直接通过显示的数字来设定温度值。电冰箱带显示屏的控制面板如图 3–4–3 所示，使用方法如下。

（1）持续按住解锁键 3 s 以上解除锁定。

（2）轻按冷藏调节键，冷藏室温度显示开始闪烁，显示上次设定温度。

（3）此时连续按动冷藏调节键，温度在 0 ~ 10 ℃循环改变。

到达所需要的温度后，停止按键操作超过 5 s，温度显示停止闪烁，设定生效。

变温调节与冷冻调节的方法和冷藏调节基本相同。

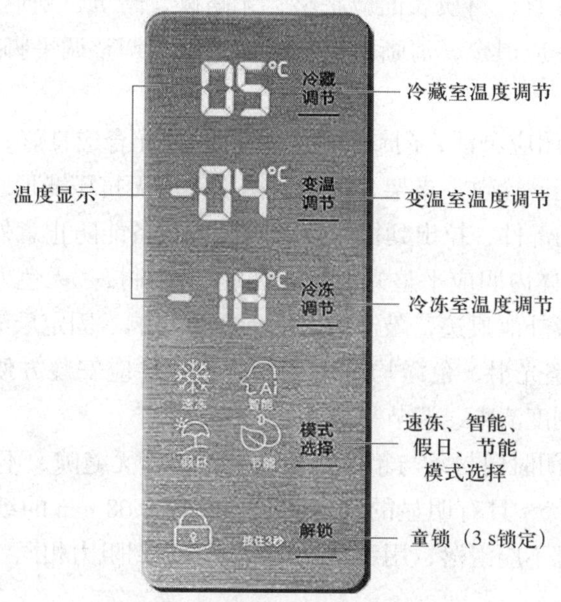

图 3–4–3 电冰箱带显示屏的控制面板

二、电冰箱的维护保养

1. 电冰箱背后的冷凝器和压缩机表面应保持清洁，经常清扫上面的灰尘，可用软刷和吸尘器除尘，以提高散热效能，降低电耗。

2. 电冰箱外表面和各种附件应经常保持干燥清洁，清洗电冰箱时，必须切断电源。用软布蘸上温水擦洗后再用清水洗净擦干。不要用有腐蚀性的溶液擦洗，更不要用水冲洗电冰箱。

3. 定期清洁门封条，防止门封条过脏发生霉变，影响食物卫生安全。用软布蘸少许掺有中性清洗剂的温水擦洗，门封条上不要吸附铁屑等铁质金属物。

4. 电冰箱顶部不要放置重物，以免长时间受压使箱体变形。

5. 切勿在电冰箱内或附近使用或存放醚、苯、酒精、药品、液化石油气、喷雾剂或化妆品等易燃品。

6. 遇空气湿度较大的天气，电冰箱开机运转时，靠近门体的表面会有细微的水珠产生，这是正常的凝露现象，用干净软布擦去即可。

三、通电前检查

1. 电冰箱整体应色泽均匀，表面喷涂漆膜光滑无气泡、疵点。电镀件的装饰镀层应光滑细密，色泽均匀，不应有斑点、针孔、起泡和镀层剥落等缺陷。塑料件应平整光滑，色泽均匀，不应有裂痕、气泡、明显缩孔和变形等缺陷。箱体和门体切边、折弯等钣金工艺应精确可靠、牢固平直。材质表面应平整，无磕碰、暗坑、划痕。电冰箱商标、铭牌、能耗、条形码等信息一应俱全，清晰醒目、牢固平整。调整调平脚后电冰箱应安放平稳、无晃动。

2. 箱门开启与关闭应灵活，门铰链、门转轴间隙配合应良好，搁架抽屉应推拉顺滑无异常噪声，存取便捷。导轨、支架、滚轮、拉手等应无挤压变形、开裂、脱落等异常现象，所有带制动装置的部件，拉出到极限位置时，应具备能防止意外跌落的措施。

3. 真空成型的箱体内胆应平整光滑，无裂痕、无拼接、无色差。箱体、门体应发泡均实，接缝处无发泡液外泄痕迹，敲击内表面无空洞声响。固定层架、制冰盒、搁架、托盘等塑料件表面应平整光滑、色泽均匀无变形。各部件应安装方便，易于拆卸，方便清洁。温度调节旋钮应刻度清晰、调节平顺。

4. 电冰箱箱门关闭时门封条与箱体四角应平整严密无缝隙、不变形。手拉开箱门时，门封条叠层应有拉伸状，且有明显的开启阻力。将厚 0.08 mm 的纸片夹持在箱门任何一处，关闭箱门时纸片都不应滑落，用手拉纸片时应感觉到阻力相同。

四、电冰箱的搬运

1. 取出电冰箱内的食品，将所有箱内易脱落、易碎的部件如搁架等拿出。用胶带封闭箱门，固定牢固。将调平脚顺时针方向拧紧，防止搬运过程中损坏。

2. 为保障安全，应由两个人搬运电冰箱底部。不能在门把手、箱门、冷凝器等部件上用力。

3. 搬运电冰箱时不得剧烈振动摔撞，垂直方向倾斜要尽可能小。

第四章　空调器的结构与原理

§4-1　空调器的种类、型号与结构形式

学习目标

1. 熟悉空调器的分类、型号命名、主要性能指标。

2. 掌握空调器的结构形式。

一、空调器的种类

空调器的全称是空气调节器，能对空气的状态进行调节，使室内空气的温度、湿度、流动速度及清洁度等参数维持在一定范围内，满足工艺生产或人们对舒适环境的需求。

1. 按主要功能分类

空调器按主要功能进行分类，可分为单冷型空调器与冷热两用型空调器。

（1）单冷型空调器

单冷型空调器仅有制冷、除湿功能，主要用于夏季室内降温，适用环境温度为18~43 ℃。

（2）冷热两用型空调器

冷热两用型空调器既能提供冷量又能提供热量，夏季可以制冷与除湿，冬季可以制热。冷热两用型空调器可分为三类：电热型、热泵型、热泵电辅助加热型。

电热型空调器是在单冷型空调器基础上加装电加热元件，冬季制热时，电加热元件通电加热，风扇将热量送入室内。

热泵型空调器是在单冷型空调器基础上加装四通阀（电磁换向阀），改变制冷系统的制冷剂流动方向，使蒸发器与冷凝器的功能转换，实现既能制冷又能制热的双重功能。

热泵电辅助加热型空调器把电热型空调器与热泵型空调器的功能结合起来，冬季环境温度过低时补充热泵型空调器制热效果变差的不足。

2. 按结构形式分类

空调器按结构形式进行分类，可分为整体式空调器与分体式空调器。

（1）整体式空调器

整体式空调器是将压缩机、冷凝器、蒸发器、风扇电动机等所有部件安装在一个壳体内，组成一个整体。

整体式空调器的分类见表4-1-1。

表 4–1–1　　整体式空调器的分类

分类	图示	结构特点
窗式空调器		安装在窗户上或墙孔中，结构紧凑，安装方便
移动式空调器		可以移动到任何地方使用，快捷方便，即插即用

（2）分体式空调器

分体式空调器把整体式空调器分为两部分，分别装在室内和室外，其中装在室内部分的称为室内机组，装在室外部分的称为室外机组，两机组之间通过制冷剂管道、电源线和排水管等连接成一体。

根据分体式空调器使用环境、安装位置的不同，室内机组的结构形式也不同，可分为挂壁式、落地式、吊顶式、嵌入式等形式。

分体式空调器室内机组的分类见表 4–1–2。

表 4–1–2　　分体式空调器室内机组的分类

分类	图示	结构特点
挂壁式		悬挂在墙壁上，出风口设置在下方，不占用地面

续表

分类	图示	结构特点
落地式		安装在地面上，形同立柜，又称为柜机。出风量大，适用于较大面积的空间
吊顶式		安装在室内天花板下，下部或侧面进风，正前面出风或两侧面辅助出风，风压高，送风远，外观新颖
嵌入式		镶嵌在天花板内，仅能看到它的进、出风口，送风角度大

3. 按冷却方式分类

空调器按冷却方式进行分类，可分为水冷式和风冷式。

4. 按电源要求分类

空调器按电源要求进行分类，可分为单相空调器和三相空调器。

5. 按压缩机控制方式分类

空调器按压缩机控制方式的分类见表 4–1–3。

表 4–1–3　　空调器按压缩机控制方式的分类

分类	特点
定频式	转速一定（频率、转速、容量不变）
变频式	转速可控（频率、转速、容量可变）
变容式	容量可控（容量可变）

6. 按使用气候环境分类

空调器按使用气候环境进行分类，可分为 T1 型、T2 型、T3 型。

T1 型是温带气候，最高温度为 43 ℃。T2 型是低温气候，最高温度为 35 ℃。T3 型是高温气候，最高温度为 52 ℃。

空调器按使用气候环境的分类见表 4–1–4。

表 4–1–4　空调器按使用气候环境的分类

气候类型	T1	T2	T3
气候环境	温带气候	低温气候	高温气候
最高温度	43 ℃	35 ℃	52 ℃

二、空调器型号命名

国家标准《房间空气调节器》（GB/T 7725—2022）规定，空调器用符号 K 表示。

1. 空调器产品型号及含义

空调器产品型号及含义如图 4–1–1 所示。

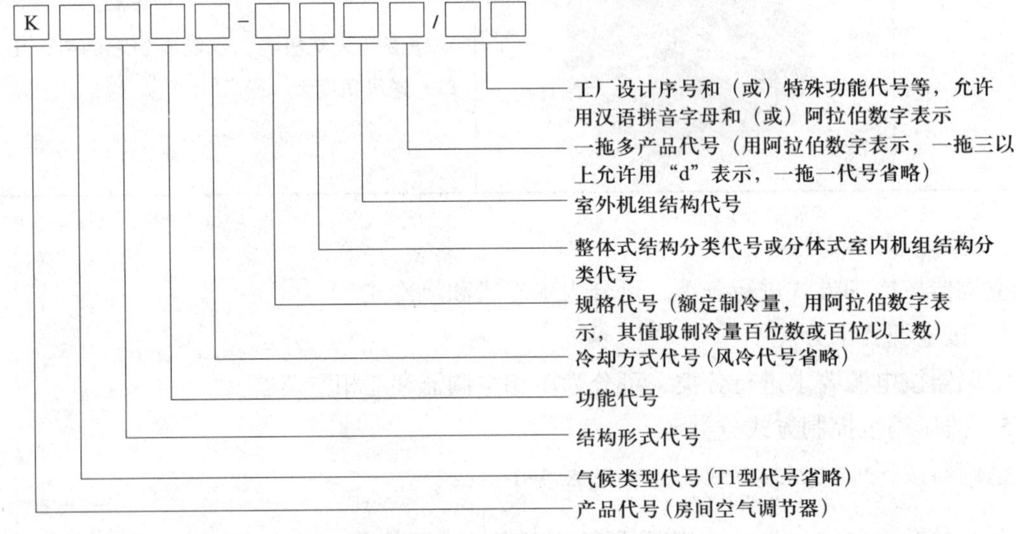

图 4–1–1　空调器产品型号及含义

2. 空调器结构形式代号命名

空调器结构形式代号命名如图 4–1–2 所示。

3. 空调器功能代号命名

空调器功能代号命名见表 4–1–5。

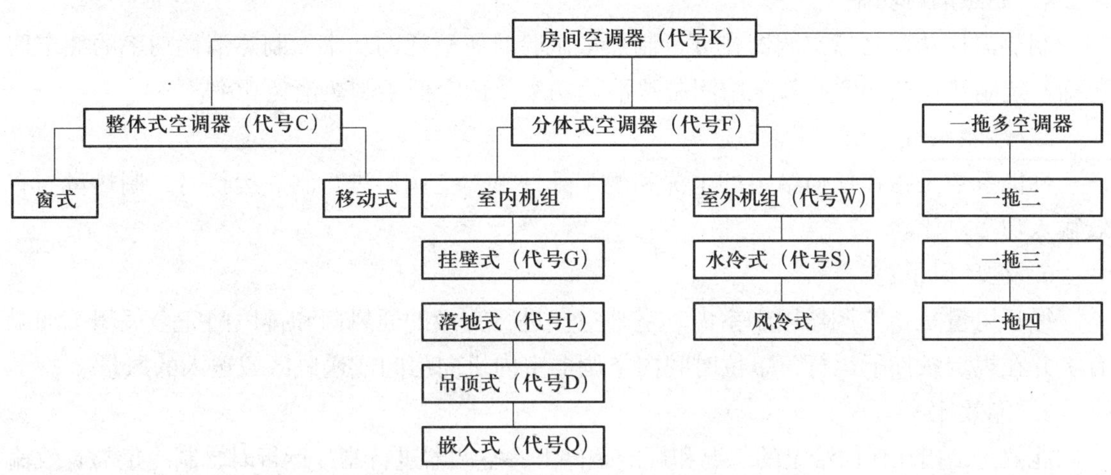

图 4-1-2　空调器结构形式代号命名

表 4-1-5　空调器功能代号命名

类别	代号	类别	代号
单冷型空调器	代号省略	热泵电辅助加热型空调器	Rd
热泵型空调器	R	电热型空调器	d

三、空调器的主要性能指标

《房间空气调节器》（GB/T 7725—2022）、《家用和类似用途电器的安全 热泵、空调器和除湿机的特殊要求》（GB 4706.32—2012）、《家用和类似用途制冷器具》（GB/T 8059—2016）与《房间空气调节器能效限定值及能效等级》（GB 21455—2019）等相关国家标准中，对空调器的技术性要求与主要技术指标都有明确的规定。

1. 制冷量

制冷量是指空调器在任何给定的工况和条件下制冷运行时，单位时间内从室内除去的热量总和。制冷量的额定值包括额定制冷量、额定中间制冷量、额定最大制冷量及额定最小制冷量。

2. 制热量

制热量是指空调器在任何给定的工况和条件下制热运行时，单位时间内送入室内的热量总和。制热量的额定值包括额定制热量、额定中间制热量、额定最大制热量、额定最小制热量及额定低温制热量。

3. 制冷消耗功率

制冷消耗功率是指空调器进行制冷量试验时所消耗的功率。制冷消耗功率的额定值包括额定制冷消耗功率、额定中间制冷消耗功率。

4. 制热消耗功率

制热消耗功率是指空调器在进行制热量试验时所消耗的功率。制热消耗功率的额定值包括额定制热消耗功率、额定中间制热消耗功率及额定低温制热消耗功率。

5. 性能系数

性能系数是指在任何给定的工况和规定条件下，空调器进行制热运行时，制热量与有效输入功率之比。

6. 循环风量

循环风量是指空调器用于室内、室外空气进行交换的通风门和排风门完全关闭（如果有）并在规定条件下运行，单位时间内空调器室内机向房间或送风区域送入的风量。

7. 能效比

能效比是指在任何给定的工况和规定条件下，空调器进行制冷运行时，制冷量与有效输入功率之比。

8. 能效限定值

能效限定值是指空调器在规定工况条件下制冷和制热运行时，能源消耗效率的最小允许值。

9. 能效等级

空调器能效等级分为 5 级，其中 1 级能效等级最高。

四、空调器的结构形式

本教材主要讲解分体式空调器的结构形式。分体式空调器由室内机组和室外机组两部分组成，室内机组主要包括蒸发器、室内风扇、节流机构（毛细管或电子膨胀阀）和电气控制部分，室外机组主要包括压缩机、冷凝器、电磁换向阀、室外风扇和电气控制部分。室内机组和室外机组通过制冷剂管道、电源线和排水管等进行连接。

1. 分体挂壁式空调器室内机组的结构

分体挂壁式空调器室内机组外形如图 4-1-3 所示。

图 4-1-3　分体挂壁式空调器室内机组外形

分体挂壁式空调器室内机组的外壳采用 ABS 塑料一次成形制成较薄的长方体，紧贴在墙壁上悬挂安装，所以称为挂壁式。室内机组外壳正面的上方为室内进风格栅，进风格栅的背面安装有空气过滤网，用于滤除空气中的灰尘；下方为出风格栅，将经过热量交换的新鲜空气由贯流式多叶风扇送到室内。

分体挂壁式空调器的室内机组如图 4–1–4 所示。

图 4–1–4　分体挂壁式空调器的室内机组

蒸发器制成带有铝箔的翅片式，可以高效地与外界空气进行热量交换。电气控制部分设置在室内机组一侧。分体挂壁式空调器的室内机组安装位置较高，手动操作不太方便，控制方式一般采用线控操作或遥控器控制。

分体挂壁式空调器贯流式风扇与风扇电动机如图 4–1–5 所示。

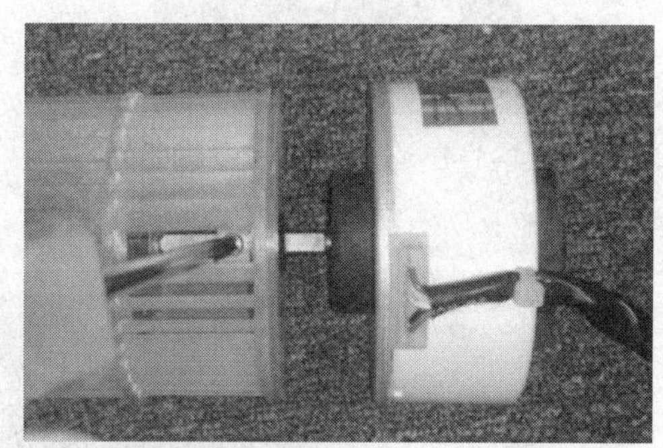

图 4–1–5　分体挂壁式空调器贯流式风扇与风扇电动机

2. 分体落地式空调器室内机组的结构

分体落地式空调器的室内机组外壳正面上方为室内出风格栅，通过同步电动机驱动，出风格栅可左右 90° 摆动。进风格栅设置在室内机组的下方或左右两侧面，进风格栅上安装有空气过滤网，可以过滤灰尘、杂物。室内空气经空气过滤网吸入到风道内，集聚增压后送到翅片式蒸发器进行冷却或加热。室内机组的风扇采用低噪声、大直径、单叶轮的离心式风扇，出风量大，出风距离远。分体落地式空调器的室内机组直接放置在地面上。

室内机组面板上设有电气控制部分的显示面板，轻触面板按键即可开机，也可使用遥控器对空调器进行功能控制。

分体落地式空调器的室内机组如图 4–1–6 所示。

目前市场上流行一种室内机组为柱形的分体落地式空调器，占地少、外观新颖、操控方便，竖向安装的贯流式风扇，使送风口变长，具有大风量、温度均匀的特点。

柱形分体落地式空调器的室内机组如图 4–1–7 所示。

3. 分体嵌入式空调器室内机组的结构

分体嵌入式空调器的室内机组整体镶嵌到天花板中，所以称为嵌入式。从外部只能看到室内机组的进、出风栅，不占用室内高度空间，送风角度大。

分体嵌入式空调器的室内机组如图 4–1–8 所示。

图 4–1–6 分体落地式空调器的室内机组

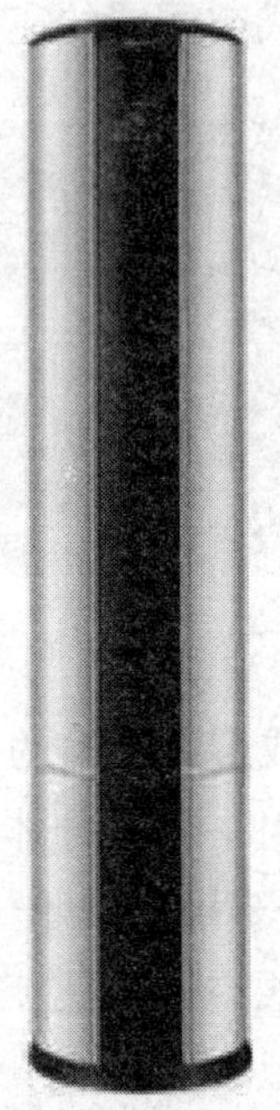

图 4–1–7 柱形分体落地式空调器的室内机组

图 4–1–8 分体嵌入式空调器的室内机组

分体嵌入式空调器的室内机组主要由制冷系统、通风系统、排水系统、电气控制系统、箱体支撑系统等组成。分体嵌入式空调器室内机组的主要特点是四面出风，温度分布好，噪声小。内设涡轮风道和出风口，不需要单独安装风道系统及进、出风格栅，安装成本低，维修方便。

4. 分体吊顶式空调器室内机组的结构

分体吊顶式空调器的室内机组吊装在天花板上，机壳扁平，可紧贴天花板节省空间。出风口在前方，进风口在下方，形成前（侧）出风、下面进风的循环气流。

分体吊顶式空调器的室内机组如图 4–1–9 所示。

图 4–1–9　分体吊顶式空调器的室内机组

分体吊顶式空调器的室内机组根据安装形式的不同，分为明装吊顶和暗装吊顶两种；根据风口压力高低有高静压机组、中静压机组、低静压机组。家庭用得较多的是低静压机组，噪声相对较小，安装方式也灵活多样。

5. 分体式空调器室外机组的结构

分体式空调器的室外机组按照冷却方式不同可分为空气冷却式和水冷却式，按照结构形式不同可分为立式和卧式。室外机组可落地安装，也可悬挂在室外墙壁上。

分体式空调器的室外机组如图 4–1–10 所示。

分体式空调器的室外机组主要由压缩机、风扇电动机、冷凝器、电磁换向阀、化霜控制板等组成，并将全部部件安装在一个外壳内。

分体式空调器室外机组的内部组成如图 4–1–11 所示。

图 4–1–10　分体式空调器的室外机组

图 4–1–11　分体式空调器室外机组的内部组成

§4–2 空调器空气循环系统的结构

学习目标

1. 了解空调器空气循环系统的基本组成。
2. 掌握分体式空调器空气循环系统的结构。

一、空调器空气循环系统的基本组成

空调器的空气循环系统主要由空气过滤网、空气循环通道、进（出）风格栅、风扇电动机、扇叶（离心式扇叶、贯流式扇叶与轴流式扇叶）等组成。

二、分体式空调器空气循环系统的结构

分体式空调器空气循环系统由室内机组的进（出）风格栅、风道、导风板等组成。

分体挂壁式空调器空气循环系统的组成如图 4–2–1 所示。

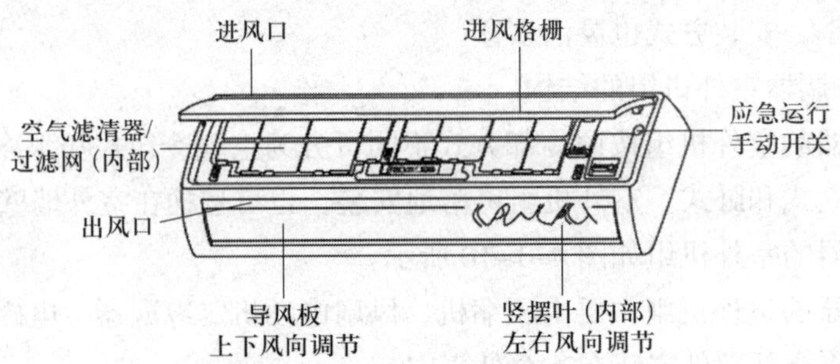

图 4–2–1 分体挂壁式空调器空气循环系统的组成

分体挂壁式空调器的进风格栅设在室内机组正面上方及顶部，出风格栅设在室内机组下方。分体落地式空调器的摆放位置相对较低，为了改善制冷效果，进风格栅设在室内机组正面下方，出风格栅设在室内机组正面上方。

分体挂壁式空调器的风道系统构造，依照室内机组的不同结构形式而定，一般风道系统包括底盘、蜗舌、蜗壳、隔板、保温材料、风扇及电动机等。

分体挂壁式空调器的蜗壳底盘结构如图 4–2–2 所示。

分体挂壁式空调器使用贯流式风扇，呈长圆筒形多叶轮式结构，安装在室内换热器（蒸发器）的内侧，在电动机的驱动下叶轮旋转，气流沿叶轮敞开处径向进入叶栅，穿过叶轮内部，沿另一面叶栅处排入蜗壳，形成工作气流。

分体挂壁式空调器贯流式风扇如图 4–2–3 所示。

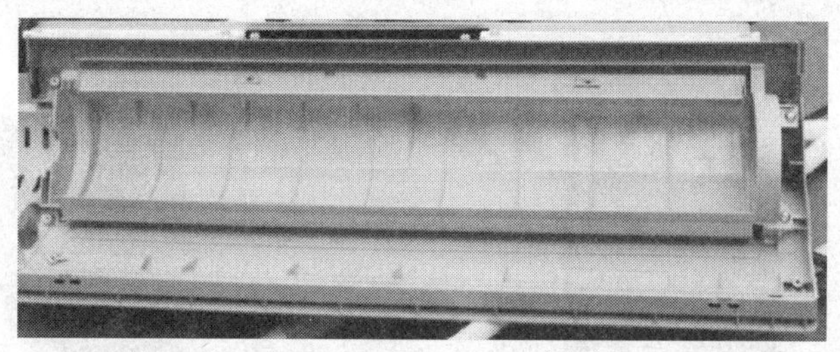

图 4-2-2　分体挂壁式空调器的蜗壳底盘结构

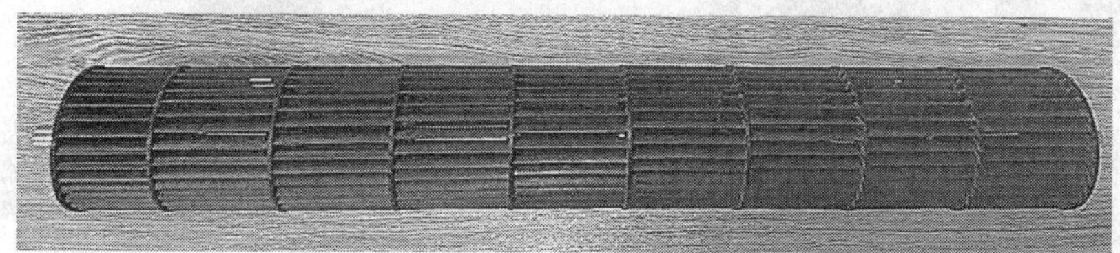

图 4-2-3　分体挂壁式空调器贯流式风扇

分体挂壁式空调器室内机组出风口上装有导风板，驱动导风板可改变空调器的出风方向，调节室内空气的流向，以利于室内空气循环。

分体挂壁式空调器的导风板如图 4-2-4 所示。

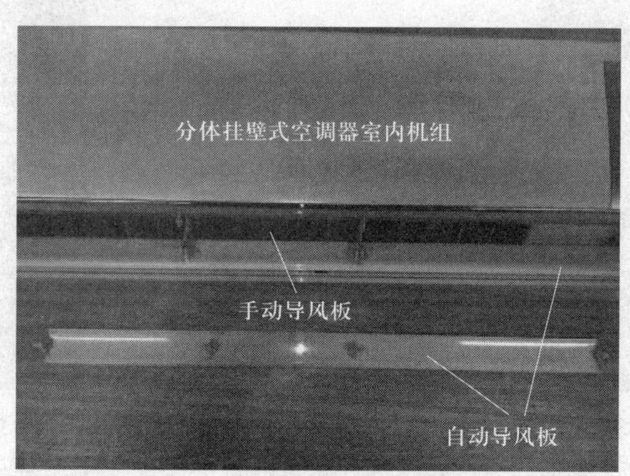

图 4-2-4　分体挂壁式空调器的导风板

将分体落地式空调器的室内换热器拆下，显现出采用泡沫材料制成经过特殊设计的整体式蜗壳风道。

分体落地式空调器的室内换热器拆卸前后对比如图 4-2-5 所示。

分体落地式空调器整体式蜗壳如图 4-2-6 所示。

分体落地式空调器的室内换热器如图 4-2-7 所示。

分体落地式空调器的室内换热器接水盒如图 4-2-8 所示。

图 4-2-5　分体落地式空调器的室内换热器拆卸前后对比

图 4-2-6　分体落地式空调器整体式蜗壳

图 4-2-7　分体落地式空调器的室内换热器

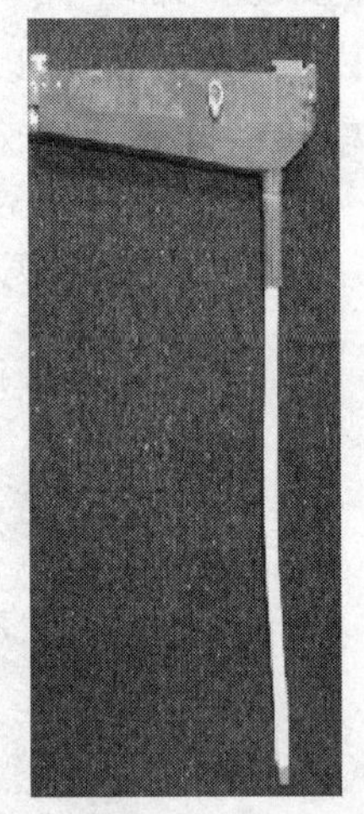

图 4-2-8　分体落地式空调器的室内换热器接水盒

在整体式蜗壳中装入大直径的离心式风扇，离心式风扇叶轮直径大，转动吸入的空气沿叶轮中心进入，通过叶栅后排出给室内机组的蜗壳式风道。风道将空气集中降噪导流，再由出风格栅平稳送出。

分体落地式空调器的风道结构如图 4-2-9 所示。

分体落地式空调器的离心式风扇如图 4-2-10 所示。

分体式空调器室外机组的空气循环系统多用轴流式风扇进行散热。轴流式风扇的扇叶形同螺旋桨，转动时气流沿轴线方向通过，这种风扇结构简单、风量大。

图 4-2-9 分体落地式空调器的风道结构

图 4-2-10 分体落地式空调器的离心式风扇

根据制冷量的大小，室外机组用于空气对流换热的轴流式风扇有一个、两个或多个，通过出风格栅将热量排放到室外。进风口一般采用后面或侧面进风，空气流经冷凝器后从前面排出。

室外机组的轴流式风扇如图 4-2-11 所示。

单风扇换热的室外机组如图 4-2-12 所示。

双风扇换热的室外机组如图 4-2-13 所示。

上出风的室外机组如图 4-2-14 所示。

图 4-2-11 室外机组的轴流式风扇

图 4-2-12 单风扇换热的室外机组

图 4-2-13　双风扇换热的室外机组

图 4-2-14　上出风的室外机组

§4-3　分体式空调器的制冷系统与主要部件

学习目标

1. 了解空调器制冷系统的基本组成。
2. 掌握空调器制冷系统主要部件的作用、结构形式。
3. 掌握空调器制冷系统部件的拆卸。

一、分体式空调器的制冷系统

把一台整体式空调器分解成两个部分，将压缩机、轴流式风扇、室外换热器（冷凝器）、电磁换向阀和干燥过滤器等部件安装在一个机壳内，放置在室外称为室外机组；将室内换热器（蒸发器）、离心式风扇、电气控制系统等部件安装在另一个机壳内，放置在室内称为室内机组。用两根管道把室内机组与室外机组的制冷系统连接起来，用电线把室内机组与室外机组的电气控制部分连接起来，就组成完整的分体式空调器。

1. 单冷型空调器

单冷型分体式空调器由室内机组和室外机组两部分组成。制冷系统部件包括压缩机、室内（外）换热器、毛细管、截止阀等。室内机组和室外机组分别安装有截止阀，连接铜管与截止阀相通，制冷剂在此密闭的管路中循环流动。制冷剂在压缩机中升温升压，在室外换热器中冷凝放热，经毛细管节流降压后经过连接铜管进入室内换热器进行汽化吸热，达到冷却空气的目的。

单冷型分体式空调器的制冷系统如图 4-3-1 所示。

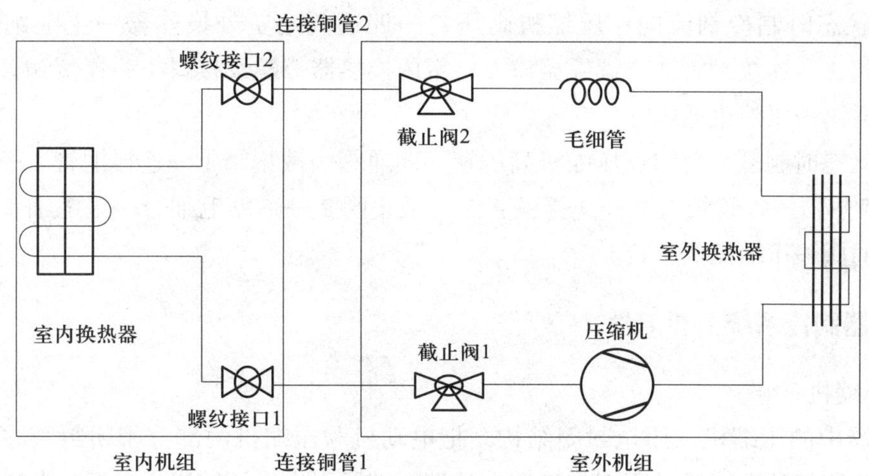

图 4–3–1　单冷型分体式空调器的制冷系统

单冷型分体式空调器制冷系统中制冷剂流向：压缩机高压管→室外换热器→毛细管→截止阀 2→连接铜管 2→螺纹接口 2→室内换热器→螺纹接口 1→连接铜管 1→截止阀 1→压缩机低压管。

2. 冷热两用型空调器

冷热两用型分体式空调器是在单冷型分体式空调器基础上，增加了四通阀、单向阀和辅助毛细管等部件。四通阀可以改变制冷剂的流动方向，单向阀防止制冷剂反向流动，辅助毛细管使毛细管延长，起到增加制热量的作用。热泵制热是通过四通阀换向，使压缩机排出的高温高压制冷剂蒸气先进入室内换热器，放出热量后再去室外换热器吸热，从而实现制热。制冷剂流动方向转变后，原制冷时的室内换热器由汽化吸热转变成液化放热，原制冷时的室外换热器由液化放热转变成汽化吸热。

冷热两用型分体式空调器的制冷系统如图 4–3–2 所示。

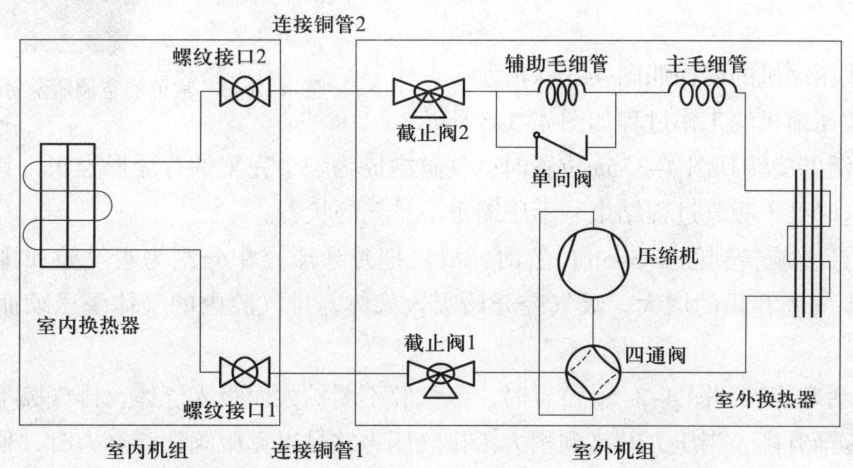

图 4–3–2　冷热两用型分体式空调器的制冷系统

制冷状态时制冷剂流向：压缩机高压管→四通阀→室外换热器→主毛细管→单向阀→截止阀 2→连接铜管 2→螺纹接口 2→室内换热器→螺纹接口 1→连接铜管 1→截止阀 1→四通阀→压缩机低压管。

制热状态时制冷剂流向：压缩机高压管→四通阀→截止阀 1→连接铜管 1→螺纹接口 1→室内换热器→螺纹接口 2→连接铜管 2→截止阀 2→辅助毛细管→主毛细管→室外换热器→四通阀→压缩机低压管。

二、空调器制冷系统主要部件

1. 压缩机

空调器中的压缩机采用全封闭结构，把电动机和压缩机两部分密闭封装在一个壳体内，电动机绕组的引线通过固定在壳体上的接线端子引出。压缩机运转时，制冷剂蒸气由气液分离器顶端的吸气管进入压缩机，升温升压后从压缩机的排气管排出。

常见的空调器全封闭型压缩机如图 4–3–3 所示。

（1）转子式压缩机

转子式压缩机由气缸、偏心轴、活塞、滑块、弹簧、壳体等组成。转子式压缩机的气缸浸在润滑油中，气缸内设置偏心轴，偏心轴上套装活塞。偏心轴带动活塞与气缸内壁接触，并沿气缸内表面做偏心运动。气缸壁设有一个穿通槽，槽内装有滑块，且宽度与活塞外延相吻合，在弹簧压力的作用下活塞与滑块端头始终紧密贴合。滑块将气缸内腔分割为吸气腔、排气腔两部分，呈月牙形并互不相通，两个腔体的容积大小随偏心轴旋转而改变。

图 4–3–3　常见的空调器全封闭型压缩机

转子式压缩机的结构如图 4–3–4 所示。

转子式压缩机的工作过程如图 4–3–5 所示。

1）当活塞旋转到图 4–3–5a 位置时，气缸内成为一个完整的月牙形容积，其压力为吸气压力，这时处于吸气过程结束、不压缩也不排气的状态。

2）当活塞旋转到图 4–3–5b 位置时，滑块把月牙形容积分割为吸气腔和排气腔两部分，随着吸气腔容积的增大，吸气腔开始吸入气体，排气腔内的气体受压缩而压力逐渐升高。

3）当活塞旋转到图 4–3–5c 位置时，吸气腔不断扩大而吸入气体，排气腔不断缩小而气体压力逐渐升高，当压力升高到稍大于排气压力并足以克服阀片弹簧力时，顶开阀片开始排气，这时吸气与排气同时进行。

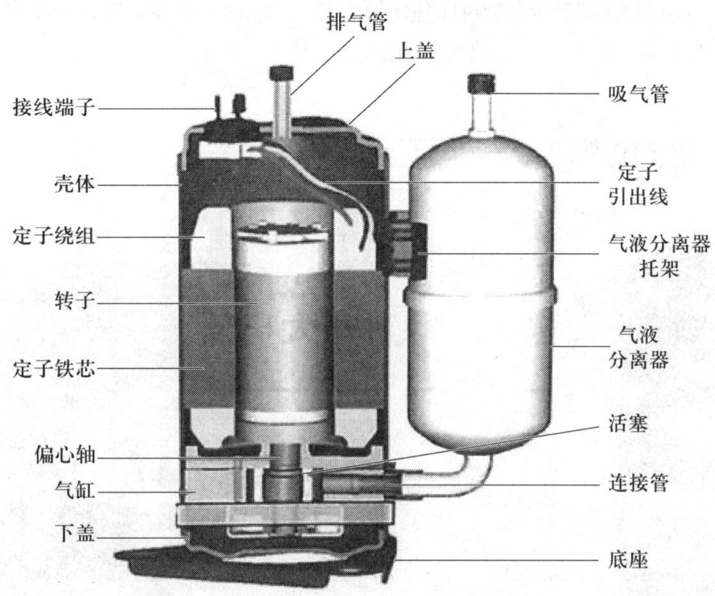

图 4–3–4　转子式压缩机的结构

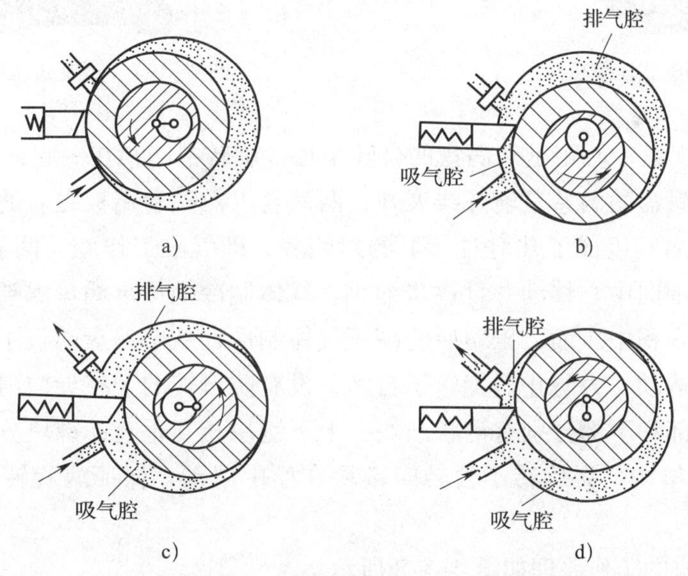

图 4–3–5　转子式压缩机的工作过程

4）当活塞旋转到图 4–3–5d 所示位置时，吸气腔接近最大，排气腔接近最小，吸、排气还在进行，但已接近结束。活塞旋转到图 4–3–5a 所示位置，吸、排气结束。活塞沿气缸内壁滚动一周，完成吸气、压缩和排气一个全过程，进入下一个周期的运行。

（2）涡旋式压缩机

涡旋式压缩机由定涡盘、动涡盘、曲轴及壳体等部分组成。涡旋式压缩机结构独特，体积小，质量小，与其他结构形式的压缩机相比，零部件很少，结构简单，运转平稳，振动小，噪声低，是一种新型、高效的压缩机。

涡旋式压缩机如图 4–3–6 所示。

涡旋式压缩机的结构如图 4–3–7 所示。

图 4–3–6　涡旋式压缩机

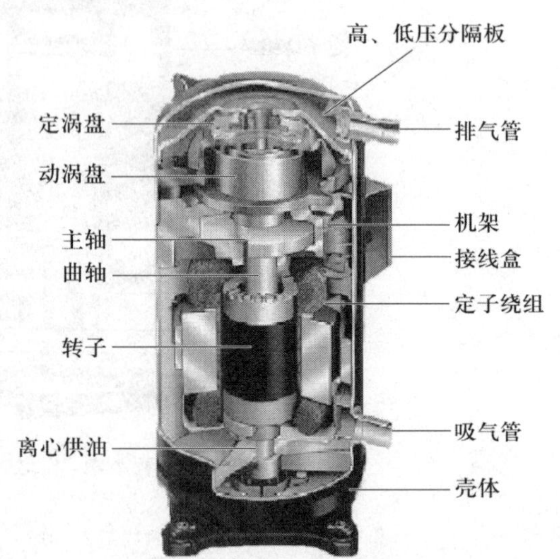

图 4–3–7　涡旋式压缩机的结构

定涡盘和动涡盘中心距是动涡盘的公转半径，旋转中倒扣在一起，并保持 180° 相位差，定涡盘和动涡盘的涡卷呈渐开线展开，两涡卷以及涡卷端板之后的接触线即密封啮合线，在两涡卷之间组成了几对月牙形的封闭腔，即气缸工作腔。两涡盘相对运动时，气缸工作腔由外围向中心移动并且逐步缩小。气体制冷剂从定涡盘涡卷的外部吸入，在逐步缩小的工作容积中压缩，压缩后的高压气体制冷剂从定涡盘端板中心排出。动涡盘随曲轴进行公转运动，为防止涡旋转子自转，设有防自转的十字导向滑环机构——十字连接环。该环上部和下部分别有键状凸块，上下键块相互垂直，键块分别嵌入动涡盘背部和机体上的键槽中。涡旋转子公转时键块在槽中滑动，保证涡旋转子以一定的姿势公转。

涡旋式压缩机的工作原理如图 4–3–8 所示。

1）动涡盘在图 4–3–8a 所示位置时，动涡盘中心位于定涡盘中心的右侧，涡卷外圈部分恰好被封闭，一对工作腔为吸气终了状态。在涡盘内侧，另一对工作腔的压缩过程结束，即将进入排气过程。

2）当动涡盘顺时针方向公转 90°，到达图 4–3–8b 所示位置时，涡卷的密封啮合线也顺时针移动 90°，处于阴影空间内的气体制冷剂被压缩。同时涡卷外侧又张开，准备形成新的工作腔，内侧的一对工作腔正进行排气过程。

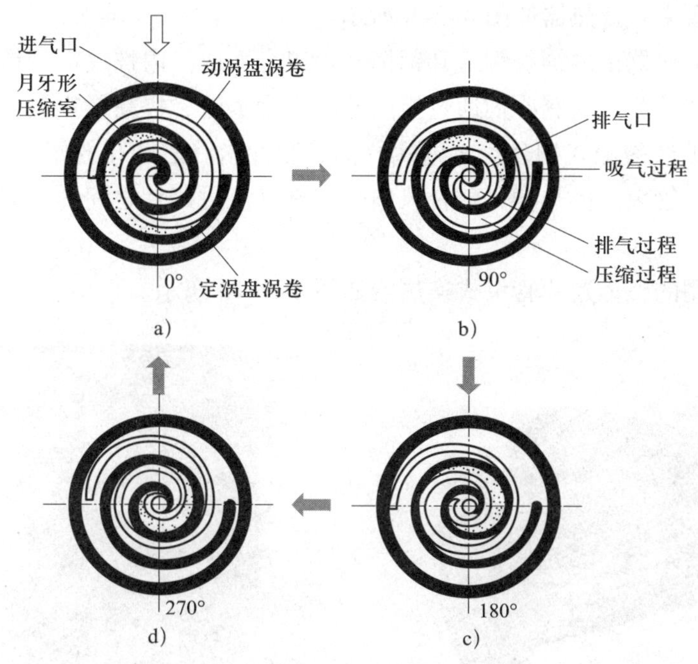

图 4-3-8　涡旋式压缩机的工作原理

3）当动涡盘继续顺时针方向公转 180°，到达图 4-3-8c 所示位置时，涡卷的外、中、内三对工作腔分别继续进行吸气、压缩和排气过程。

4）当动涡盘继续顺时针方向公转 270°，到达图 4-3-8d 所示位置时，一对工作腔的压缩过程继续进行。涡卷内侧一对工作腔排气结束即将消失，而外侧的吸气过程仍在继续进行。

5）当动涡盘继续转动，到达图 4-3-8a 所示的原始位置，外侧部位吸气过程结束，将要进行压缩过程。内侧一对工作腔的压缩过程结束，即将进入排气过程。如此反复循环。

2. 换热器

空调器中使用的蒸发器和冷凝器统称为换热器。

冷热两用型空调器制冷时，安装在室内的蒸发器为室内换热器，安装在室外的冷凝器为室外换热器。制热时由于四通阀使制冷剂流动方向发生转变，原蒸发器由吸热的低压部件变换为放热的高压部件，而原冷凝器由放热的高压部件变换为吸热的低压部件。

换热器按照翅片的结构形式不同可分为平片式、波纹片式、开窗片式等，平片式表面光滑平整，方便清扫除尘；波纹片式表面呈波纹形状，扩大换热面积；开窗片式在表面冲出孔缝，增加换热效率。

翅片的种类可分为亲水铝箔和普通铝箔。铝箔进行亲水处理后，在其表面覆一层亲水层，冷凝水在亲水铝箔上会迅速散开，不会凝结成水珠以致聚集后堵塞换热器。与普通铝箔相比，亲水铝箔使换热器通风阻力和噪声减小，制冷效率得到提高。经过亲水处理后的铝箔有“L”型、“U”型、直板型、多折型。

多折型翅片管束式换热器如图 4–3–9 所示。

翅片管束式换热器由内螺纹铜管和铝箔翅片组合而成。内螺纹铜管是在铜管内壁上拉制出若干条螺纹状的筋，使制冷剂通过换热器时产生紊流，提高换热效率。铝箔翅片表面经亲水处理制成波纹裂隙式翅片。将内螺纹铜管和冲出凸沿圆孔的翅片经过穿片、胀管、焊接弯头制成翅片管束式换热器，配合风扇强制空气流过翅片之间的空隙，达到冷却降温的目的。

配合风扇使用的整体翅片管束式换热器如图 4–3–10 所示。

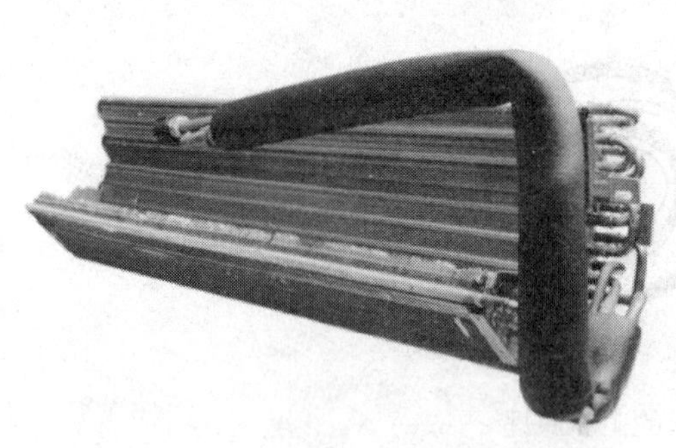

图 4–3–9　多折型翅片管束式换热器

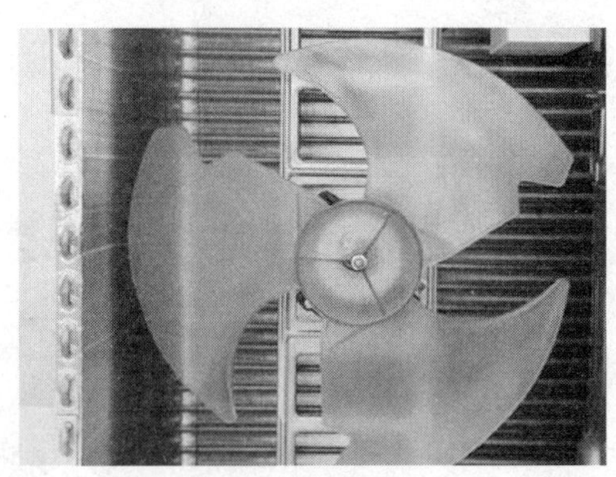

图 4–3–10　配合风扇使用的整体翅片管束式换热器

3. 毛细管

毛细管作为节流装置，在制冷系统中起到调节制冷剂流量和降低制冷剂压力的作用。

空调器使用的毛细管，由直径较细的高精度铜管加工成螺旋形，一般长度为 120 ~ 500 mm，内径为 0.6 ~ 2 mm。

毛细管如图 4–3–11 所示。

毛细管具有制造方便、价格低廉、无运动部件与工作可靠等特点。

4. 电子膨胀阀

电子膨胀阀代替毛细管作为节流装置使用，主要应用在变频式空调器中。电子膨胀阀具有流量调节范围大、控制精度高等特点。

电子膨胀阀如图 4–3–12 所示。

5. 干燥过滤器

空调器使用的干燥过滤器安装在冷凝器出口与节流装置之间，可滤除制冷系统中存在的杂质、污物与微量水分。

干燥过滤器如图 4–3–13 所示。

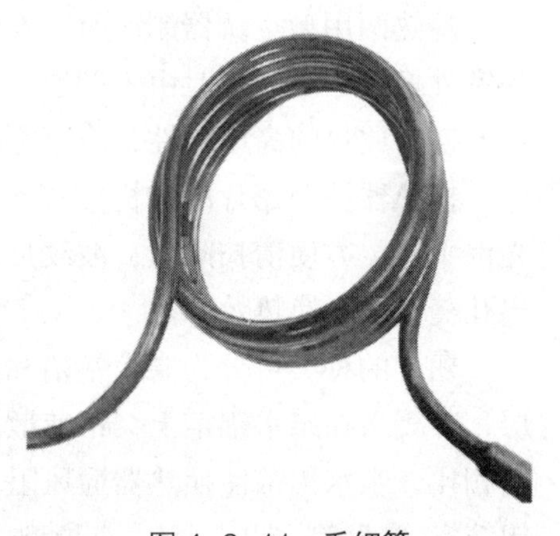

图 4–3–11　毛细管

图 4-3-12　电子膨胀阀

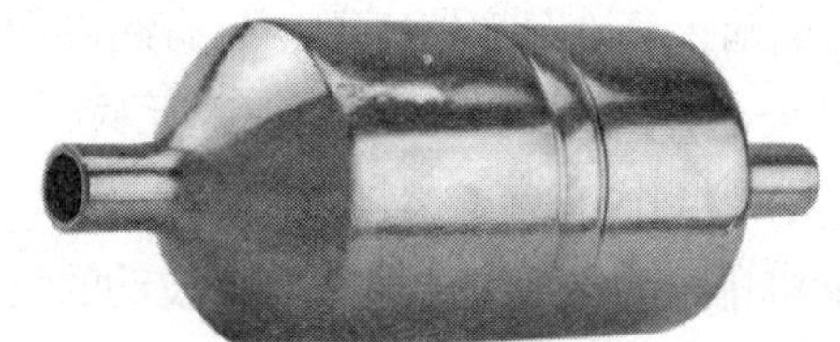

图 4-3-13　干燥过滤器

6. 单向阀

单向阀又称止回阀，是防止制冷剂反向流动的阀门。单向阀主要由外壳、阀座、尼龙阀针、限位环等组成，一般在阀体外表面用箭头标出制冷剂的流向。

单向阀如图 4-3-14 所示。

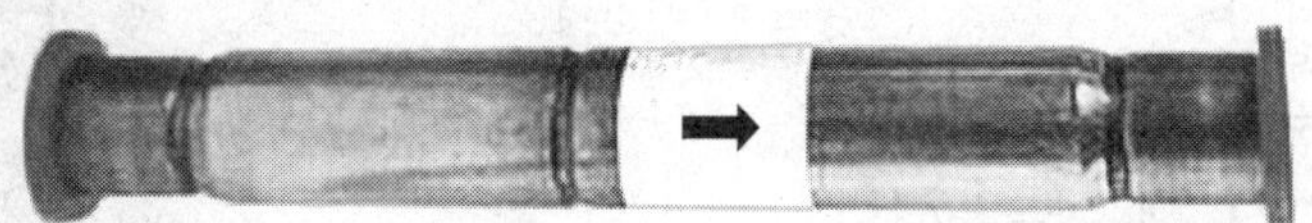

图 4-3-14　单向阀

单向阀主要用在冷热两用型空调器中。单向阀与辅助毛细管并联，一端接主毛细管，另一端连接空调器的换热器。当空调器制冷时，制冷剂正向流动，单向阀内尼龙阀针在制冷剂流动压力的作用下被打开推动至限位环，单向阀导通，使制冷剂通过，旁通的辅助毛细管不起作用。当空调器制热时，四通阀动作后，制冷剂反向流动，尼龙阀针受自重和阀内两端压力差的作用被紧压在阀座上，单向阀处于截止状态而封闭管路，制冷剂经辅助毛细管通过。

单向阀的结构如图 4-3-15 所示。

7. 储液器

储液器用来储存制冷循环中的制冷剂液体，稳定制冷剂流量。

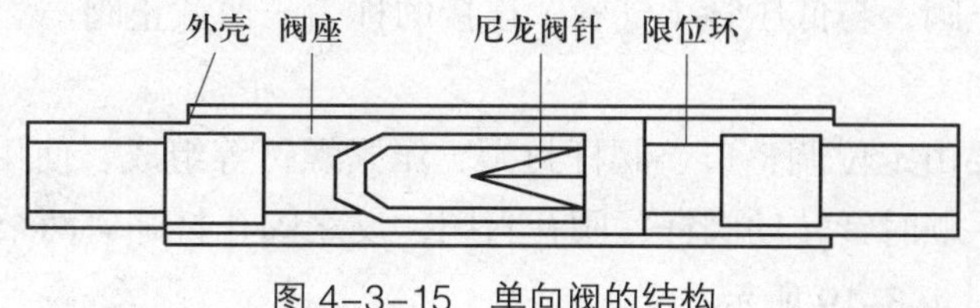

图 4-3-15　单向阀的结构

储液器如图 4–3–16 所示。

图 4–3–16 储液器

8. 气液分离器

气液分离器安装在压缩机的吸气管上，环境温度降低时，可使返回压缩机的制冷剂中的液体分离出来，并储存在其底部，防止压缩机产生液击。制冷剂经吸气管进入气液分离器，制冷剂蒸气中所含的液滴会因本身重力而落入气液分离器底部，只有制冷剂蒸气被吸入压缩机。

气液分离器的结构如图 4–3–17 所示。

9. 消声器

压缩机排出的制冷剂流速很高，波动的气流会传播尖锐的高频声响。通常在压缩机排气管与冷凝器之间安装消声器，消声器是一种内部中空的容器，利用突然变大的容积，吸收并衰减高速气流产生的噪声。

消声器如图 4–3–18 所示。

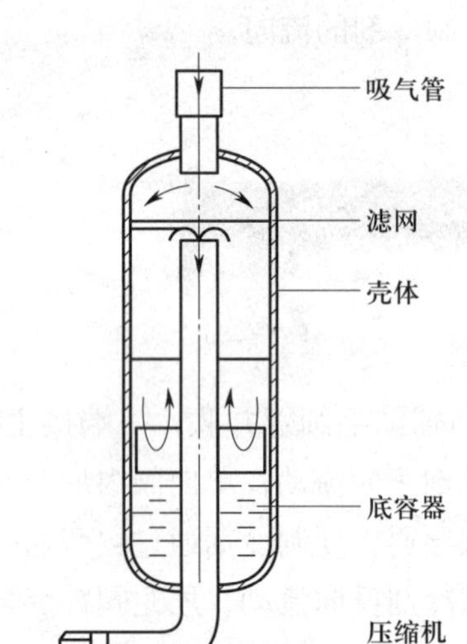

图 4–3–17 气液分离器的结构

图 4–3–18 消声器

10. 截止阀

截止阀安装在分体式空调器室内机组和室外机组之间的管道连接口。通过控制阀门使制冷剂通过或截止，便于分体式空调器的拆装或维护时制冷剂的回收。与高压管（液管）连接的称为二通截止阀，与低压管（气管）连接的称为三通截止阀。

（1）二通截止阀

二通截止阀主要由定位调整口、阀杆封帽、压紧螺钉等组成。使用时，先拧开阀杆封帽，再用内六角扳手顺时针转动阀杆，阀孔封闭；反之阀孔打开，两个垂直管路相通。

二通截止阀如图 4–3–19 所示。

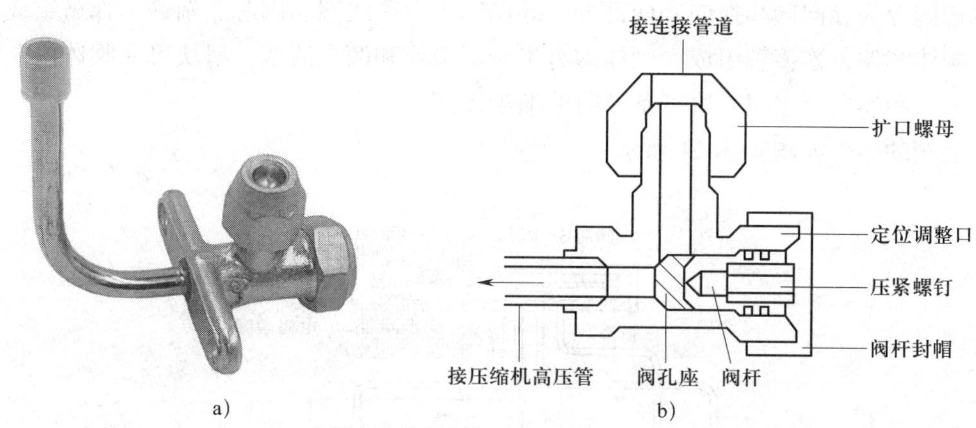

图 4-3-19　二通截止阀
a）外形　b）结构

（2）三通截止阀

三通截止阀主要由两条管路连接口、一个调整口和一个检修口组成。用内六角扳手顺时针转动阀杆至关闭位置时，配管与室外机组管路断开；逆时针转动阀杆至打开位置时，两条连接管路导通，室外机组与室内机组连通。检修口可完成制冷剂充注、系统内压力测试等检修操作。

三通截止阀如图 4-3-20 所示。

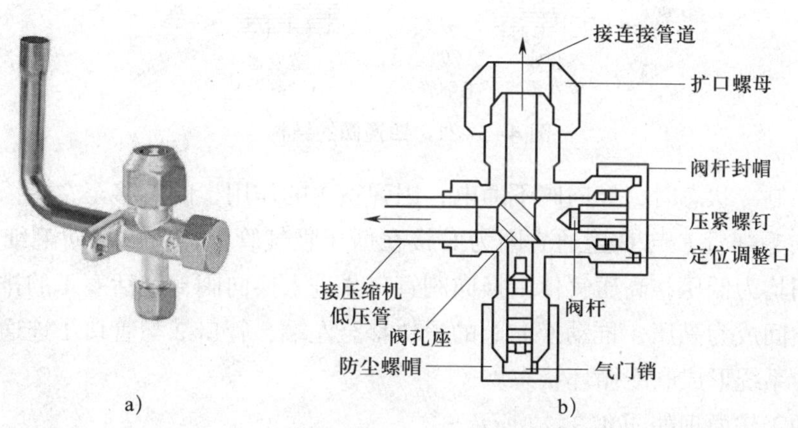

图 4-3-20　三通截止阀
a）外形　b）结构

11. 四通阀

四通阀用在热泵型空调器中，通过改变制冷系统中制冷剂的流向，实现制冷、制热、除霜等功能的切换。四通阀与外连通是由四条连接管路完成的，一条管与压缩机吸气管连接，一条管与压缩机排气管连接，其余两条管与室内外换热器相连。

四通阀分为导向阀和换向阀两部分。导向阀由电磁线圈、阀芯、衔铁、弹簧组成。换向阀由阀体和四条连接管组成，阀体内有半圆形滑块和两个活塞，滑块可在阀体内左右移动。导向阀和换向阀之间通过三条导向毛细管连接。

四通阀的结构如图 4–3–21 所示。

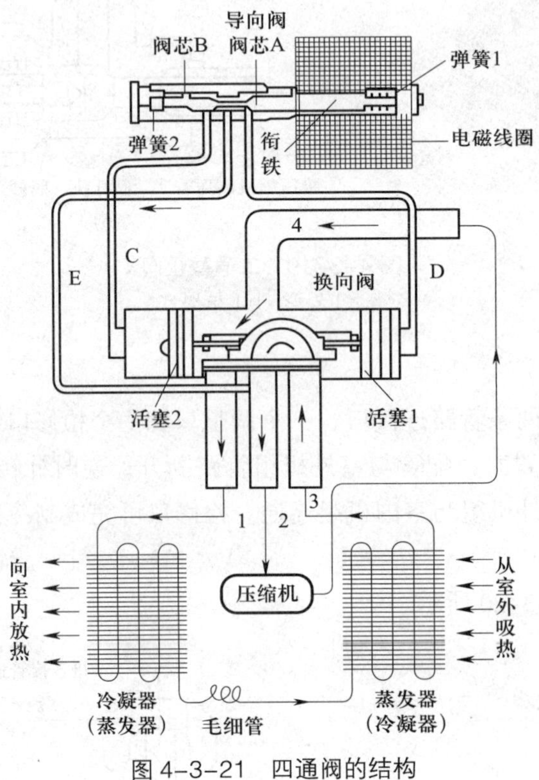

图 4–3–21　四通阀的结构

空调器在制冷状态时，导向阀不通电，因弹簧 1 的作用，阀芯移至左端，处于释放状态，此时导向毛细管 E 与 C 连通。因为 E 接在低压吸气管上，所以导向毛细管 C 及换向阀内左端空间均为低压，高压气体由换向阀管口 4 进入换向阀，经活塞 1 的排气孔使换向阀内的右端空间成为高压，推动换向阀的滑块移至左端，管口 2 与管口 1 连通而管口 4 与管口 3 连通，系统形成制冷循环状态。

四通阀的工作原理如图 4–3–22 所示。

当导向阀通电时，电磁力吸动导向阀阀芯向右移动，导向毛细管 E 与 D 相连。换向阀内右端空间成为低压，高压气体经活塞 2 的排气孔进入换向阀内左端空间，推动滑块移向右端，管口 2 与管口 3 连通而管口 4 与管口 1 连通，蒸发器、冷凝器的功能对换，系统转换成制热状态。

12. 电磁旁通阀

电磁旁通阀安装在空调器压缩机排气管与吸气管之间，可卸载空调器异常情况下压缩机的负荷。

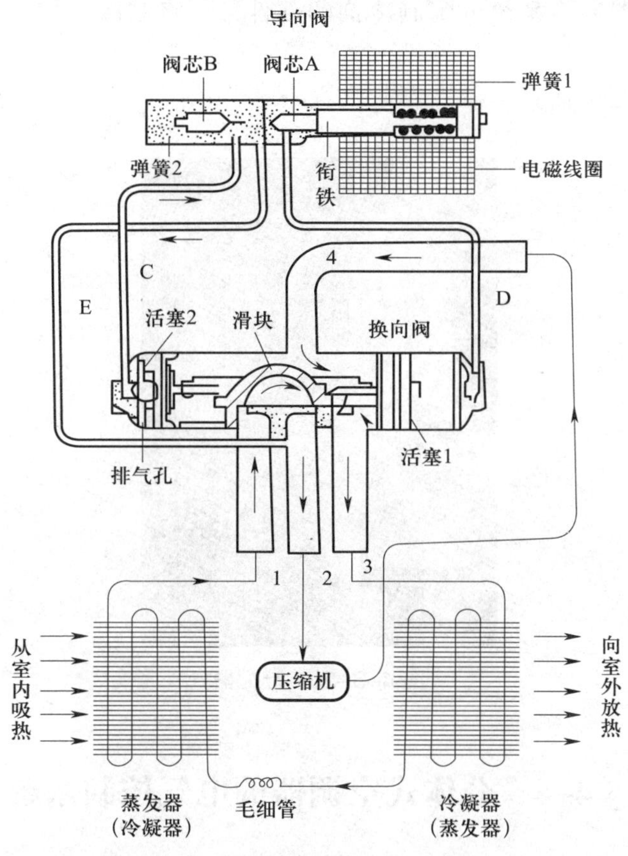

图 4-3-22　四通阀的工作原理

电磁旁通阀如图 4-3-23 所示。

13. 压力开关

压力开关按照压力控制范围分为高压压力开关与低压压力开关。

压力开关如图 4-3-24 所示。

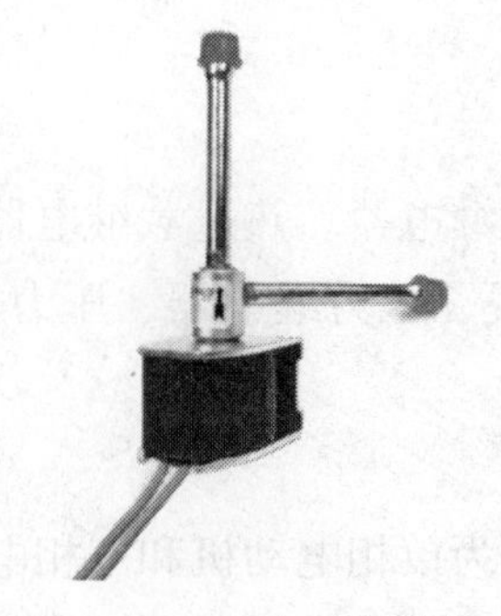

图 4-3-23　电磁旁通阀

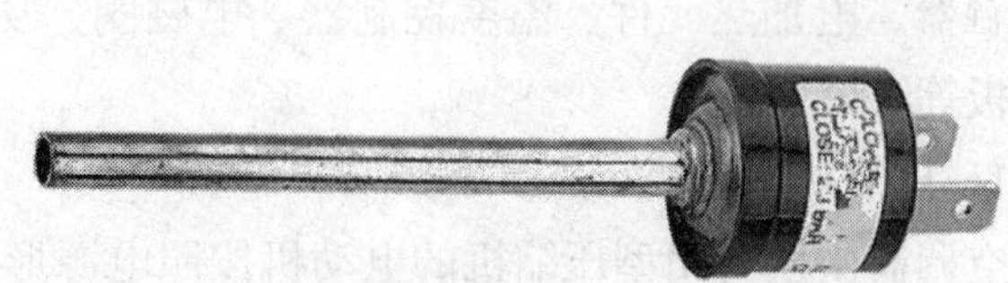

图 4-3-24　压力开关

14. 分配器

分配器是空调器制冷系统分配制冷剂的部件，可将制冷剂均匀分配到换热器的各支路。

分配器如图 4-3-25 所示。

图 4-3-25 分配器

§4-4 分体式空调器的电气控制系统

学习目标

1. 熟练掌握空调器电气控制系统电路图的识读。
2. 了解空调器电气控制系统的基本组成。
3. 掌握空调器电气控制系统的作用、结构形式、规格型号与工作原理。
4. 熟练掌握空调器电气控制系统的拆装与检修。

一、空调器电气控制系统的主要部件

空调器电气控制系统由压缩机电动机、风扇电动机、启动继电器、热过载继电器、交流接触器、电加热元件、温度控制器、电磁阀、功能转换开关、压力继电器、压力开关、电路板等组成。

1. 压缩机电动机

空调器中全封闭型压缩机的电动机按照电源形式分类可分为单相电动机和三相电动机两种。

（1）单相电动机

压缩机电动机的接线柱上有三个接线端子，分别为启动端（S）、运行端（M）、公共端（C）。

单相电动机线圈如图 4-4-1 所示。

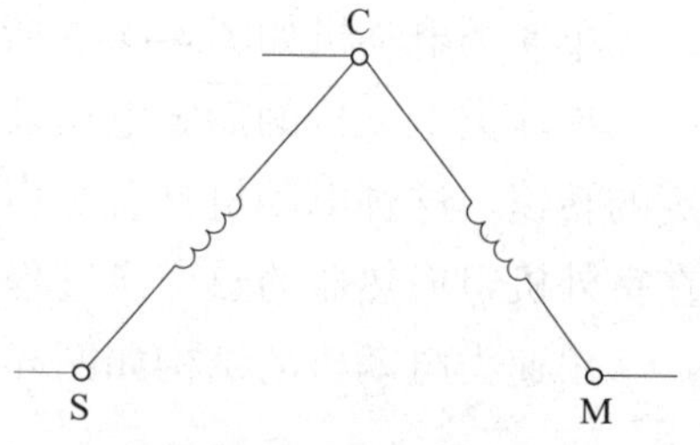

图 4-4-1 单相电动机线圈

1）电容运转式（PSC）电路

在单相电动机的启动绕组上串联一只运转电容器 C1，C1 在电动机启动和运转过程中一直接在电路上，承担了启动继电器的作用。

电容运转式（PSC）电路如图 4-4-2 所示。

2）电容启动运转式（CSR）电路

在电容运转式（PSC）电路的基础上增加一只启动电容器 C2 和一只启动继电器 KA，单相电动机启动时，两只电容器并联同时通电，启动过程结束后，在启动继电器控制作用下，断开启动电容器，单相电动机在正常运转时只有运转电容器工作。

电容启动运转式（CSR）电路如图 4-4-3 所示。

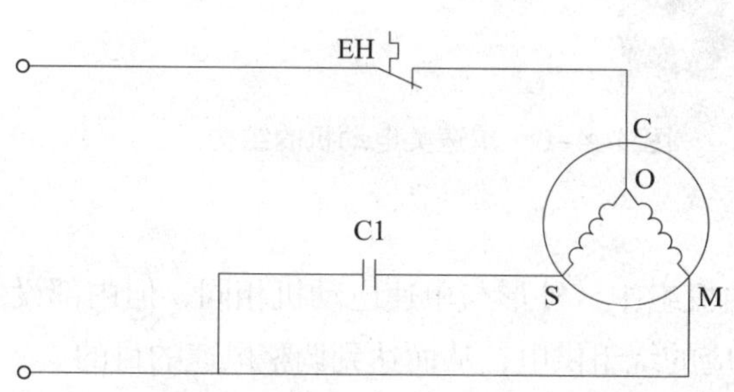

图 4-4-2 电容运转式（PSC）电路

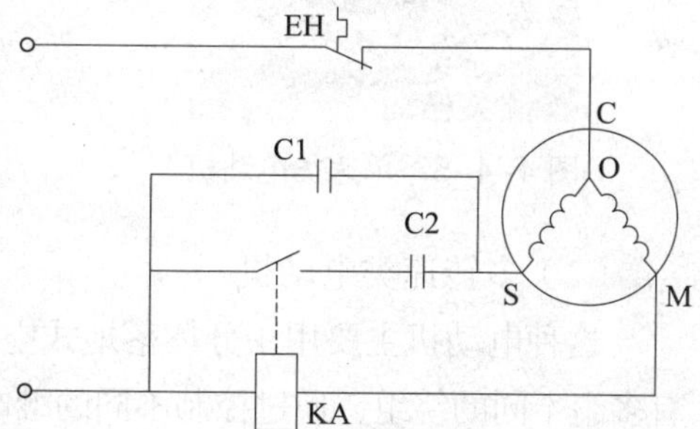

图 4-4-3 电容启动运转式（CSR）电路

（2）三相电动机

全封闭型压缩机使用的三相电动机每个绕组的电阻值基本相同，通常电动机功率大，电阻值就小；电动机功率小，电阻值就大。

三相电动机线圈如图 4-4-4 所示。

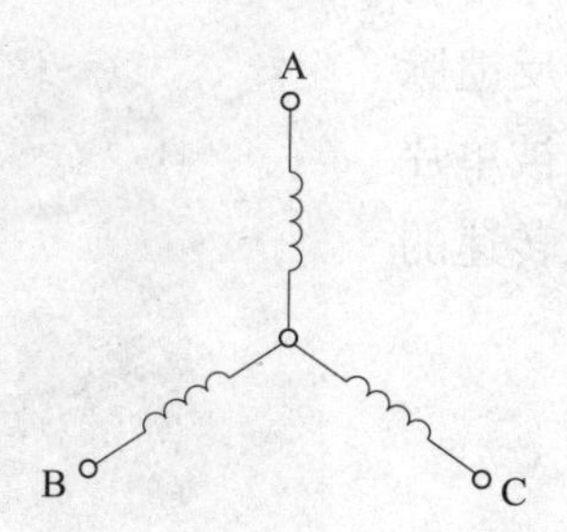

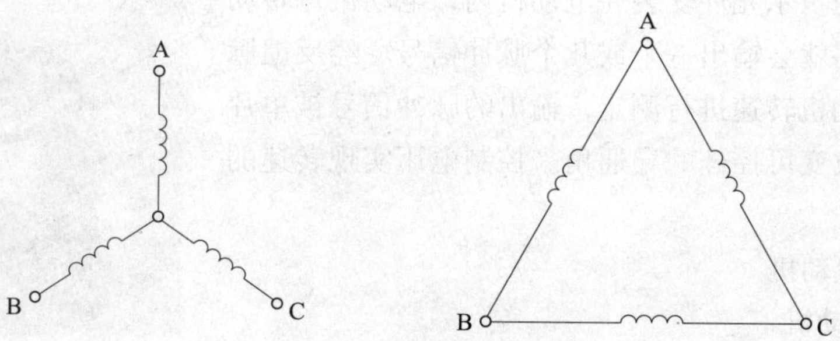

图 4-4-4 三相电动机线圈

2. 风扇电动机

（1）单速类电动机

单速类电动机主要由定子绕组、转子和输出轴等组成。

单速类电动机如图 4-4-5 所示。

单速类电动机的额定电压及频率、绕组线径、绕组匝数不能改变，所以只产生一个固定的转速。这种电动机具有噪声低、振动小、运转平稳、质量小、体积小等特点，主要用在室外机组换热器的热交换过程中。

单速类电动机的结构如图 4-4-6 所示。

图 4-4-5　单速类电动机

图 4-4-6　单速类电动机的结构

（2）多转速类电动机

这种电动机主要用于分体落地式空调器室内机组中，外形与单速电动机相同，但内部设有多组不同的绕组，通过控制不同的继电器给相应的绕组供电，从而达到调整风速的目的。

多转速类电动机如图 4-4-7 所示。

（3）PG 电动机

目前分体挂壁式空调器的室内机组使用的风扇电动机大多数是 PG 电动机，它是一种带脉冲发生器的电动机。

PG 电动机如图 4-4-8 所示。

用于测速的霍尔元件安装在电动机内，电动机每转动一周，霍尔元件就会输出一个或几个脉冲信号。经反馈脉冲信号来对电动机转速进行测定，输出的脉冲信号被单片机采集，通过改变可控硅的导通角来控制电压实现转速的自动控制。

（4）导风电动机

1）同步电动机

同步电动机定子绕组与异步电动机相同，转子转动的

图 4-4-7　多转速类电动机

速度与定子绕组所产生的旋转磁场相一致。同步电动机安装在分体落地式空调器室内机组中，用来控制导风板的导向。

同步电动机如图 4–4–9 所示。

图 4–4–8　PG 电动机

图 4–4–9　同步电动机

2）步进电动机

步进电动机安装在分体挂壁式空调器室内机组的导风板上，可控制导风板使风向自动调节。

步进电动机如图 4–4–10 所示。

3. 交流接触器

空调器中使用的交流接触器利用电磁铁的吸力使电路触点闭合或断开，是通过低电压、小电流控制高电压、大电流通断的电磁器件。

交流接触器如图 4–4–11 所示。

图 4–4–10　步进电动机

图 4–4–11　交流接触器

4. 电加热元件

（1）管状电加热器

管状电加热器安装在分体落地式空调器室内机组中，冬季空调器制热效果不足时用来补充热量。管状电加热器加热速度快，无明火，但热惯性大。

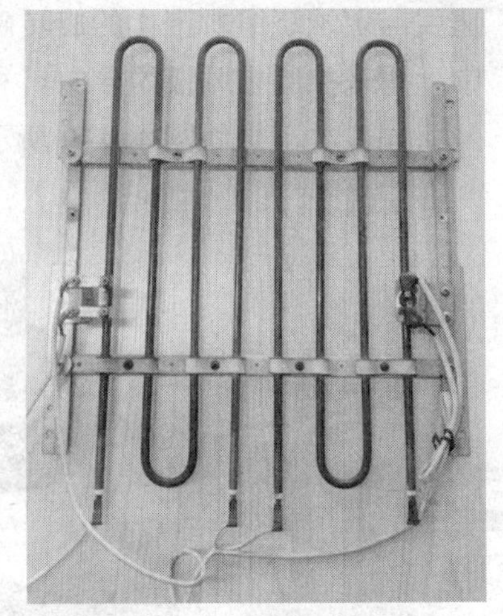

图 4–4–12　管状电加热器

管状电加热器如图 4–4–12 所示。

（2）PTC 电加热器

PTC 电加热器由多只 PTC 陶瓷发热组件并联组成。PTC 电加热器具有恒温发热、受电源电压影响小、安全高效等特点。

PTC 电加热器如图 4–4–13 所示。

（3）压缩机曲轴箱电加热器

压缩机曲轴箱电加热器紧贴在压缩机外壳安装，低温环境下对压缩机下部进行加热，使冷冻机油保持一定的温度，避免冷冻机油黏度增大造成压缩机启动困难。

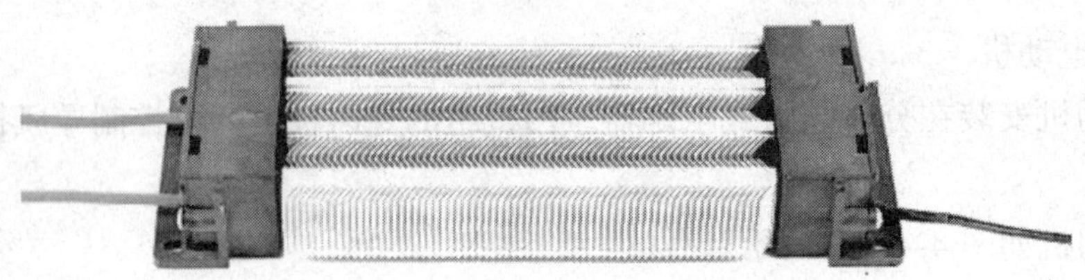

图 4–4–13　PTC 电加热器

压缩机曲轴箱电加热器如图 4–4–14 所示。

分体落地式空调器电路中，压缩机曲轴箱电加热器一般通过交流接触器常闭辅助触点接入电源，当交流接触器吸合后，压缩机曲轴箱电加热器断电停止加热。

图 4–4–14　压缩机曲轴箱电加热器

5. 空调器的各类电路板

空调器使用的电路板形式多样，主要包括主控板、操作板、显示板、变频板等。空调器的各类电路板见表 4–4–1。

表 4–4–1　　空调器的各类电路板

名称	图示	用途
主控板	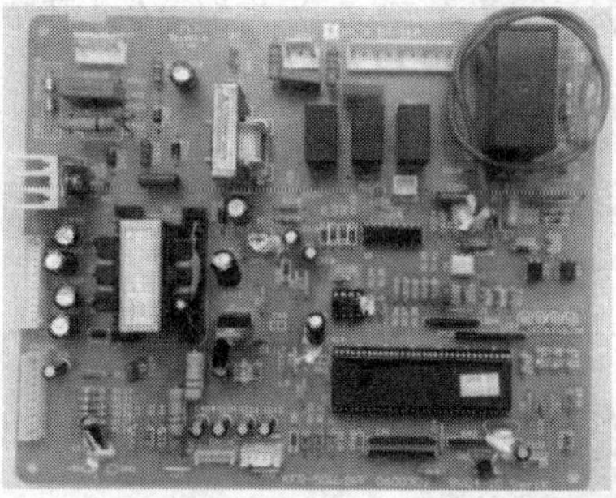	主控板以微处理器为主体，通过对遥控信号、传感器信号、检测信号、反馈信号等识别处理，转换为相应的控制信号后，实现对空调器各种功能和状态的整体控制
指示灯板	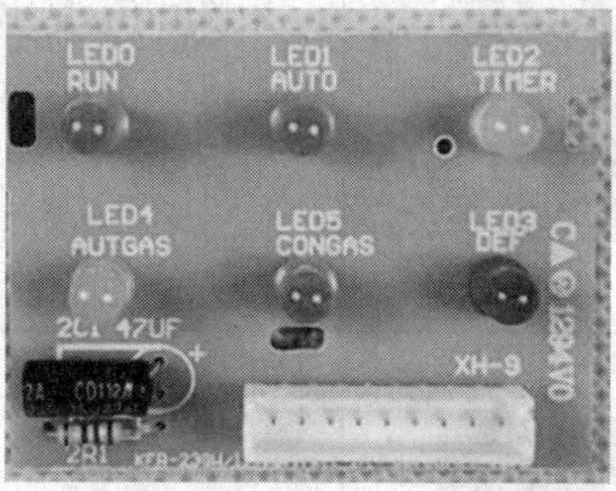	通过电路板安装的 LED 发光二极管点亮情况，显示空调器运行状态
遥控接收板	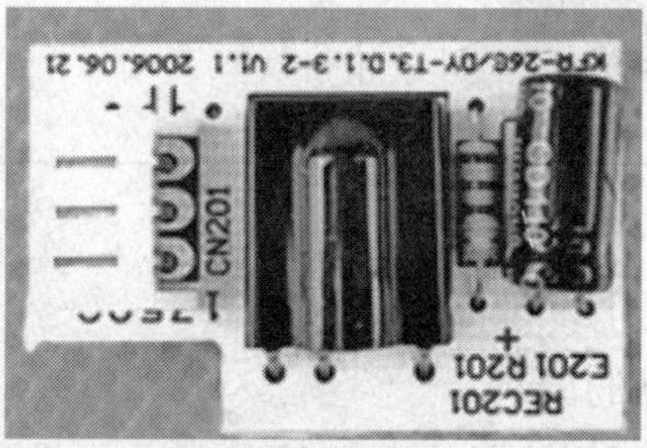	接收来自遥控器的工作指令，传输给主控板
温度显示板		数码管显示环境温度与设定温度

续表

名称	图示	用途
操作板		手动输入工作指令控制空调器模式等
相序保护板	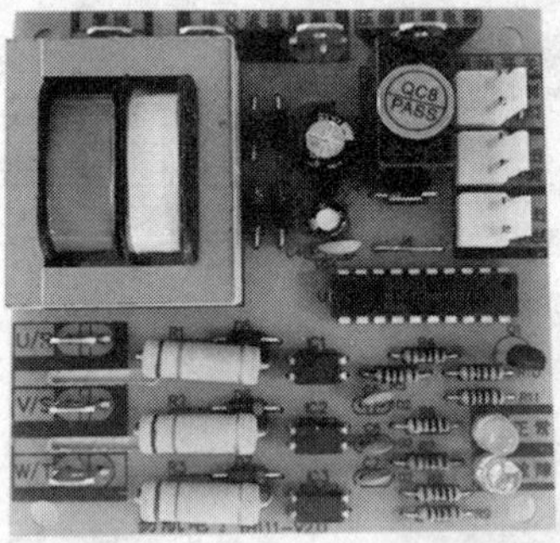	相序保护，缺相保护
变频板	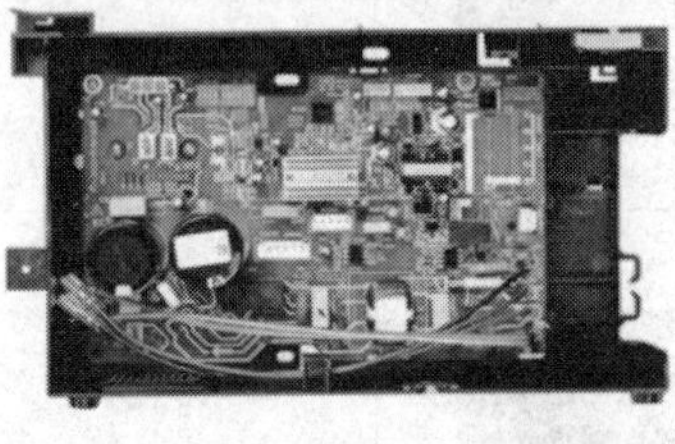	控制变频式空调器

二、分体式空调器的电气控制电路

1. 冷热两用型空调器电气控制电路的原理

冷热两用型空调器电气控制电路主要由主控电路、遥控接收电路、室内外温度信号电路、驱动电路等组成。

遥控接收电路把遥控信号反馈给主控板，主控板将采集的室内外环境信息与空调器设定模式比较，运算处理后输出控制信号。

冷热两用型空调器电气控制电路基本框图如图 4–4–15 所示。

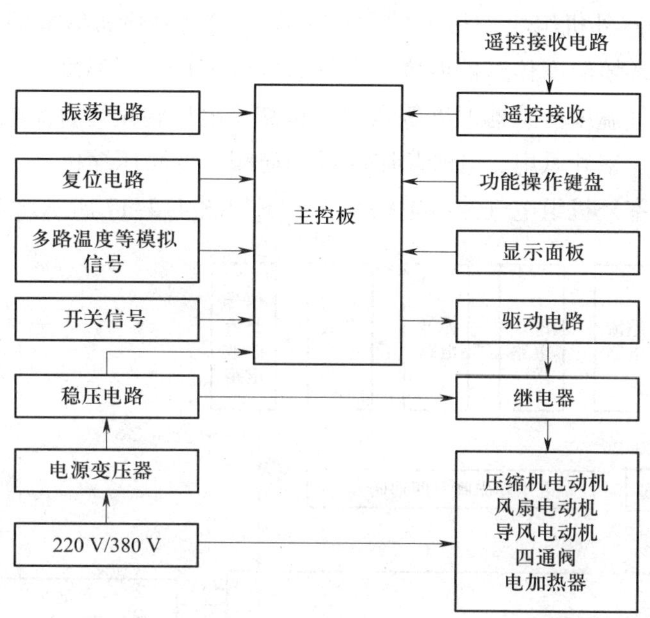

图 4-4-15 冷热两用型空调器电气控制电路基本框图

2. 变频式空调器室内机组电气控制电路的原理

主控板采集变频式空调器室内环境温度传感器与室内管壁温度传感器的温度信息，接收遥控信息、空调设定模式信息与室内外通信电路信息后，经过主控芯片内部处理，输出对应控制信号，完成对室内风扇、导风电动机与电加热器等室内机组负载电路的控制。

变频式空调器室内机组电气控制电路基本框图如图 4-4-16 所示。

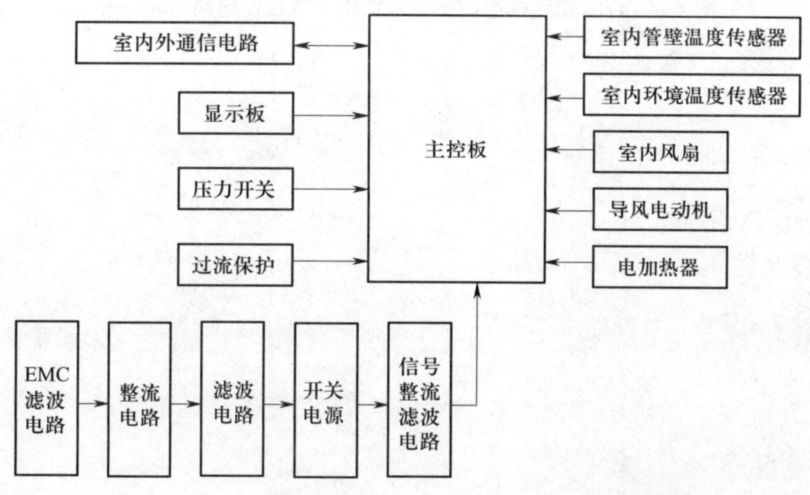

图 4-4-16 变频式空调器室内机组电气控制电路基本框图

3. 变频式空调器室外机组电气控制电路的原理

变频式空调器室外机组主控板上的主控芯片通过室内外通信电路接收空调器室内信息，同时采集室外环境温度传感器温度、室外管壁温度传感器温度、压缩机排气温度传感器温度、压缩机回气温度传感器温度等数据，将交流电压转化为直流电压，控制变频式空调器室外机组负载（室外风扇、电子膨胀阀或四通阀、变频压缩机等）。

变频式空调器室外机组电气控制电路基本框图如图 4-4-17 所示。

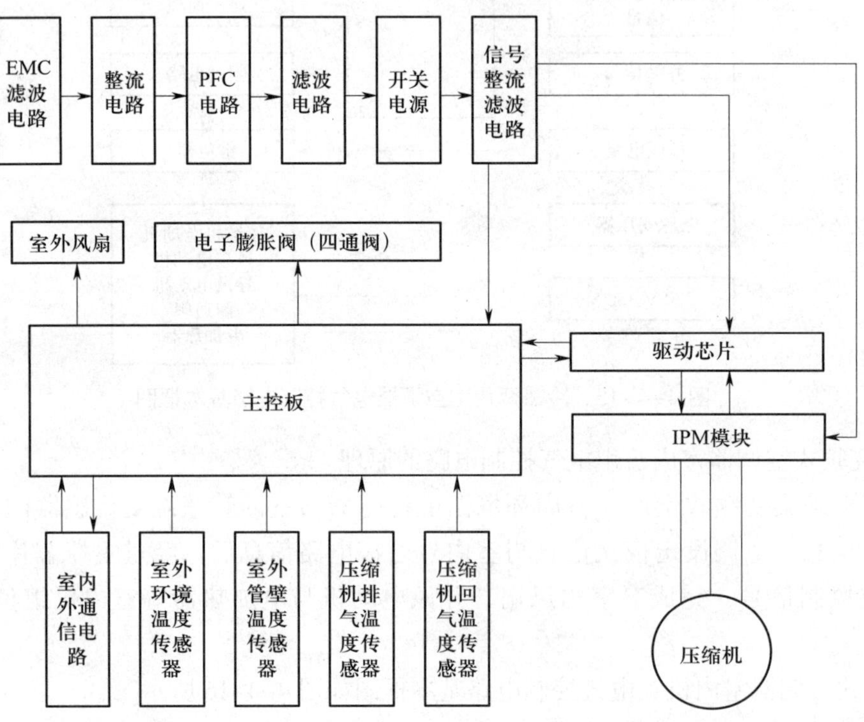

图 4-4-17 变频式空调器室外机组电气控制电路基本框图

第五章　空调器的故障与检修

§5-1　空调器检修器材的使用

学习目标

1. 了解空调器故障检修常用器材的基本知识。
2. 熟悉空调器故障检修常用器材的外形与结构。
3. 掌握空调器故障检修常用器材的使用。

一、空调器故障检修常用材料

1. 铜管

铜管是制冷作业中常用到的金属管材之一。根据制造工艺不同，铜管可分为拉制铜管和挤压铜管；根据材料性质不同，铜管可分为纯铜管、黄铜管、青铜管。由于纯铜管具有良好的可塑性和抗腐蚀性，主要用于空调器换热器的制作。

盘制的铜管如图 5–1–1 所示。

空调器的连接管道是高清洁度的纯铜管，导热性好，低温时强度较高。铜管的规格用外径乘以壁厚表示，常用的有 6.35 mm × 0.65 mm、9.52 mm × 0.75 mm 等不同规格。

2. 铜管管件

常用的铜管管件有弯头、直通、三通和其他各种螺纹接头等。

弯头用于管道转弯处的连接，按照转向角度分为 90° 弯头和 45° 弯头；按照连接管端是否变径分为等径弯头和变径弯头；按照连接管端方式分为焊接弯头和螺纹弯头。

焊接弯头如图 5–1–2 所示。

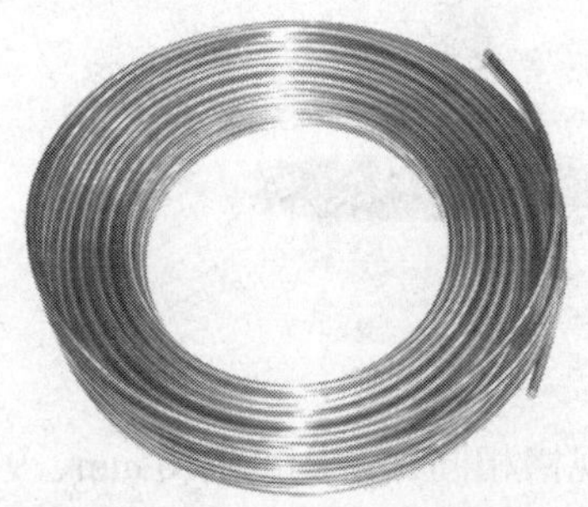

图 5–1–1　盘制的铜管

a)

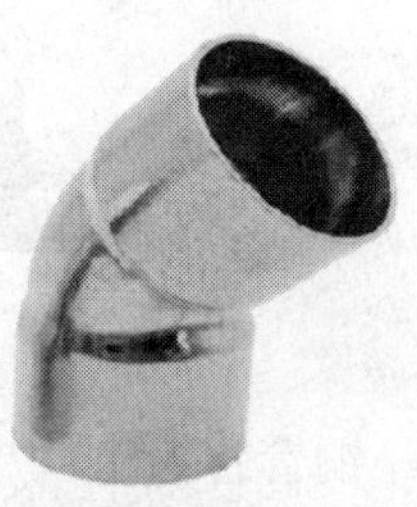

b)

图 5–1–2　焊接弯头

a）90° 焊接弯头　b）45° 焊接弯头

直通用于管道的连接，可分为等径直通和异径直通。等径直通用于相同管径管道间的连接，异径直通用于不同管径管道间的连接。

异径直通如图 5-1-3 所示。

三通用于管道的分支，有等径和异径之分。

等径三通如图 5-1-4 所示。

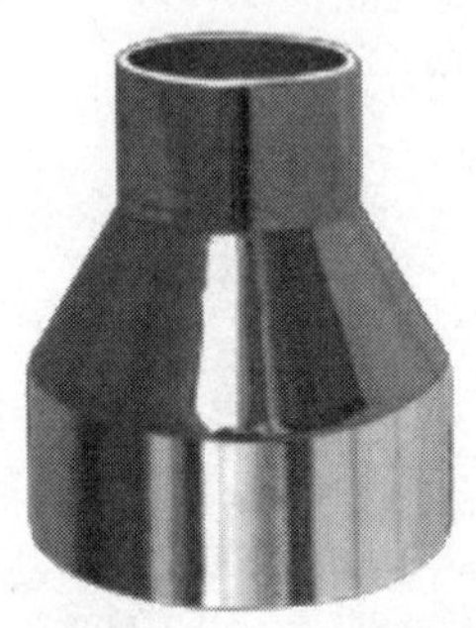
图 5-1-3　异径直通

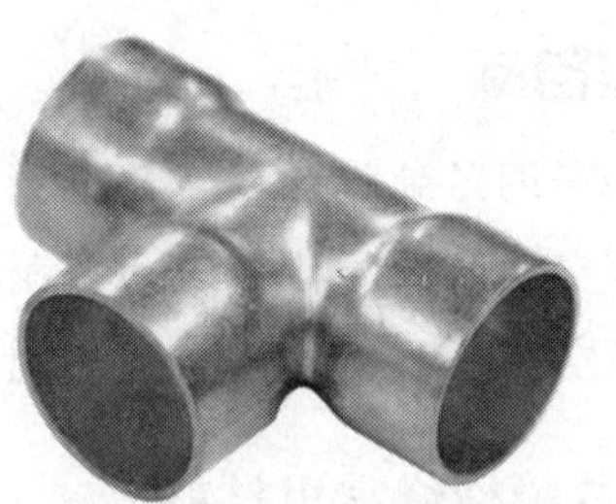
图 5-1-4　等径三通

黄铜硬度和韧性较高，一般用作管道接头配件。各种螺纹接头包括铜管等径螺纹接头、铜管异径螺纹接头、铜管套管螺纹接头等。

各种螺纹接头如图 5-1-5 所示。

图 5-1-5　各种螺纹接头

3. 铜管管箍

铜管管箍是固定管道使其保持平直的材料。与铜管规格相同，常用的有 6 mm、9 mm、12 mm 等。

铜管管箍如图 5-1-6 所示。

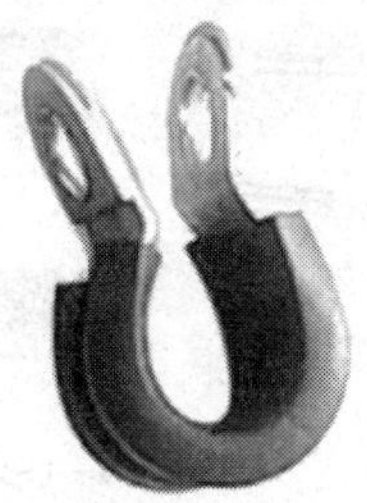

图 5–1–6　铜管管箍

4. 管口堵头

管口堵头是用于空调器阀门或管道临时封堵的材料，常用的有硅胶或塑料材质，分为螺纹与直插两种。

管口堵头如图 5–1–7 所示。

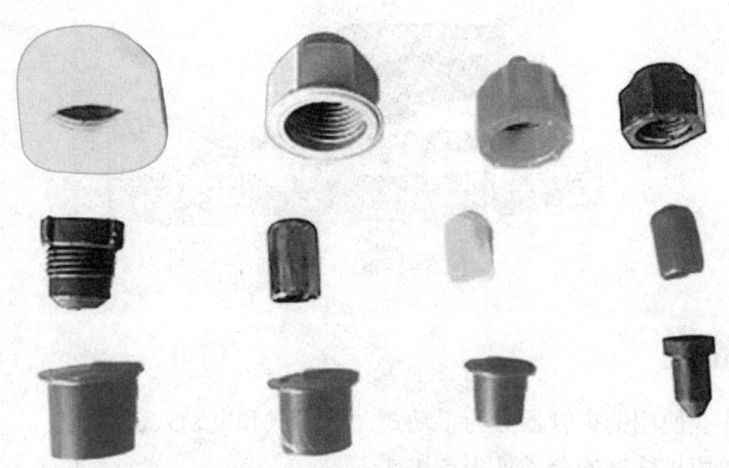

图 5–1–7　管口堵头

5. 保温材料

空调器中用到的保温材料以管状保温材料为主，可直接套装在制冷系统的制冷管道上，也可裁剪后使用黏合剂粘接。

国家标准《房间空气调节器》(GB/T 7725—2022) 规定，空调器的保温材料要有良好的保温性能和阻燃性，且无毒无异味。

管状保温材料如图 5–1–8 所示。

图 5–1–8　管状保温材料

6. 接线端子

常用的冷压接线端子有针型接线端子、直插式接线端子、U 型接线端子与 O 型接线端子等不同类型。

各类接线端子如图 5–1–9 所示。

图 5-1-9　各类接线端子

二、开关阀

开关阀用于空调器加液管转接时，通过阀开关的开启和关闭，控制内部流体的通过和截止。开关阀由阀开关、螺纹接头等组成。

开关阀如图 5-1-10 所示。

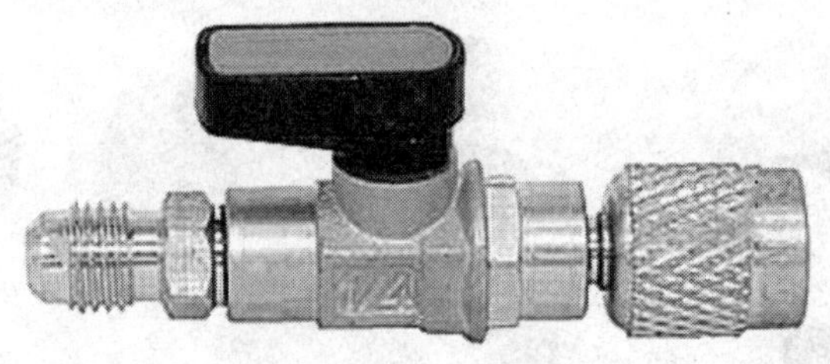
图 5-1-10　开关阀

三、偏心式扩管器

目前制冷作业使用的扩管器分为手动式、液压式和电动式三大类。

制冷作业常用扩管器的分类见表 5-1-1。

表 5-1-1　制冷作业常用扩管器的分类

分类	名称	图示	特点
手动式	普通扩管器		手工方式操作顶压装置
	偏心式扩管器		顶压装置的锥头为偏心结构

续表

分类	名称	图示	特点
液压式	液压扩管器	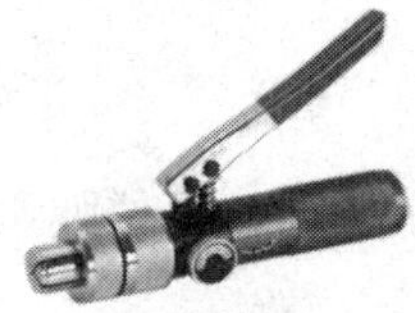	以液压杠杆代替手工方式
电动式	电动扩管器		电动机驱动顶压装置

偏心式扩管器由夹具、弓形架、偏心式旋转锥头、扭力式棘轮手柄、固定杆等部件组成。偏心式扩管器只有一个旋转锥头机构，只能扩制喇叭形管口。

偏心式扩管器如图 5-1-11 所示。

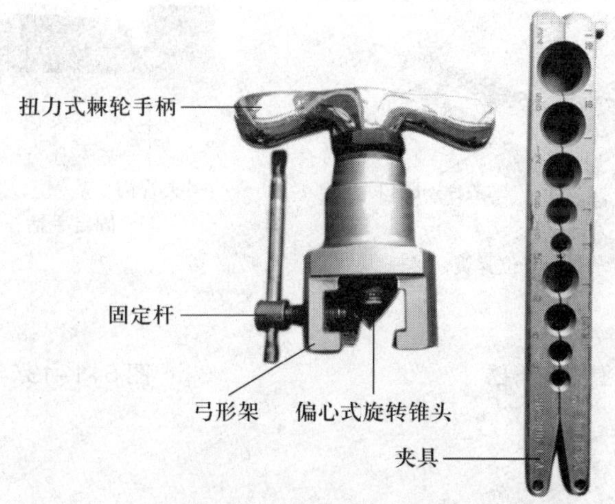

图 5-1-11　偏心式扩管器

偏心式扩管器的使用方法：将棘轮手柄逆时针旋转，使旋转锥头上移至顶端，将固定杆逆时针旋转到最外侧；把经过倒角处理的铜管放入夹具合适的夹孔内，铜管端口露出夹具的高度约与夹孔倒角的斜边相同；将夹持铜管的夹具放入到弓形架中，对正相应的夹具侧面定位凹槽，顺时针拧紧固定杆；稍微加力顺时针旋转棘轮手柄，观察旋转锥头沿轴向逐渐顶压到铜管内壁，继续旋转棘轮手柄，旋转锥头由铜管中心向边缘逐渐扩展，当听到“咔嚓”一声，旋转锥头已经完全顶压铜管形成一个 45° 喇叭口，此时再顺时针旋转棘轮手柄已经不起作用；逆时针旋转棘轮手柄、固定杆后取下夹具。

四、手握式胀管器

手握式胀管器由多合一胀口、夹紧手柄、复位弹簧等部件组成。

手握式胀管器如图 5-1-12 所示。

手握式胀管器的使用方法：将经过倒角处理的铜管插入合适的胀口上，手握夹紧手柄，胀口会向外扩张撑开铜管；根据铜管的张开程度，一边夹紧手柄，一边转动铜管，直到铜管符合使用要求。

五、给进压紧式封口钳

给进压紧式封口钳适用于压力较高状态下的焊接封口。操作时将铜管伸入夹管钩内，转动调节手柄，压紧锥头顶扁铜管完成封口。

给进压紧式封口钳如图 5-1-13 所示。

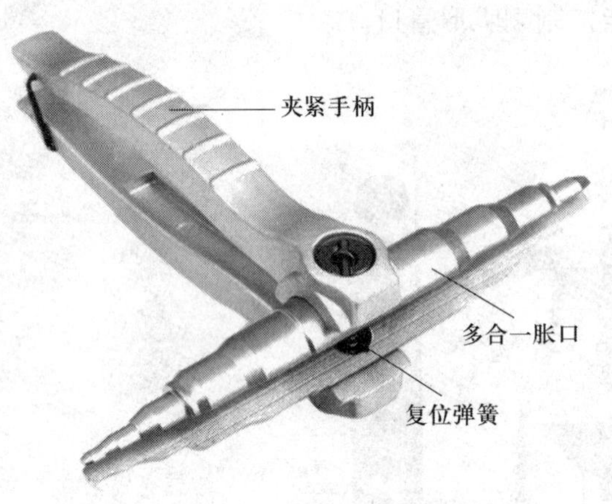

图 5-1-12　手握式胀管器

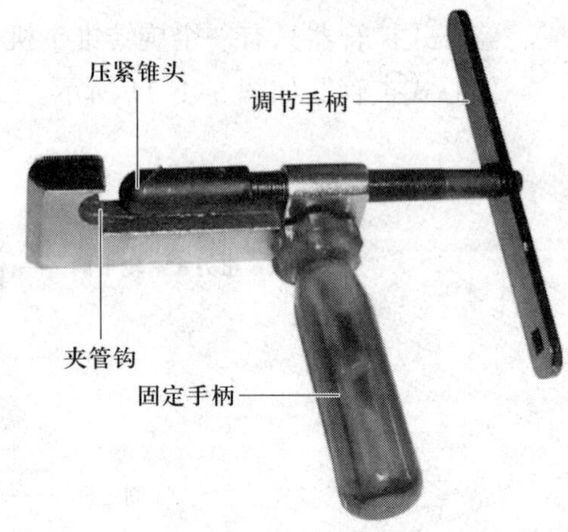

图 5-1-13　给进压紧式封口钳

六、棘轮扳手

棘轮扳手是专门用于旋动各类制冷设备阀门杆的工具。

棘轮扳手如图 5-1-14 所示。

棘轮扳手两端各有方榫孔，它的外圆为棘轮，旁边有一个撑牙由弹簧支撑，使扳孔只能单向旋动。

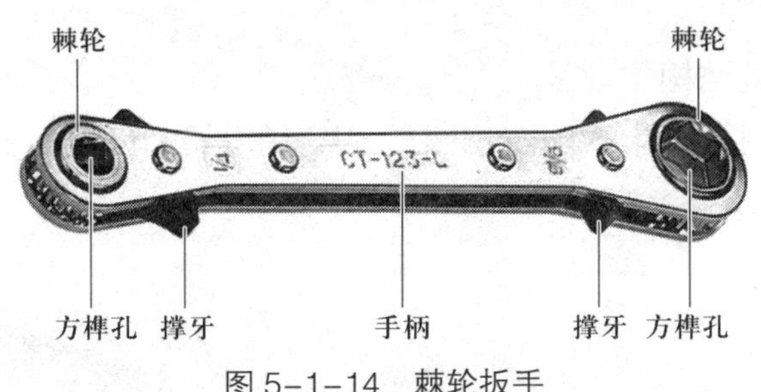

图 5-1-14　棘轮扳手

七、电钻

电钻是用来在坚硬材料上旋转切削钻孔的手持式电动工具。按照使用特点可分为手电钻、冲击钻和电锤。手电钻外形小巧、携带方便，可对木材、塑料和金属钻孔。冲击钻在普通电钻基础上增加了冲击机构，可对砖石、轻质混凝土、陶瓷、金属及类似材料钻孔。电锤头部结构采用钎卡装置，可对混凝土、岩石、砖墙等类似材料钻孔、开槽、凿毛。

电钻如图 5-1-15 所示。

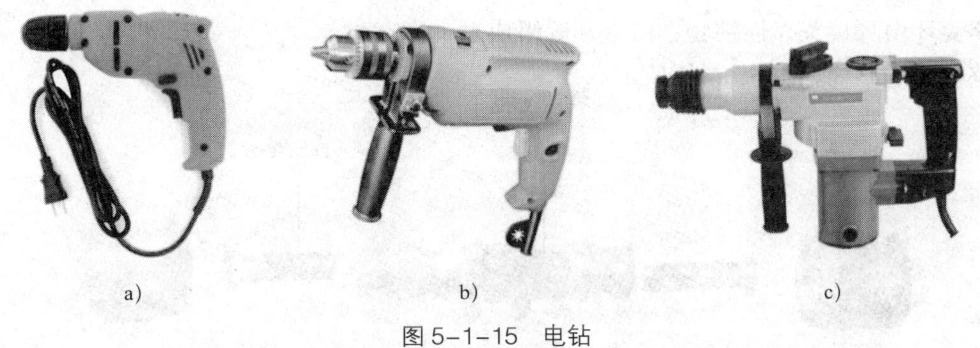

a)　　b)　　c)

图 5-1-15　电钻

a）手电钻　b）冲击钻　c）电锤

目前钻孔作业还使用一种带水源手持式金刚石钻，俗称金刚石钻或水钻。可在一般环境条件下，用带水源的薄壁金刚石钻头对石材、混凝土、砖墙进行钻孔。

带水源手持式金刚石钻如图 5-1-16 所示。

八、洛克环压接钳

洛克环技术是利用冷挤压塑性变形原理，使金属管道之间紧密连接的工艺。使用洛克环压接钳连接后的洛克环结构气密性好，可承受较强的压力。

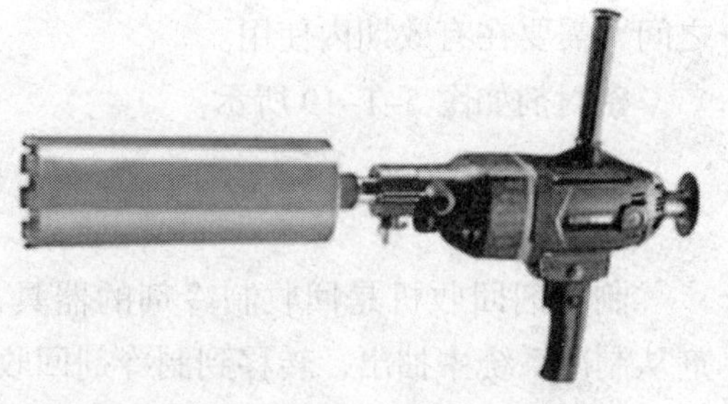

图 5-1-16　带水源手持式金刚石钻

采用洛克环压接钳压接的管口连接可替代

传统的气焊焊接作业。

1. 洛克环压接钳的结构

洛克环压接钳由压接钳体、可拆卸钳头、固定销、转动齿轮、手柄等组成。

洛克环压接钳如图 5–1–17 所示。

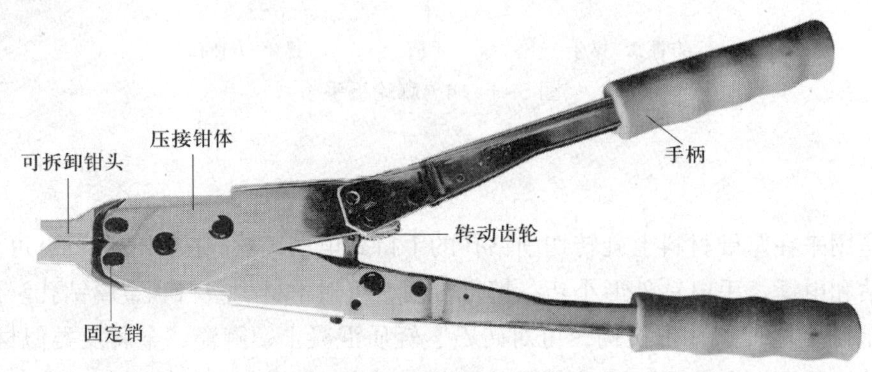

图 5–1–17 洛克环压接钳

2. 洛克环

洛克环由环接头、连接套、内嵌套等组成。

洛克环的结构如图 5–1–18 所示。

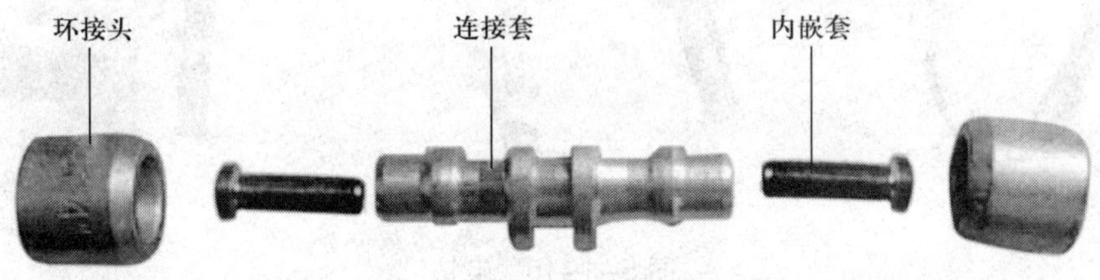

图 5–1–18 洛克环的结构

3. 密封剂

密封剂是一种专用填充液，涂敷在被压接的铜管外壁面，修复铜管外壁的划痕和微小凹槽。密封剂的使用温度范围在 –50 ~ 150 ℃之间，需要在有效期内使用。

密封剂如图 5–1–19 所示。

图 5–1–19 密封剂

九、制冷剂回收机

制冷剂回收机是回收制冷剂的器具，使用制冷剂回收机将制冷剂从制冷系统中抽出，转移到制冷剂回收瓶中。

国家标准《制冷空调设备和系统减少卤代制冷剂排放规范》

（GB/T 26205—2010）、《制冷剂回收循环处理设备》（JB/T 12844—2016）等要求固定安装的制冷空调及热泵设备和系统在生产、安装、检测、运行、维护、维修和报废处理的过程中，减少卤代制冷剂排放，应使用专用回收器具回收。

制冷剂回收机如图 5-1-20 所示。

制冷剂回收机可在回收的同时对制冷剂进行清洁干燥处理，便于制冷剂的二次利用。

图 5-1-20　制冷剂回收机

十、制冷剂回收瓶

制冷剂回收瓶是制冷剂回收储存、重复充装的专用钢瓶。制冷剂回收瓶上部为黄色，下部为灰色，采用双阀结构设计，工作压力不小于 3 MPa。

制冷剂回收瓶如图 5-1-21 所示。

十一、风速检测仪

风速检测仪是测量空气流速的仪器，在空调器检修中用来检测室内机组与室外机组进、出风口风阻大小与实际的风速、风量。

风速检测仪如图 5-1-22 所示。

图 5-1-21　制冷剂回收瓶

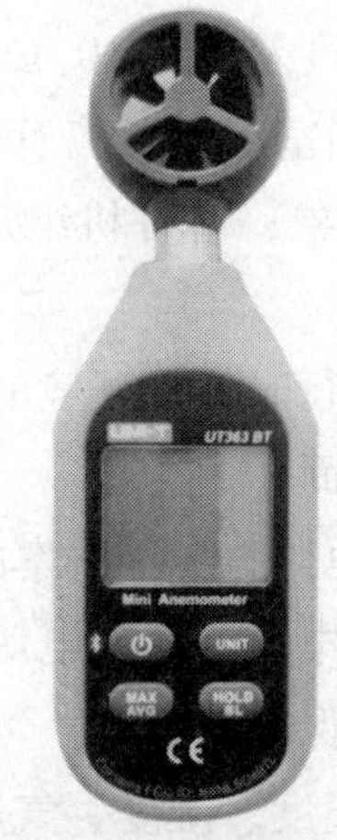

图 5-1-22　风速检测仪

§5–2　空调器常见故障的检修

学习目标

1. 了解空调器的正常工作状态与外部环境对空调器的影响。
2. 了解空调器常见的假性故障。
3. 熟悉空调器常见故障的特征。
4. 熟悉空调器常见的检修思路。
5. 掌握空调器常见的检修步骤。
6. 掌握空调器常见故障现象、原因分析与检修方法。

一、空调器的正常工作状态与外部环境对空调器的影响

空调器首次接通电源后，液晶屏点亮，显示初始化参数；听到蜂鸣器发出“滴”的一声，导风电动机处在关闭导风板状态。当按下遥控器按键后，空调器应能根据接收的指令实现各功能控制，调节空调器风量，应能明显感觉不同风速变化；调节空调器温度，空调器应能根据温度变化做出不同的状态反应；转换空调器模式，空调器应能根据模式变化做出不同的状态反应。

空调器开机运转 10 min 后，室内机组出风口温度（制冷模式下在 12 ~ 15 ℃之间，进、出风口温度差应在 10 ℃左右，制热模式下在 30 ~ 45 ℃之间，进、出风口温度差应在 15 ℃左右）和室内温度应有明显变化；室内风扇出风均匀，无其他噪声；排水管排水顺畅，无滴漏现象；室外机组运转平稳，无异常噪声，室外机组外露管道及截止阀上应有凝露。

空调器运行时外部环境的变化对空调器的正常运行影响很大，外部环境的变化一般包括以下几个方面。

1. 供电电源电压、频率的变化

供电电源电压不稳或电源线线径细，空调器长期在低电压状态下运行，致使出现电压保护或压缩机保护性限频。

2. 环境温度、湿度、气压的变化

环境温度、湿度、气压太高或太低；设定温度不合理，与使用环境未适配；环境温度的变化使冷凝压力、排气压力改变。

3. 使用环境的变化

空调器选型与房间使用面积不匹配；空调器安装不当或安装位置不合理；空间狭窄、通风不良，进出风受阻挡，循环不畅。

4. 使用性质的变化

使用目的、使用场合发生变化。

5. 使用不当、误操作等

空调器室内外机组空气过滤网脏堵、室内外进出风受阻风量小、导风板调节不当、温度调节不当、频繁开关机。

二、空调器常见的假性故障

空调器出现不运转或运转不正常情况，不一定是空调器本身出现故障，而是人为因素或工作环境、外部条件、外界因素发生变化造成的，这种非空调器自身出现的故障通常称为空调器的假性故障。正确判断和区分空调器自身故障和空调器假性故障，对于空调器的检修至关重要。

空调器常见的假性故障主要有以下几种。

1. 空调器不运转

原因可能如下。

（1）未接通电源。

（2）电源电压过低。

（3）熔断器断路。

（4）低压断路器跳闸。

（5）接触不良。

2. 室内机组液晶屏亮，空调器不运转

原因可能如下。

（1）模式设置不当。

（2）设定温度不合适。

3. 空调器制冷或制热效果差

原因可能如下。

（1）超出空调器使用温度范围。

（2）换热器积尘过多，通风不畅。

（3）室内机组空气过滤网太脏。

（4）房间密封性差，房间热负荷过大。

4. 空调器发出轻微的“啪啪”声响

原因可能是温度变化造成塑料部件热胀冷缩。

5. 空调器发出流水声

原因可能是制冷剂循环流动。

6. 出风口冒出白色雾状气体

原因可能是使用区域周围环境湿度较大。

7. 制热模式下室外机组有蒸气冒出

原因可能是空调器处于化霜状态。

8. 室内机组导风板凝露

原因可能是长时间使用低风速，导风板位置调节不当。

三、空调器常见故障的特征

1. 空调器常见故障的种类

空调器常见故障一般可分为三大类，分别为空调器制冷系统故障、空调器电气控制系统故障、空调器空气循环系统故障。

2. 空调器常见故障的分布规律

据统计，空调器发生的故障以电气控制系统故障最多，占空调器故障的一半以上。电气控制系统故障中，排除供电、接线问题外，电路板故障占20%~30%，其中在变频式空调器、智能化程度较高的新型空调器中电路板故障率最高；其次是其他电气控制部件的故障，如压缩机电动机、电容器、电子膨胀阀、传感器、室内外交（直）流风扇电动机等。

空调器制冷系统故障中，新安装的空调器制冷剂泄漏故障率最高，一般发生在空调器室内机组与室外机组的接头处。

制冷系统堵塞故障中污堵、油堵均会发生，一般发生在室外机组，抽真空不彻底、安装作业时进入污物等是发生堵塞的主要原因。

空调器空气循环系统故障主要分布在室内外机组风道，常见故障是风量减少、有异常声响，应重点检查风扇电动机和风道的密闭完好性。

四、空调器常见的检修思路

空调器的检修过程，根据先简单后复杂、先局部后综合、先思考后动手、先检查电气控制系统后检查制冷系统、先检查室内后检查室外的原则逐次进行。了解空调器的型号、规格、性能等技术指标，仔细研读空调器电气控制原理图，摸清空调器制冷系统工作流程。

根据空调器发生故障的时间、经过、现象特征、使用情况等综合因素，判断出是属于空调器外部因素导致的故障，还是空调器自身故障。根据具体情况区分故障的类型，根据故障类型选定使用何种检修方法。

空调器常见的检修思路见表5–2–1。

表 5-2-1　　空调器常见的检修思路

故障现象	检修思路
泄漏	制冷系统管路接头、焊接点及各部件发生制冷剂泄漏
堵塞	制冷系统管路、毛细管（电子膨胀阀）、干燥过滤器等部件堵塞，换热器脏污堵塞等
断路	电气接线断路、熔断器熔断、过热或过电流引起过载保护器的触点断开
烧毁	压缩机电动机的绕组、风扇电动机的绕组、电磁阀线圈、继电器线圈和触点等被烧毁
卡阻	压缩机卡缸、风扇卡阻、运动部件轴承磨损等

五、空调器常见的检修步骤

1. 常规检测

仔细检查空调器本身是否完好，各部件有无明显破坏损伤之处。检查室内外机组接头、管道、部件、阀门上是否有油迹、是否松动、是否有破裂，室内外换热器上是否脏污。检查压缩机吸气管、毛细管（电子膨胀阀）、干燥过滤器等部件是否出现结霜现象。在制冷工况下检查室内机组排水是否连续不断。检查电气控制系统接线有无松脱，各电动机是否运转自如，电路板有无明显损坏。用手摸空调器出风口感觉是否有明显的温度变化，摸空调器低压管道是否有凉手的感觉，摸压缩机外壳是否烫手。用耳听压缩机及风扇等的运转声响是否有异常，听开停机和正常运转时是否有金属撞击或塑料摩擦声响，听制冷剂节流声是否连续、均匀，听四通阀换向时是否有“嗒”的换向声和“噗嗤”的气流声响。用鼻子闻空调器周围是否有烧焦的气味或其他异味。检查空调器室内外机组是否出现故障代码指示。

2. 仪器检测

通过仪器仪表检测空调器各工作点的实际数据，并与维修参数进行比较，判断是否出现故障。

（1）使用压力表检测空调器高、低压压力，对应相应的温度值，判断制冷系统工作是否正常。

某空调器温度值与对应压力范围见表 5-2-2。

表 5-2-2　　某空调器温度值与对应压力范围

环境温度 /℃	低压压力		高压压力	
	吸气压力 /MPa	蒸发温度 /℃	排气压力 /MPa	冷凝温度 /℃
30	0.4 ~ 0.45	3 ~ 4	1.20 ~ 1.40	30 ~ 35
35	0.45 ~ 0.50	4 ~ 6	1.40 ~ 1.70	35 ~ 45
40	0.55	8	1.7 ~ 2.0	50

（2）使用风速检测仪检测空调器的进、出风口风速是否正常。

（3）使用温度计检测空调器进、出风口温度，进、出风口温度差应在 8～12 ℃之间。

（4）使用电压表和电流表检测空调器的工作电压和电流，判断压缩机工作是否正常。

（5）使用电子检漏仪检测空调器制冷系统管接口、各部件接口是否有制冷剂泄漏。

（6）使用兆欧表检测空调器的绝缘电阻是否正常。

六、空调器常见故障现象、原因分析与检修方法

根据故障特征，结合空调器的结构、原理和电气控制电路等基础知识，合理分析空调器故障本质，正确判断故障原因，查找故障部位。

1. 空调器通电后不运转

空调器通电后不运转的检修见表 5–2–3。

表 5–2–3 空调器通电后不运转的检修

故障现象	原因分析	检修方法
空调器通电后不运转	电源电压过低，低于 198 V 时，空调器不能启动	加装稳压电源或待电压稳定后再启动
	电源线断路，使空调器无供电	检修电源线
	选择开关接触不良，电源不能接通，空调器不工作	维修或更换选择开关
	室内机组或室外机组的电流过大，使熔断器熔丝熔断	查明熔断器熔丝熔断原因并修复，再换熔丝
	空调器控制线连接不牢，造成某处松脱，使电源不能接通，空调器不工作	重新连接好控制线

2. 空调器运转但不制冷

空调器运转但不制冷的检修见表 5–2–4。

表 5–2–4 空调器运转但不制冷的检修

故障现象	原因分析	检修方法
空调器运转但不制冷	制冷剂全部泄漏，造成空调器不制冷	保压检漏，找出漏点并处理，无泄漏后，抽真空、充注制冷剂
	制冷系统（干燥过滤器、毛细管等）堵塞	更换干燥过滤器，用高压氮气吹冲制冷系统，然后重新抽真空、充注制冷剂

3. 空调器运转但制冷效果不好

空调器运转但制冷效果不好的检修见表 5–2–5。

表 5-2-5　　空调器运转但制冷效果不好的检修

故障现象	原因分析	检修方法
空调器运转但制冷效果不好	制冷剂不足	查找缺少制冷剂的原因，处理后补充制冷剂
	制冷剂管路泄漏	查出制冷剂管路泄漏处，处理后补充制冷剂
	室内机组空气过滤网堵塞	清洗空气过滤网
	毛细管或干燥过滤器堵塞	更换毛细管或干燥过滤器，重新抽真空、充注制冷剂
	压缩机工作性能差，制冷效率下降	检查压缩机排气压力是否正常，若是压缩机工作性能差，更换同规格的压缩机
	冷凝器积灰散热效果差	清洗冷凝器表面积灰
	制冷剂充注过量	放出多余的制冷剂
	室外机组工作环境温度过高	改善室外机组工作环境

4. 空调器室内外机组风扇运转但压缩机不运转

空调器室内外机组风扇运转但压缩机不运转的检修见表 5-2-6。

表 5-2-6　　空调器室内外机组风扇运转但压缩机不运转的检修

故障现象	原因分析	检修方法
空调器室内外机组风扇运转但压缩机不运转	压缩机电动机短路	更换压缩机
	压缩机启动继电器损坏	更换压缩机启动继电器
	压缩机过载保护器断开不能复位	查找压缩机过载保护器断开的原因，更换新的过载保护器
	压缩机电容器损坏	查明压缩机电容器损坏原因，更换新的电容器
	压缩机电路接线错误或触点接触不良	重新连接压缩机电路

5. 空调器室外机组运转但室内风扇不运转

空调器室外机组运转但室内风扇不运转的检修见表 5-2-7。

6. 空调器压缩机运转但室外风扇不运转

空调器压缩机运转但室外风扇不运转的检修见表 5-2-8。

表 5–2–7　　空调器室外机组运转但室内风扇不运转的检修

故障现象	原因分析	检修方法
空调器室外机组运转但室内风扇不运转	室内风扇工作电流过大，造成熔断器熔断	查明室内风扇工作电流过大原因，修复后更换熔丝
	风扇磨损严重，造成机械部件卡死，引起风扇电动机烧坏	维修或更换风扇
	室内风扇电动机电容器损坏	更换电容器
	室内机组接线出现故障	检查室内机组接线，重新连接室内机组导线

表 5–2–8　　空调器压缩机运转但室外风扇不运转的检修

故障现象	原因分析	检修方法
空调器压缩机运转但室外风扇不运转	室外风扇电动机接线端子松动或接触不良	紧固接线端子
	室外风扇电动机电容器被击穿	更换电容器
	室外风扇电动机熔丝熔断	检查熔丝熔断原因，排除故障后更换熔丝
	室外风扇电动机短路	更换风扇电动机
	风扇电动机烧毁	更换风扇电动机
	风扇卡阻	重新调整
	继电器接触不良	维修或更换继电器

7. 室内温度过低且空调器不停机

室内温度过低且空调器不停机的检修见表 5–2–9。

8. 室外机组噪声大

室外机组噪声大的检修见表 5–2–10。

表 5–2–9　　室内温度过低且空调器不停机的检修

故障现象	原因分析	检修方法
室内温度过低且空调器不停机	使用不当，室内温度设置得过低	合理设置室内温度
	电气控制电路（传感器）出现故障	仔细检查空调器电气控制电路，找出故障点予以排除

表 5-2-10　　室外机组噪声大的检修

故障现象	原因分析	检修方法
室外机组噪声大	机壳螺栓松动	紧固螺栓
	室外风扇轴承破损	更换轴承
	室外风扇扇叶松动	紧固室外风扇扇叶
	压缩机底脚螺栓松动	紧固其底脚螺栓
	压缩机内有异响	查找原因并排除或更换压缩机

9. 冷热两用型空调器制冷正常但不制热

冷热两用型空调器制冷正常但不制热的检修见表 5-2-11。

表 5-2-11　　冷热两用型空调器制冷正常但不制热的检修

故障现象	原因分析	检修方法
冷热两用型空调器制冷正常但不制热	四通阀线圈烧坏或阀内部卡死	维修或更换四通阀
	温度设置不当	合理设置温度

10. 热泵型空调器室外机组不能正常化霜

热泵型空调器室外机组不能正常化霜的检修见表 5-2-12。

表 5-2-12　　热泵型空调器室外机组不能正常化霜的检修

故障现象	原因分析	检修方法
热泵型空调器室外机组不能正常化霜	化霜控制器失灵	更换化霜控制器
	化霜控制器触点损坏	维修或更换化霜控制器
	化霜定时器损坏	维修或更换化霜定时器
	化霜继电器线圈烧坏或触点损坏	更换化霜继电器
	化霜控制电路导线连接不牢，造成连接导线松脱	重新接好导线

11. 空调器启动时发出“嗡嗡”声

空调器启动时发出“嗡嗡”声的检修见表 5-2-13。

12. 空调器开机时间不长就停机

空调器开机时间不长就停机的检修见表 5-2-14。

表 5-2-13　　空调器启动时发出“嗡嗡”声的检修

故障现象	原因分析	检修方法
空调器启动时发出“嗡嗡”声	电源电压低	查找电源电压低的原因并排除
	电容器损坏	更换电容器
	压缩机超负荷	查找原因并排除
	启动继电器损坏	更换启动继电器
	压缩机电动机绕组短路	更换压缩机电动机
	压缩机卡缸或抱轴	更换压缩机
	压缩机缺油或冷冻机油变质	补充或更换压缩机冷冻机油

表 5-2-14　　空调器开机时间不长就停机的检修

故障现象	原因分析	检修方法
空调器开机时间不长就停机	电源电压过低（过高），不稳定	查明原因，按规定要求重新布线
	电源熔断器熔断	查明原因，排除故障后更换熔丝
	室外换热器通风不畅	移除室外换热器周围影响散热的障碍物
	室外换热器积灰太厚	清扫室外换热器积灰
	换热器风扇转速低	查明原因，更换风扇或电容器
	室外换热器有阳光直射，影响冷凝效果	加装遮阳板
	制冷剂量过多	排放多余制冷剂
	制冷系统内混入不凝性气体	重新抽真空、充注制冷剂
	制冷管道堵塞，造成冷凝压力过高，压缩机超负荷而停机	放出系统中的制冷剂，更换干燥过滤器，重新抽真空、充注制冷剂
	压缩机卡缸或抱轴	维修或更换压缩机
	压缩机运转电流过大	检查压缩机是否匝间短路，维修或更换压缩机
	压缩机绝缘性能下降	维修或更换压缩机
	压缩机过载保护器故障	更换过载保护器
	压缩机吸、排气压力异常	查明压缩机吸、排气压力异常的原因，排除故障

第六章　空调器的安装与维护

§6–1　空调器的安装

学习目标

1. 熟悉分体式空调器的安装工艺。
2. 熟悉分体式空调器安装的注意事项。
3. 掌握分体式空调器的安装步骤。
4. 掌握分体式空调器移机的方法。

一、分体式空调器的安装

空调器的安装要符合国家和地方政府颁布的有关电气、建筑、环境保护等法律法规、标准以及产品安装说明书的要求。国家标准《家用和类似用途空调器安装规范》（GB 17790—2008）对空调器安装做出了相应的规范和要求。

空调器的安装应结合安装现场的实际环境情况及使用需求，依据相关工种的安全作业规范和产品安装使用技术规范，将空调器牢固、稳定地放置或固定到合理的使用位置，并进行正确的组合、连接、调试，以实现空调器应有的使用功能和完整性。

分体式空调器的安装可分为安装前的准备、安装前的检查、确定安装位置、安装过程、试机前的检查、试运行、交付使用等操作步骤。

1. 安装前的准备

（1）确定安装人员

空调器的安装过程中使用到诸多专用设备和工具，涉及登高作业、气体焊接、电气线路安装及机械部分的装调，所以必须由受过专门培训的专业安装人员来完成。

空调器安装人员应是具备一定空调基础知识、电气安全基础知识，熟练掌握安装工艺操作流程，有一定的技术经验，并持有制冷与空调作业上岗证、电工证、登高证等相关资质的专业人员。

安装人员应备齐空调器安装工具、安装材料及必要的检验仪器仪表。空调器安装需要登高作业时，安装人员必须提前准备梯子、安全带、安全绳等，并对工具做好防跌落的措施及人身财产安全防护措施。

（2）准备安装器材

1）常用工具

空调器安装常用的工具主要有钳工工具、电工工具、测量工具、制冷管道工具、开孔工具等，按表 6–1–1 所列进行准备。

2）常用仪器仪表、设备与材料

空调器安装常用仪器仪表、设备与材料按表 6–1–2 所列进行准备。

表 6–1–1　空调器安装常用工具

序号	名称	序号	名称
钳工工具			
1	各类扳手	3	锉刀
2	羊角锤、橡皮锤	4	台钳
电工工具			
1	组合旋具	5	压线钳
2	剥线钳	6	斜口钳
3	尖嘴钳	7	电工刀
4	平口钳	8	验电笔
测量工具			
1	卷尺	3	直尺
2	直角尺	4	水平尺
制冷管道工具			
1	割管器	5	修边器
2	弯管器	6	倒角器
3	偏心式扩管器	7	洛克环压接钳
4	手握式胀管器	8	封口钳
开孔工具			
1	手电钻	4	水钻
2	冲击钻	5	各类钻头
3	电锤	6	墙壁开孔器

表 6-1-2　　空调器安装常用仪器仪表、设备与材料

序号	名称	序号	名称
1	万用表	11	真空泵
2	钳形电流表	12	制冷剂回收机
3	兆欧表	13	制冷剂定量充注设备
4	专用组合阀	14	便携式焊炬
5	温度计	15	焊料、助焊剂
6	真空仪	16	点火枪
7	制冷剂钢瓶、制冷剂回收瓶	17	梯子
8	加液管	18	水泥钢钉、膨胀螺栓
9	电子检漏仪	19	安装用支架
10	风速检测仪	20	密封泥

3）安全防护用具

空调器安装常用安全防护用具按表 6-1-3 所列进行准备。

表 6-1-3　　空调器安装常用安全防护用具

器材名称	图示	器材名称	图示
劳保服		劳保鞋	
防护手套	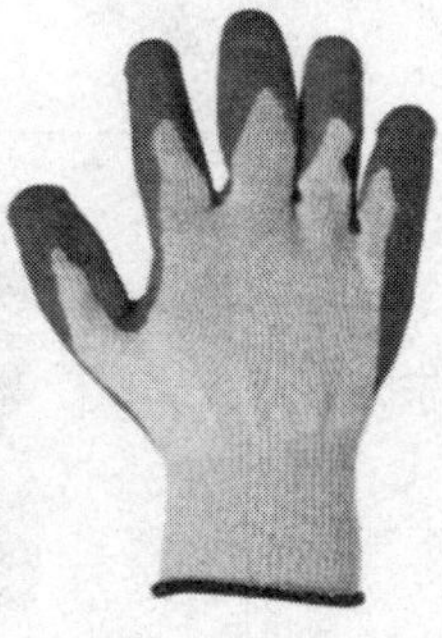	护目镜	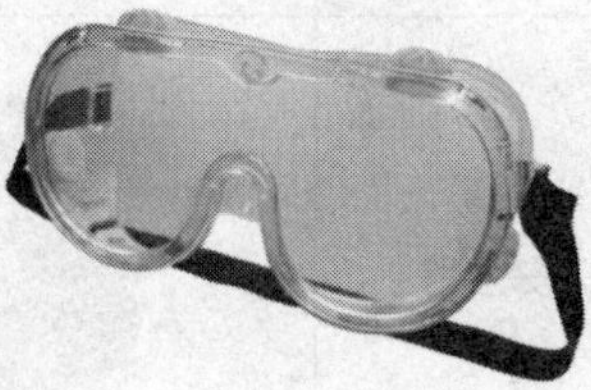

续表

器材名称	图示	器材名称	图示
防护口罩	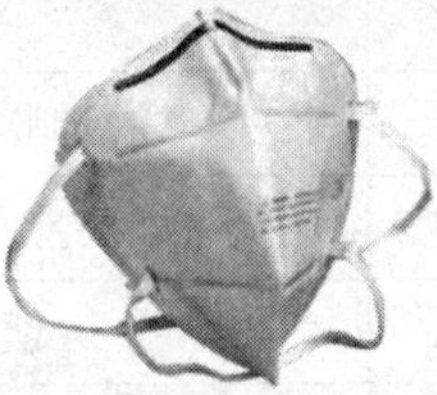	焊接滤光眼镜	
焊接手套		阻燃布	
防冻手套	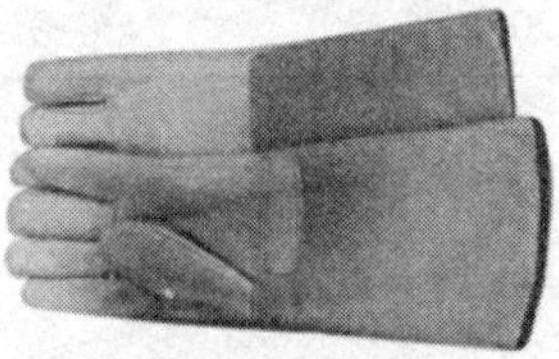	绝缘手套	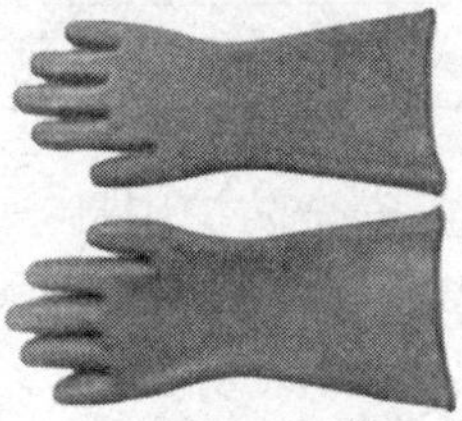
防护面罩	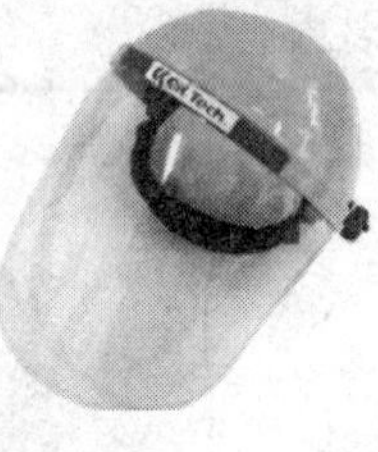	防噪声耳塞或耳罩	
安全带	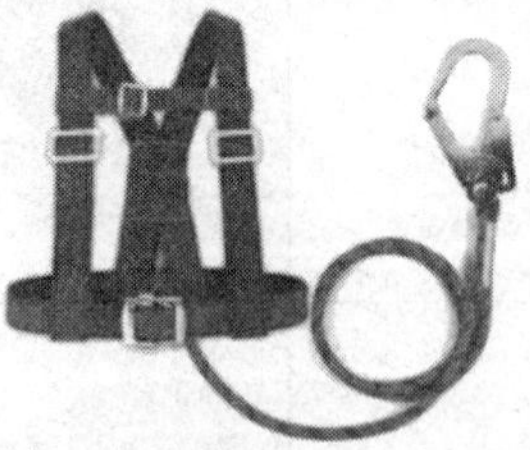	安全绳	
安全帽	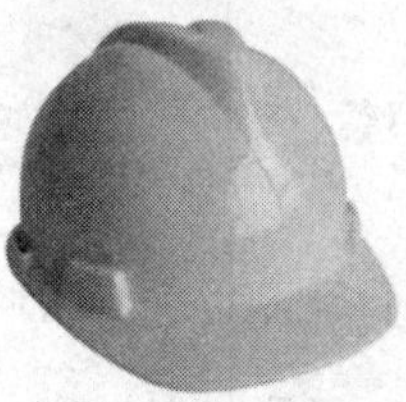	警示牌	

续表

器材名称	图示	器材名称	图示
灭火器			

（3）预约安装时间

提前预约空调器安装的时间，在约定的上门时间内，备齐安装工具及安装器材等到达安装地点。

2. 安装前的检查

空调器整机包装出厂后是一个半成品，还有一部分工序需要在使用现场安装时完成，将室内机组、室外机组及配管进行组合、连接及调试，形成一个完整的运行系统。假如空调器安装质量不合格，空调器使用性能及安全性能就得不到有效保证。

统计数据表明，空调器的维修情况有约 70% 是由于安装不当、安装不规范等原因所造成。因此安装工艺规范程度、安装操作时的质量，是保障空调器正常运行的重要环节。规范安装程序、提高安装质量是空调器安装前首要任务。合格的空调器安装，不仅可以消除空调器安全隐患和不稳定因素，还利于保障空调器的长期正常运转及延长空调器使用寿命。

（1）根据安装说明书和装箱材料清单核对检查

检查空调器室内机组、室外机组及配管、配线等与选购型号是否一致，随机配备的资料、附件是否齐全。

（2）分体式空调器安装前外部情况检查

分体式空调器安装前应检查空调器室内机组与室外机组的外壳、面板、扇叶、导风板等是否有磕碰、划伤、破损、生锈等情况。

打开室内机组封口螺母，检查是否有保压氮气。检查室外机组扇叶转动灵活性，应无阻滞，检查室外机组高、低压阀门接口有无损坏。检查空调器安装支架，应能承受空调器机组质量的 4 倍以上，保证连接牢固、可靠并有良好的防锈措施。检查空调器连接管道有无压扁、变形、划伤等明显的缺陷。检查空调器配线外皮有无损伤，接线端子连接是否牢固。

（3）分体式空调器安装前通电检查

将室内机组水平放置，通电检查（送风挡）运转是否平稳低噪，遥控器遥控是否操作灵活可靠，高、中、低风挡是否正常。此外还有空调器其他附件也需要一一检查，确保没有问题。

3. 确定安装位置

仔细阅读产品安装说明书，根据使用现场的环境状况选择安装位置，要综合考虑室内机组与室外机组安装的高度差、管路长度、制冷剂种类、安装墙壁的承受能力（承重能力较弱的墙体要进行必要的加固、支撑）及使用环境是否安全等。

分体式空调器安装位置的选择，要符合国家标准《家用和类似用途空调器安装规范》（GB 17790—2008）的相关规定，应遵循以下几个方面。

（1）避开易燃气体发生泄漏的地方或有强烈腐蚀气体的环境。

（2）避开人工强电、磁场直接作用的地方。

（3）避开易产生噪声、振动的地点。

（4）避开自然条件恶劣（如油烟重、风沙大、阳光直射或有高温热源）的地方。

（5）避开儿童易触及的地方。

（6）缩短室内机组和室外机组连接的长度。

（7）选择便于维护、检修方便和通风的地方进行安装。

分体式空调器室内机组的安装位置，应充分考虑室内空间位置和布局，使气流组织合理、通畅。要使室内机组的进、出风口远离障碍物，确保气流能吹遍整个房间但不得直吹床头。尽可能选择便于排放冷凝水的安装位置。此外，安装位置要预留出维修保养所需的操作空间。

分体式空调器室内机组安装位置的确定见表 6-1-4。

表 6-1-4　分体式空调器室内机组安装位置的确定

结构形式	图示	安装要求
挂壁式	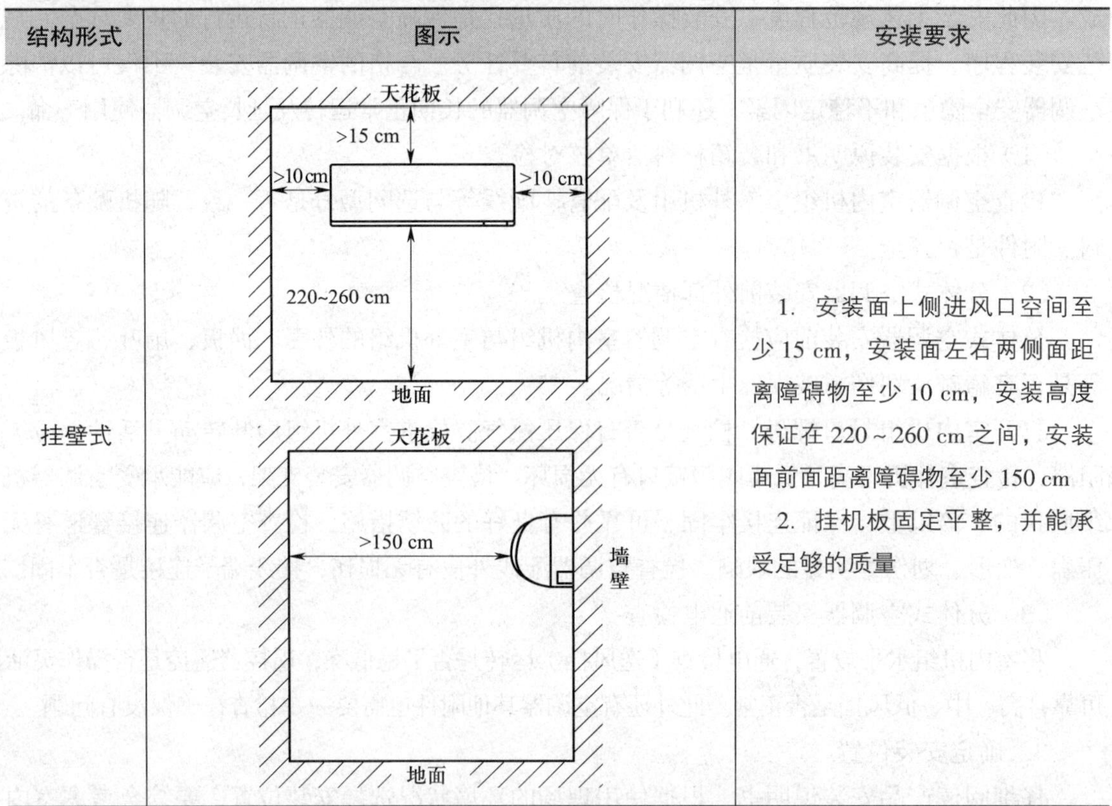	1. 安装面上侧进风口空间至少 15 cm，安装面左右两侧面距离障碍物至少 10 cm，安装高度保证在 220 ~ 260 cm 之间，安装面前面距离障碍物至少 150 cm 2. 挂机板固定平整，并能承受足够的质量

续表

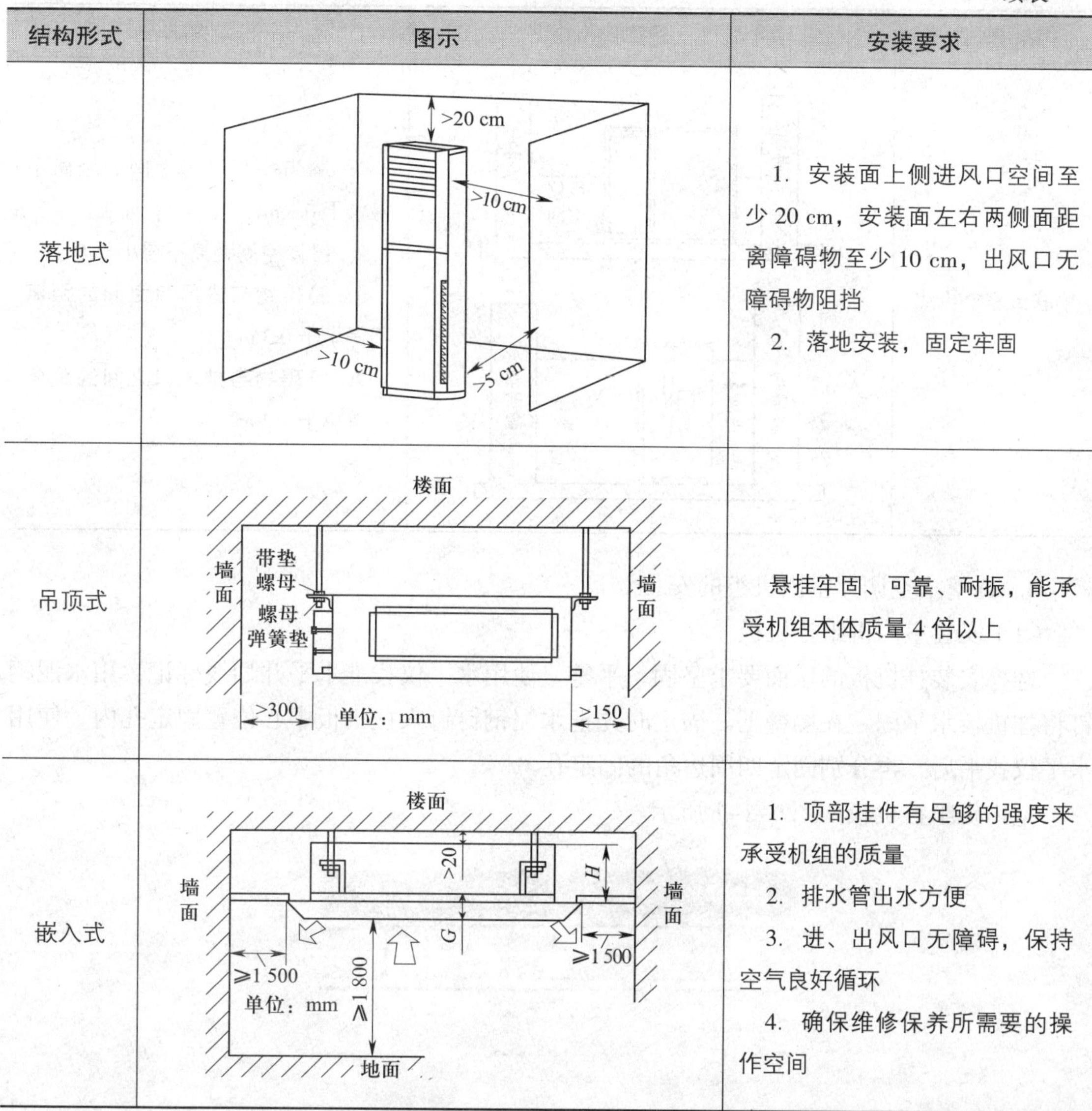

结构形式	图示	安装要求
落地式		1. 安装面上侧进风口空间至少 20 cm，安装面左右两侧面距离障碍物至少 10 cm，出风口无障碍物阻挡 2. 落地安装，固定牢固
吊顶式		悬挂牢固、可靠、耐振，能承受机组本体质量 4 倍以上
嵌入式		1. 顶部挂件有足够的强度来承受机组的质量 2. 排水管出水方便 3. 进、出风口无障碍，保持空气良好循环 4. 确保维修保养所需要的操作空间

分体式空调器室外机组的安装位置应考虑和遵守环保、市容的有关规定，不得在建筑物内部的过道、楼梯、出口等公用地方安装空调器的室外机组，安装室外机组的位置不应占用公用人行道，沿道路两侧建筑物安装的室外机组其安装架底部距地面的距离应大于 2.5 m。室外机组不得安装在室内空间、封闭阳台等与室外大气循环对流、通风不畅的区域内。室外机组的排风应尽可能远离相邻方的门窗和绿色植物，与对方门窗距离不得小于下述值：空调器额定制冷量不大于 4.5 kW 的为 3 m，空调器额定制冷量大于 4.5 kW 的为 4 m。

分体式空调器室外机组安装位置的确定见表 6–1–5。

表 6–1–5　　分体式空调器室外机组安装位置的确定

结构形式	图示	安装要求
单联式室外机组	障碍物 维修空间 障碍物 障碍物 进风 排风 障碍物	1. 障碍物与风扇之间的距离不得小于 0.3 m 2. 维修空间距离不得小于 0.5 m 3. 障碍物与进风口之间的距离不得小于 0.3 m 4. 障碍物与排风口之间的距离不得小于 1.2 m

4. 挂壁式空调器室内机组的安装

（1）安装室内机组挂机板

选择安装挂机板的墙面要求坚固、平整。使用水平仪找准水平并划线标记，用水泥钢钉将挂机板水平固定在墙壁上。固定时先把水泥钢钉钉入挂机板中心位置固定孔内，使用水平仪找平后，再分别固定四周边角的固定孔。

室内机组挂机板如图 6–1–1 所示。

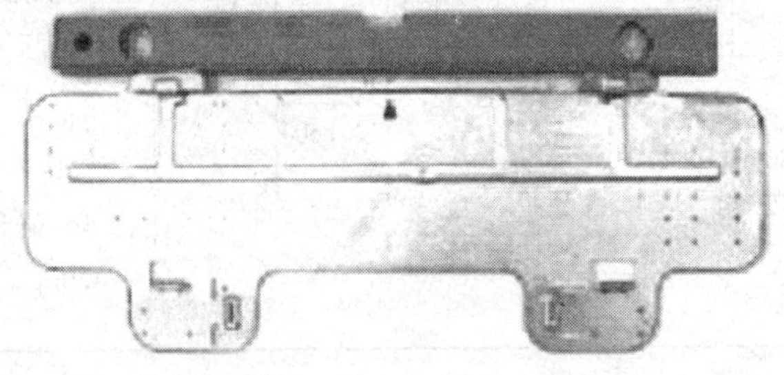

图 6–1–1　室内机组挂机板

如果使用塑料膨胀塞替代水泥钢钉固定挂机板，要先按照塑料膨胀塞的直径打孔，装入塑料膨胀塞后用锤子砸入墙体，再将准备好的自攻螺钉穿过挂机板固定孔拧入塑料膨胀塞内。

挂机板固定处不得少于 6 处，以保证挂机板牢固且受力均匀，安装后用手拉动挂机板，确认是否牢靠。挂机板要求与墙面完全结合，不得有缝隙，避免产生振动。

（2）墙壁开孔

室内机组挂机板安装完成后，确定室内机组连接管道的出口方向，根据出口方向确定墙壁开孔位置。墙壁开孔位置应根据安装位置的实际情况来确定，确保安装完毕后连接管道的走向紧贴墙面，整体效果美观。

墙壁开孔位置确定后，按内高外低的原则穿透墙体打出一个直径为 55 ~ 70 mm 的圆孔。开孔工具可使用无尘、低噪声、快速开孔工具，并做好必要的防尘措施。

墙壁开孔的注意事项如下。

1）墙壁开孔前应确定墙体内无内埋水路及电路存在。

2）墙壁开孔的室外侧要适当比室内侧低 5 ~ 10 mm，确保排水口流出的冷凝水有一定高度落差，使水顺利排出室外。

3）墙壁开孔后把预先备好的保护套管穿过墙孔内。

4）打扫工作现场，保持清洁。

（3）连接室内机组管路

室内机组的连接管从背部引出较短，要与室外机组连接，就必须通过连接配管使管路延长。根据所开的墙孔和挂机板位置，确定室内机组连接管道出口方式，并弯曲好室内机组连接管的方向。

挂壁式空调器备有两根配管，一根为气管（粗管），一根为液管（细管），两根配管预先已经使用保温材料包裹好，且两端也有塑料封头密封。配管在安装之前整根螺旋缠绕成圆盘状（长度为 3 ~ 5 m），安装时需要展开伸直。按住配管端部，将配管沿与盘管相反的方向滚动展开。

空调器配管的质量检测标准要符合国家标准《空调与制冷设备用铜及铜合金无缝管》（GB/T 17791—2017）的相关要求。

挂壁式空调器室内机组连接管与配管使用喇叭口、管口螺母连接。接管操作前先检查配管和室内机组连接管的喇叭口、管口螺母是否符合标准，不应出现滑丝、松脱、裂纹、沟痕等质量问题。

室内机组连接管与配管的连接如图 6-1-2 所示。

接管操作时，要按照先连接较粗管道，再连接较细管道的原则进行。取下配管两端的塑料封头，先在配管喇叭口管接头处涂抹冷冻机油，将喇叭口对准相应接头锥面，连接时一定要对直配管中心位置，用手充分旋紧锥形螺母，然后用力矩扳手或两把开口扳手旋紧。使用开口扳手时，室内机组连接管一侧的开口扳手应固定不动，而转动配管一侧的开口扳手，拧紧时的力度一定要掌握好，过紧则会造成室内机组连接管变形或损坏喇叭口，过松则螺母

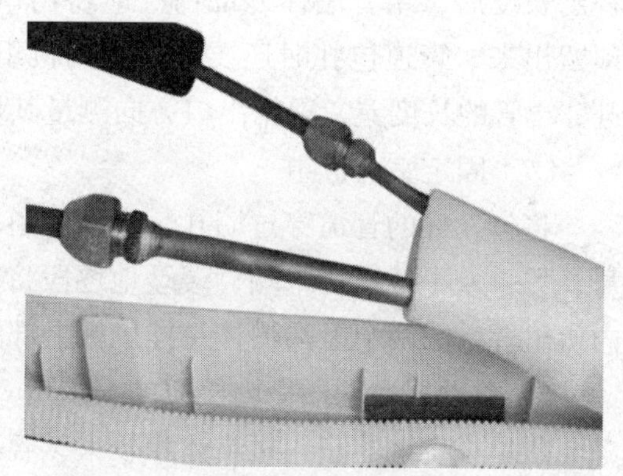

图 6-1-2　室内机组连接管与配管的连接

拧不紧而造成泄漏。

管道连接完成后，按照横平竖直的要求整理管道，将管道用保温材料包裹，用包扎胶带缠紧。

（4）连接室内机组电路

按照室内机组电气接线图，理清接线端子序号及配线颜色。一般情况下，电源线（三芯线）中蓝色和棕色线为电源 L、N，黄 / 绿双色线为接地线。信号线为较细的多芯线，两端使用排插连接。

将接线端子正确接入端子排。连接时配线插入端子排的长度以 7 mm 左右为宜，使用连接环进行连接时注意必须完整接入，紧固时应加垫专用垫圈，并使用原机所配螺钉紧固，确保连接牢固。连接地线时，务必将接地线牢固地接到标注有接地标识的端子上，不得接错。

（5）连接室内机组排水管

室内机组排水管引管与外接排水管连接要紧密，并用防水胶带缠绕绑扎，防止漏水。置于室内机组部分的外接排水管还要做好保温处理。

（6）管道的整形包扎

将空调器室内机组的高压管、低压管、电源线、信号线、排水管等整合在一起，使用包扎胶带包裹缠紧，对于有换气功能或新风装置的空调器，还要将换气管包扎在内。

管道的整形包扎如图 6–1–3 所示。

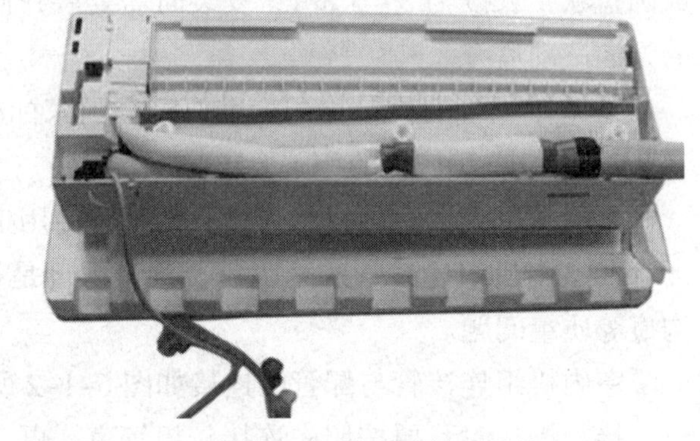

图 6–1–3　管道的整形包扎

包扎时把空调器的高压管、低压管置于中间；上面为电源线和信号线，为防止干扰，电源线和信号线不要扭绞在一起；下面为排水管，为保持排水通畅，排水管不能有扭曲、缠绕，避免堵塞。

使用包扎胶带缠绕管道时，要保证管道重叠均匀、松紧适度。排水管包裹到一定长度后，结合墙体外部情况应将出口预留出来。管道包扎时还要注意室内机组进、出管的长度差，根据出口方向测量其长度，将该长度在管道包扎时预留出来。

（7）固定室内机组

将包扎好的管道穿过墙孔，穿墙管道较长时，要两人配合作业。一人搬起室内机组机身，另一人手持管道末端，缓缓地逐段将管道送入墙孔内，直到管道完全穿过墙孔。将室内机组背后的两个上沟槽挂在挂机板上部的两个挂钩上。

5. 落地式空调器室内机组的安装

落地式空调器室内机组体积较大，容易倾倒，一般选择靠墙放置在地面上固定安装。

落地式空调器室内机组连接管出口方向可选择左侧出管、右侧出管、后侧出管。连接管与配管连接后弯管时，注意不要弯扁管道（如果配管一端是螺纹管口的，要把这一端连接室内机组连接管）。

落地式空调器室内机组其他部分的安装方法与挂壁式空调器基本一致，具体可参照挂壁式空调器安装的相关内容。

6. 吊顶式空调器室内机组的安装

（1）安装吊杆螺栓

使用与室内机组配套的安装模板，在房间顶板确定吊杆螺栓的安装位置。使用电锤开孔，将吊杆螺栓牢固地固定在房间顶板上。

（2）安装室内机组

将室内机组的托架的固定孔穿入吊杆螺栓，装上螺母并使用扳手拧紧。将室内机组挂到托架上，使用螺栓固定。使用水平尺检测室内机组的水平度，如有倾斜，要及时调整。

（3）连接室内机组配管及排水管

该步骤与挂壁式空调器室内机组的安装相同，具体可参照执行。

7. 室外机组的安装

室外机组安装要选择在足以承受机器质量，不会产生振动和噪声的平面上。安装用支架及其安装要符合国家标准《家用和类似用途空调器安装规范》（GB 17790—2008）、《空调器室外机安装用支架》（GB/T 35753—2017）的相关规定，保证强度和质量。

（1）支架的安装

安装用支架必须具有足够的强度和抗腐蚀性，安全年限不得低于空调器整机安全使用年限。

根据安装方式不同，室外机组安装用支架可分为挂壁式和平台式两种。室外机组垂直悬挂在墙面上，可选用挂壁式支架；室外机组放置在平面上，可选用平台式支架。挂壁式支架根据空调器制冷量不同，分为两种结构。

挂壁式支架的两种结构如图 6–1–4、图 6–1–5 所示。

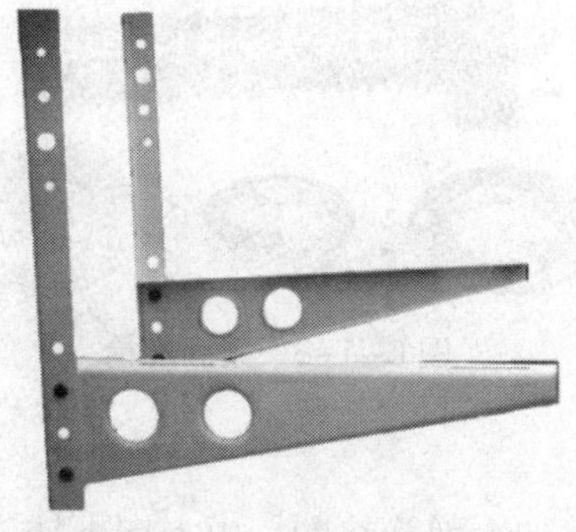

图 6–1–4　制冷量 <5 000 W 的挂壁式支架结构

图 6–1–5　5 000 W ≤制冷量≤ 7 500 W 的挂壁式支架结构

平台式支架如图 6-1-6 所示。

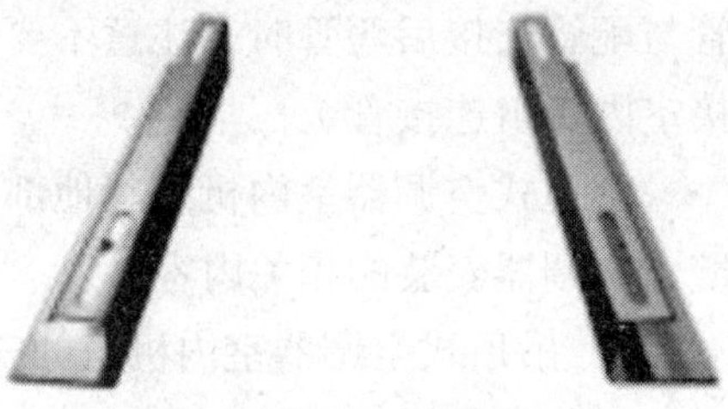
图 6-1-6　平台式支架

按照材料不同，支架可分为热轧型钢（俗称角铁）、镀锌钢板或镀铝锌钢板、不锈钢三类。角铁材料厚度应不小于 3 mm；镀锌钢板或镀铝锌钢板材料厚度应不小于 2.5 mm；不锈钢材料厚度应不小于 2 mm。

（2）室外机组的安装步骤

用水平尺在选定的安装面上划一水平直线，保证安装支架的固定面在水平线上。室外机组的安装面应坚固结实，具有足够的承重强度，其承重强度不应低于室外机组质量的 4 倍，保证连接牢固可靠并有良好的防锈措施。安装时应充分考虑空调器安装后的通风空间、噪声及市容、物业管理等要求，且其结构、材质应符合建筑规范的有关要求。

当安装面强度不足时应采取相应的加固、支撑和减振措施，以防影响空调器的正常运行或导致危险。墙体为砖混材料或钢筋混凝土时，室外机组支架采用膨胀螺栓固定。墙体为空心砖材料时，应采用加长螺杆穿透墙体加固垫片进行固定。

安装时用于承载、耐受剪切力的固定或连接螺栓等材料，应符合相应国家标准和安装说明书的要求。用于在混凝土等安装面上安装固定的膨胀螺栓，应根据安装面材质坚硬程度确定安装孔直径和深度，选择适用的、表面镀锌纯化的膨胀螺栓。制冷量 <4 000 W 的空调器室外机组，膨胀螺栓应不少于 4 只；制冷量 ≥ 4 000 W 的空调器室外机组，膨胀螺栓应不少于 6 只。固定安装用支架和室外机组底脚用的螺栓要求长度 ≥ 30 mm，直径 ≥ 8 mm，并且垫圈、弹簧垫圈等配套完整。

膨胀螺栓如图 6-1-7 所示。

紧固螺栓如图 6-1-8 所示。

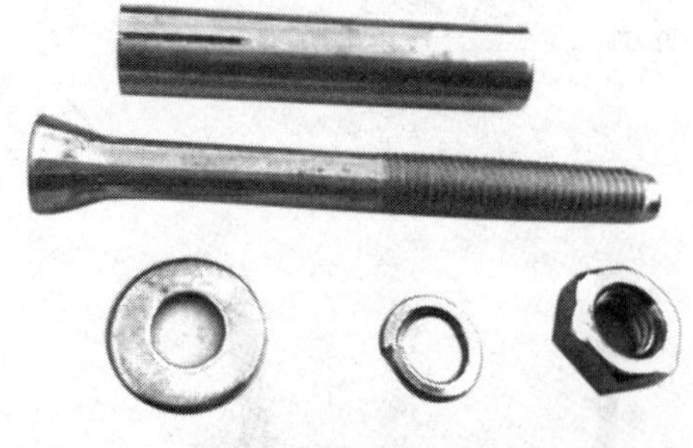
图 6-1-7　膨胀螺栓

图 6-1-8　紧固螺栓

（3）室外机组的固定

将室外机组放到室外机组安装用支架上，紧固螺栓加上弹簧垫圈，由上向下插入，螺母在下方紧固。为保证安全使用，配齐安装所需的螺栓。户外登高安装作业时，室外机组必须用安全绳固定牢固。安装人员必须戴安全帽、系安全带、穿防滑鞋，设置安全警示标志，由两人以上配合完成。

（4）连接室外机组管路

使用开口扳手打开室外机组高、低压截止阀阀帽，将配管喇叭口对准截止阀锥面接口中心，用手旋紧喇叭口上的六角螺母，再用开口扳手拧紧，操作过程中要注意把握好拧紧的力度。

（5）连接室外机组电路

拆下室外机组接线盖板，按照电气接线图标注的导线连接序号，将电源线、信号线、接地线等与室外机组接线端子一一对应连接。对于采用螺栓锁紧方式的连接线路，接线端子螺栓拧紧后，轻轻拉动电线，不得有松动情况。对于端子插接方式的连接线路，要确保插接到位。检查接线无误后，用不同的定位卡压固接线头，注意定位卡与接线端子之间的导线要保留一定的自由度，不能过紧。

全部装接完成后，合上接线盖板。如果连接线长度不够，原则上应整根更换，如有特殊情况，必须选用与原导线同规格、同材质导线驳接使用，但应确保接线质量，同时还要做好绝缘和防水保护。

8. 管道空气的排放与检漏

（1）使用室外机组内部制冷剂排除空气

制冷剂为 R22 的空调器，可以使用室外机组内部的制冷剂进行空气的排除。

拧下高、低压截止阀上螺母盖和充氟口螺母盖，用内六角扳手将高压截止阀阀芯逆时针旋转 1/4 圈。从低压截止阀的充氟口处用内六角扳手将充氟顶针顶开排除空气，此时应有气体排出，持续 10 ~ 15 s 后停止。用内六角扳手将高、低压截止阀阀芯逆时针旋转全开。将高、低压截止阀阀芯螺母盖、充氟口螺母盖拧紧。

（2）管路检漏

对室内机组、室外机组配管接头等处使用泡沫检漏法检漏。用毛刷蘸洗洁精搅拌成泡沫状，涂抹在可疑处，每处停留时间不少于 3 min，被检部位如有气泡溢出，表明此处存在泄漏。

制冷管道检漏也可使用电子检漏仪来进行，电子检漏仪的灵敏度很高，可以检测出管路连接中存在的微量泄漏，条件许可情况下，尽可能使用电子检漏仪进行检漏。

二、分体式空调器安装的注意事项

1. 空调器安装在距离地面 2 m 以上（包含 2 m）有可能坠落的高处时，安装人员必须佩戴安全带、安全绳、安全帽等安全装备。安装作业前必须检查安全带、安全绳、安全帽等安全装备是否合格，是否存在安全隐患，若有安全隐患则必须更换。安装时要将安全带、安全绳、安全帽等安全装备牢固地固定在可靠的地方，安全带使用要做到高挂低用。

安全带、安全绳要符合国家标准《坠落防护 安全带》（GB 6095—2021）、《坠落防护 安全带系统性能测试方法》（GB/T 6096—2020）的相关要求。

2. 高处作业、打过墙孔、安装室外机组时，必须设置安全警示标志，并要注意行人、车辆安全，谨防安装工具、零件及建筑材料坠落。

3. 使用梯子登高前先检查梯子的牢固程度以及放置的位置是否稳妥得当，必要时用绳子将梯子捆绑固定。

4. 雷雨、大风等恶劣天气，光线不足，能见度低时不得进行安装。

5. 空调器连接管道最长不能超过 15 m，落差不能超过 8 m，弯曲处不能多于 6 处，不可将管道弯成死角或弯扁塌陷，空调器连接管道延长时必须补加制冷剂。

6. 尽可能使室外机组安装位置低于室内机组，以利于制冷剂和冷冻机油的良好循环。

7. 当室外机组安装位置高于室内机组时，在过墙孔出口侧，管道要设计有 U 形弯管部分，且过墙孔要使用油泥封闭，防止水汽渗入。室外机组连接配管时，须做回油弯道。

8. 室外机组制热除霜时，化霜水会从室外机组底部流出，所以必须要在室外机组排水接头上加装排水管。

9. 空调器要有可靠的接地措施，接地线应接在专用的接地装置上，不能随意接在自来水管、燃气管道上，且接地装置的接地电阻≤ 4 Ω。

三、分体式空调器试机前的检查

1. 整机检查

（1）检查室外机组支架的承载能力是否符合要求（不低于机组自身质量的 4 倍），安装是否可靠、无松动，机组底脚螺栓是否固定到位。检查室内机组与室外机组安装是否牢固、水平，管线走向是否合理，有无明显的阻挡外界通风、光照等情况。检查安装过程中打开的结构件是否安装到位，拆卸下的螺栓是否已经拧紧。

（2）检查室内机组与室外机组连接管道的保温情况，要求所有漏冷处都要使用保温套管包裹，再用胶带包扎。

（3）检查室内机组与室外机组电源线、信号线、接地线连接是否牢固，有无错接、漏接。检查电气配线的电流值是否符合要求。配线如有驳接，检查驳接是否符合要求。

（4）检查室外机组高、低压截止阀阀芯是否全部打开。使用电子检漏仪对各螺纹接口进行检漏。

（5）检查排水管通路，要求不得有阻碍，对空调器室内机组蒸发器上部注入水（注水时要控制好速度和流量，防止过量的水从接水盒溢出），观察室外排水是否顺畅，有无堵塞存水现象。

2. 电气安全检查

（1）检查空调器使用的电源电压、频率是否符合要求。检查是否设置空调器专用电源、漏电保护器、空气开关等装置，容量是否匹配空调器功率。

（2）查看供电线路电表容量、导线规格、电源插座、漏电保护器等是否满足要求。

（3）不通电情况下，使用兆欧表按照国家标准《家用和类似用途电器的安全 热泵、空调器和除湿机的特殊要求》（GB 4706.32—2012）检测电源线与接地线之间的绝缘电阻。

（4）不通电情况下，使用接地电阻仪按照国家标准《家用和类似用途空调器安装规范》（GB 17790—2008）对空调器外壳与接地线之间的电阻进行检测。

（5）接通电源，使用验电笔对空调器外壳金属部位进行验电检查，如发现有漏电现象，要立即切断电源后再查找原因。

3. 使用环境检查

检查空调器使用区域的环境温度，应符合空调器气候类型要求。

T1 气候类型的空调器允许使用环境最高气温为 43 ℃。

T2 气候类型的空调器允许使用环境最高气温为 35 ℃。

T3 气候类型的空调器允许使用环境最高气温为 52 ℃。

四、分体式空调器通电试运行

分体式空调器试机前的检查完成后，对空调器进行通电试运行，检验空调器的运行效果，通电试运行时间不得少于 30 min。

通常在空调器运行稳定后，使用遥控器测试空调器的各功能是否正常，风速调节是否正常，导风板摆动是否正常。此外还需要检测空调器以下项目。

1. 空调器工作电压

使用电压表检测空调器的工作电压是否与空调器铭牌标注值一致，电压波动范围应在额定电压 ±10% 以内。

2. 空调器运行电流

使用电流表检测空调器的运行电流，不得大于铭牌标注值。

3. 空调器制冷系统压力

使用压力表检测空调器制冷（制热）时系统的工作压力，见表 6–1–6。

表 6–1–6 空调器制冷（制热）时系统的工作压力

制冷剂名称	制冷模式（30 ℃）	制热模式（0 ℃）
R22	0.45 MPa ~ 0.5 MPa	1.8 MPa ~ 2.6 MPa
R410A	0.6 MPa ~ 1.2 MPa	2.6 MPa ~ 3.5 MPa
R32	0.8 MPa ~ 1.4 MPa	2.8 MPa ~ 3.8 MPa

4. 空调器出风口、进风口温差

空调器正常运行 15 min 后，在距空调器室内机组 50 ~ 150 mm 处，用温度计检测空调器出风口、进风口温度。空调器制冷模式运转时，室内机组出风口、进风口温差应为 8 ℃以上。空调器制热模式运转时，室内机组出风口、进风口温差应为 15 ℃以上。

5. 当室外湿度大于 60% 时，空调器运转 10 min 左右，室外侧排水管会有冷凝水流出，低压吸气管（粗管）截止阀处会有结露。

6. 检查空调器的室内机组和室外机组运转时有无异常的振动和噪声。

五、分体式空调器交付使用

1. 打扫整理安装现场，使用百洁布对空调器外表面进行清洗，将安装现场移动过的物品放归原处。

2. 介绍、讲解空调器的使用、维护、保养知识，指导空调器空气过滤网拆卸、清洗的操作过程。

3. 认真填写安装凭证单，经用户确认并由用户和安装人员签字备案。

六、分体式空调器的移机

1. 分体式空调器拆卸

分体式空调器拆卸是指将空调器的室内机组与室外机组及连接管道等，在原使用位置经过质量检测、制冷剂回收后，拆分为可方便运输且可重新安装的组件。

（1）分体式空调器拆卸前的检测

分体式空调器拆卸前应对空调器进行综合的性能检测，确保空调器能够正常工作。假如检测过程中发现空调器有故障，要先进行维修才能拆卸。

检查分体式空调器室内机组与室外机组有无明显的损坏或缺失情况。检查空调器电气线路有无开路、短路、接触不良、露铜等问题。检查接地是否牢靠。检查制冷系统管接头有无泄漏或有无明显油迹的情况。

接通电源，打开空调器，制冷模式运行 10 min 后，排水管应有冷凝水流出。使用遥控器完成空调器功能检测，确保功能正常。

（2）分体式空调器拆卸的操作步骤

1）回收制冷剂

空调器运转正常后，用内六角扳手顺时针关闭空调器高压截止阀的阀芯，使连接管道及室内机组内的制冷剂抽吸到室外机组，专用组合阀表压力逐渐下降到 –0.1 MPa 并保持不变。用内六角扳手顺时针关闭低压截止阀的阀芯，关机，切断空调器电源。

2）拆除空调器管路及电路

依次拆除空调器室内机组与室外机组管路及电路。拆除管路后要对各管路接口做好密封，防止湿气和脏物进入管道内。

为保证拆机后再次安装时电路接线的正确性，拆除电源线、信号线、接地线前仔细观察接线标识是否清晰、导线颜色是否鲜明，如果遇到接线标识日久脱落、模糊不清以及导线颜色不可分辨的情况，可先手工绘制电气接线图并在图上做好接线特征标注，也可用数码相机拍摄接线资料照片。拆除电路后要把接线端子上的螺钉拧紧，防止搬运过程中振动脱落。

3）拆除空调器室内机组与室外机组

将空调器室内机组从挂机板上拆下，拆除室内挂机板并填补墙孔。拆除空调器室外机组固定螺栓，拆除支架。

2. 分体式空调器的搬运

搬运前清点空调器室内机组、室外机组、配管、配线、挂机板、过墙管、排水管、支架、遥控器等有无缺失、是否完好。空调器所有连接管道必须妥善密封处理，过长的配管可盘绕成圈，方便搬运。配线、排水管要盘好捆扎。运输过程中要做好空调器的安全防护，防止磕碰和剧烈振动损坏空调器。

3. 分体式空调器的重新安装

重新安装拆卸后的空调器，安装要求和安装步骤与空调器首次安装基本一致。

（1）分体式空调器重新安装位置的勘察和选择

与新机安装要求基本相同，应符合国家标准《家用和类似用途空调器安装规范》（GB 17790—2008）的相关规定。

（2）分体式空调器重新安装前的检查

空调器经过拆卸后，空调器及其各部件都会出现不同程度的损伤、老化情况，重新安装时，要针对以上情况逐个检查，发现问题及时处理。

1）检查空调器室内机组与室外机组外观有无明显磕碰、划痕及损坏。检查室内机组塑料结构件是否有断裂，是否有影响重新安装质量的隐患部位。检查室外机组换热器有无损坏，风扇是否转动自如。

2）检查空调器室内机组与室外机组各阀门处是否有泄漏。检查配管是否有折扁、死弯、断裂漏气等情况，如有发现，应割掉后重新连接或更换新管。

3）检查空调器室内机组与室外机组以及配线等电气部件的绝缘电阻是否符合要求。检查导线颜色有无褪色造成无法辨认，导线线号标识能否识别清楚，导线绝缘层是否有老化、短路、开路等情况。

4. 空调器重新安装后的运行检查

试运行前要确保空调器供电电压正常、空调器截止阀处于开启状态。接通电源，设置好遥控器功能模式，按下开机键，空调器通电开始运转，检查以下内容。

（1）制冷（制热）效果

开机 1 ~ 2 min 后应有冷（暖）风吹出，开机 10 min 后室内应有明显的冷（暖）感觉。开机 15 min 后，检测室内机组进、出风口温差，制冷运行时，温差应大于 8 ℃；制热运行时，温差应大于 15 ℃。

（2）风速转换

转换风速挡位，各挡位风速应有明显区别。

（3）自动扫风功能

检查空调器的自动扫风功能。

（4）有无异常噪声

检查空调器运行时有无异常噪声。

（5）定时功能

检查空调器的定时功能。

§6–2 变频式空调器的安装

学习目标

1. 熟悉变频式空调器的安装工艺。
2. 熟悉变频式空调器安装的注意事项。
3. 掌握变频式空调器安装器材的使用。
4. 掌握变频式空调器的安装步骤。

一、变频式空调器安装前的准备

1. 安装人员的安装资质

安装人员应为具有经国家和行业认定的职业资质，符合《特种作业人员安全技术培训考核管理规定》有关要求，经过登高作业、压力容器、危险化学品等相关培训合格的专业技术人员。

2. 安装工具、材料和器材

近年来，变频式空调器大多采用新型制冷剂，如 R410A、R290、R32 等，这类制冷剂与传统制冷剂性质上差别很大，使用这类制冷剂的变频式空调器，其饱和压力、排气温度等指标都较传统定频式空调器有区别，在安装变频式空调器前的准备过程中，除了需要准备常规的安装材料外，还需要准备专用器材。

（1）R410A 制冷剂专用扩管器

R410A 制冷剂的工作压力比 R22 制冷剂明显高很多。同等温度条件下，R410A 制冷剂的饱和压力为 R22 的 1.5 ~ 1.6 倍，要求使用 R410A 制冷剂的变频式空调器，其制冷系统管道及各部件要有更高的耐压强度，喇叭口加工制作要求更加严格，喇叭口加工尺寸见表 6–2–1。

R410A 制冷剂专用扩管器的弓形架上有粉红色圆环标识，代表这是 R410A 制冷剂的专用扩管器。R410A 制冷剂专用扩管器的外形与偏心式扩管器一致，但偏心锥头与夹具夹孔的规格有很大区别。

表 6-2-1　　喇叭口加工尺寸

规格 /in	喇叭口尺寸 /mm	
1/4	9.0	9.10
3/8	13.0	13.20
1/2	16.20	16.60
5/8	19.40	19.70

R410A 制冷剂专用扩管器如图 6-2-1 所示。

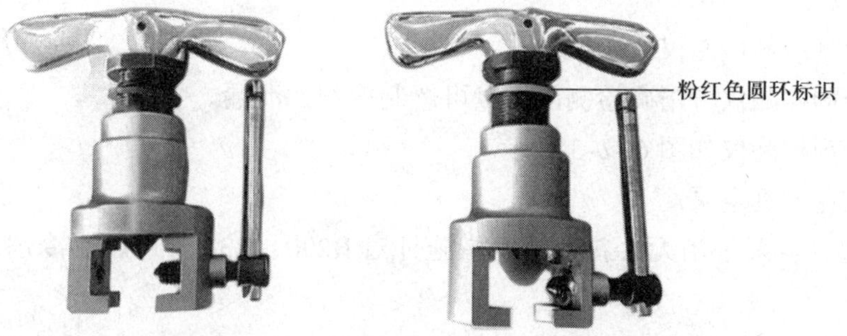

图 6-2-1　R410A 制冷剂专用扩管器

（2）R410A 制冷剂专用组合阀

R410A 制冷剂专用组合阀的压力表量程范围增大，低压表增大到 3.5 MPa，高压表增大到 5.5 MPa。

R410A 制冷剂专用组合阀如图 6-2-2 所示。

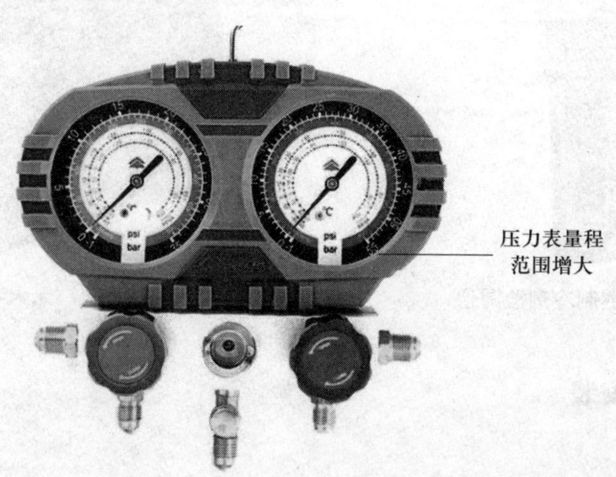

图 6-2-2　R410A 制冷剂专用组合阀

（3）R410A 制冷剂专用加液管

R410A 制冷剂专用加液管接口规格采用 1/2–20UNF，承压较普通加液管高。

R410A 专用加液管与 R22 加液管性能比较见表 6–2–2。

表 6–2–2　R410A 专用加液管与 R22 加液管性能比较

制冷剂		R22	R410A
接口规格		7/16–20UNF	1/2–20UNF
耐压	常用压力	3.4 MPa	5.2 MPa
	破坏压力	17.2 MPa	27.4 MPa
材质		氯丁橡胶	氢化丁腈橡胶

（4）可燃制冷剂检漏仪

可燃制冷剂检漏仪可精确检测出微量可燃制冷剂的泄漏。

可燃制冷剂检漏仪如图 6–2–3 所示。

（5）无火花型真空泵

无火花型真空泵采用无火花型技术措施针对 R290、R32 等可燃制冷剂，提高了抽真空安全性。

无火花型真空泵如图 6–2–4 所示。

图 6–2–3　可燃制冷剂检漏仪

图 6–2–4　无火花型真空泵

二、变频式空调器安装

1. 安装现场

选择远离热源、地面平整且满足通风换气量要求的场合，现场配备的可燃制冷剂检漏仪要始终处在开机工作状态。

2. 电源

变频式空调器供电线路要从主干线路中专门分支一路线路。供电线路布线要符合空调器安装标准的相关要求。

3. 安装面

变频式空调器的安装面应坚固结实，具有足够的承载能力。室内机组安装要考虑送风气流的方向和循环流畅。室外机组安装面必须是实心砖、混凝土或其他强度等效的墙面，其结构材质应符合建筑规范的有关要求。安装面强度不足时，要采取相应的加固、支撑和减振措施，以防影响空调器的正常运行或导致不安全。

安装用支架使用膨胀螺栓或长螺栓固定，墙壁较薄或强度不够时应用穿墙螺栓固定，螺栓要加防松垫，否则可能引起松动或坠落，4 500 W 及以下制冷量空调器的固定螺栓不少于 6 个，4 500 W 以上制冷量空调器的固定螺栓不少于 8 个，固定螺栓直径不得小于 10 mm，固定后能承受人加机器质量的 4 倍。

4. 制冷管道连接

变频式空调器制冷管道管壁较厚，耐压较高，连接采用细牙外螺纹黄铜接头与黄铜螺母进行。

制冷管道要求见表 6-2-3。

表 6-2-3　制冷管道要求

材质	规格 /in	外径 /mm	壁厚 /mm	弯管半径 /mm	设计压力 /MPa
TP2	1/4	6.35	0.80	30 ~ 100	4.20
	3/8	9.52	0.80		
	1/2	12.70	0.80		
	5/8	15.88	1.00		

5. 电气线路连接

根据电气接线图标注的线号或颜色，对照套接在线束上的标识码，找到对应接线座上的端子进行紧固连接，接地线要单独接在机组的接地螺钉上。完成接线后用压线夹将连接线压紧，压线夹要压在连接线的绝缘护套上，防止松脱。

变频式空调器原配电线长度不够时，原则上必须更换整条电线，对于特殊情况确实需要线路驳接的，必须使用相同规格的电线。

§6–3　空调器的维护

学习目标

1. 熟悉空调器的维护方法。
2. 掌握空调器的拆解清洗。

一、空调器的维护

空调器的维护和保养每年进行一次，主要检查电源插座、电源线、开关、过载保护器使用状况，检查各种功能的运行效果及振动、噪声、油污变色、整机变形等异常状况，检查周围状态，确认无变质、变形、松动、倾斜等异常现象。

空调器的质量周期维护按照产品使用说明书中的规定执行，主要检查电源供电、整机绝缘、空调器运行效果、机组安装稳固性、连接管的连接密封性、排水情况以及电气控制系统、制冷系统、空气循环系统等主要部件现状，查看有无明显老化、变形、变色、断开、短路、开裂、变质等现象。

空调器室内机组空气过滤网如果被灰尘覆盖，使用效果将受影响，所以需要定期清洗，通常每月一次，按产品使用说明书中的规定执行。确认关闭电源，拔下电源插头后，拆开室内机组外壳，取下空气过滤网用清水冲洗，再用软毛刷轻刷。若表面有油污或黏附有较牢固的附着物，可用中性清洗剂刷洗。清水冲净后晾干或擦干，再装回原位。

空调器长期使用出现异味、制冷效果下降时，或换季首次开机前，都要及时清洗室内机组与室外机组的换热器。可采用专用的空调器泡沫清洗剂，在距换热器散热翅片 10 ~ 15 cm 处喷洗，清洗剂逐渐渗透到换热器内部，黏附在其上的污垢就由换热器的底部排出。

空调器外壳的清洗通常每年一次。确认关闭电源，拔下电源插头后，使用软刷、无纺软布轻轻擦拭机壳表面。

空调器准备长期闲置不用时，应将空调器设置为送风模式开机运转，使室内机组完全通风干燥后关机并断开电源，取出遥控器里的电池妥善保管。

二、空调器的拆解清洗

1. 空调器拆解清洗前的准备

空调器的拆解清洗作业是针对使用三年以上，或移机、维修后的空调器，为恢复原有使用效能，由专业人员对换热器、空气循环系统、机械传动系统等进行拆解后的专业清洗、润滑和调节等维护保养。

空调器拆解清洗前要开机试运行，确认空调器能够正常使用，检测空调器的综合性能，确认符合要求。

2. 分体挂壁式空调器的拆解清洗

（1）室内机组的拆解清洗

按照拆装规程，取出空气过滤网，分别拆下室内机组外壳、接水盒及出风组件、导风板、贯流式风扇，露出室内换热器组件。按清洗需要铺设好防护用品，进行清洗。

（2）室外机组的拆解清洗

按照拆装规程，分别拆下室外机组的顶盖、前侧面板、侧板、轴流式风扇，露出室外换热器。按清洗需要铺设好防护用品，进行清洗。